食用菌生产技术大全

第2版

申进文　主编

河南科学技术出版社

·郑州·

图书在版编目（CIP）数据

食用菌生产技术大全/申进文主编.—2 版.—郑州：河南科学技术出版社，2023.5

ISBN 978-7-5725-1052-6

Ⅰ.①食… Ⅱ.①申… Ⅲ.①食用菌-蔬菜园艺 Ⅳ.①S646

中国国家版本馆 CIP 数据核字（2023）第 070380 号

出版发行：河南科学技术出版社
　　　　　地址：郑州市郑东新区祥盛街 27 号　　邮编：450016
　　　　　电话：（0371）65737028　　65788613
　　　　　网址：www.hnstp.cn
策划编辑：陈　艳
责任编辑：陈　艳
责任校对：柯　姣
封面设计：张　伟
责任印制：朱　飞
印　　刷：河南文华印务有限公司
经　　销：全国新华书店
开　　本：720 mm×1020 mm　1/16　印张：18　字数：420 千字
版　　次：2023 年 5 月第 2 版　　2023 年 5 月第 1 次印刷
定　　价：39.80 元

《食用菌生产技术大全》
编写人员名单

主　编　申进文

副主编　王风芹　文　晴　申晓晔

编　者　（以姓氏笔画为序）

王风芹　文　晴　申进文　申晓晔

刘元栋　李亚楠　李伟鹏　胡延如

前　言

　　食用菌产业已经成为我国农村经济中极具活力的一项新兴产业，在提高我国农村经济水平、增加农民收入、改善人民生活等方面发挥了重要作用。据中国食用菌协会对 29 个省、直辖市、自治区的统计，2021 年我国食用菌总产量已达 4 133.94 万吨，总产值达 3 475.63 亿元。在种植业中，食用菌产值仅次于粮、油、果、菜而居第五位，成为我国农业的重要组成部分。

　　我国是食用菌生产大国和出口大国，食用菌产量占世界总产量的 70% 以上，食用菌出口量也居世界首位。多年来，我国广大食用菌工作者，在大型真菌资源调查、野生菌驯化、遗传育种、生理生化、栽培技术、保鲜加工、病虫害防治等方面做了大量的工作，取得了许多新的成果，积累了丰富的经验，有力地促进了我国食用菌产业的快速发展。

　　食用菌主要利用棉籽壳、玉米芯、木屑、农作物秸秆等农副产品下脚料进行栽培。食用菌可以将这些物质转化为高蛋白、低脂肪、低热量的具有较好营养保健价值的食用菌产品。食用菌生产具有投资少、见效快、周期短、效益高的特点，还可以保护生态环境、实现农业生态系统的良性循环。随着社会经济的发展、人类保健意识的不断提高，食用菌作为具有丰富营养和保健价值的美味食品，一定会越来越受到人们的欢迎。

　　本书重点介绍了食用菌的基础理论、食用菌菌种生产技术、主要食用菌的栽培技术、食用菌病虫害防治、食用菌保鲜与加工等内容，力求全面、新颖、实用，期望能给广大读者提供参考。鉴于时间仓促，作者水平有限等原因，本书还有不足之处，敬请广大读者提出宝贵意见，以便再版时订正。

编　者
2023 年 1 月

目　录

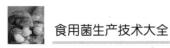

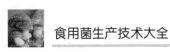

第一编
导　论

第一章　概　论

第一节　食用菌的概念

一、食用菌概念

食用菌是指可供人们食用的具有肉质或胶质子实体的大型真菌。食用菌种类繁多，俗称"菇""蘑""耳""芝"等，诸如木耳、银耳、香菇、平菇、口蘑、灵芝、羊肚菌、牛肝菌等。

二、食用菌的特点

食用菌作为大型真菌，有如下特点：

第一，不含叶绿素，不能进行光合作用，无根、茎、叶的分化，必须依靠分解自然界的多种有机物来进行生长，属异养生物。

第二，食用菌的子实体个体较大，属于大型真菌。如木耳的子实体宽 2～12 cm，香菇菌盖宽 5~21 cm、菌柄长 1~5 cm。

第三，大多数食用菌的生产周期较短。如草菇从播种到出菇只需 7～10 d，30 d 可结束生产；平菇播种后 30 d 即可出菇，收 4 茬菇，半年即可结束生产。

第二节 食用菌的价值

一、食用菌的营养物质及价值

食用菌作为一种食品，符合联合国粮农组织对功能性食品的三个要求，被誉为"21世纪的健康食品"。食用菌具备以下三种功能：第一，营养功能。能提供蛋白质、脂肪、碳水化合物、矿质元素、维生素及其他生理活性物质。第二，嗜好功能。色、香、味俱佳，口感好，味道好，具有独特的鲜味，可以刺激食欲。第三，生理功能。有保健作用，能参与人体的代谢，维持、调节或改善体内环境的平衡，可以作为一种生物反应调节剂，提高人体免疫力，从而达到延年益寿的作用。

菌类食品的营养价值介于动物性食品和植物性食品之间，兼具动物性食品高蛋白和植物性食品低脂肪的优点，是名副其实的高蛋白、低脂肪食品。食用菌的营养物质包括以下几个方面。

1. 水分 新鲜食用菌的含水量通常为70%~95%，多数为90%左右。不同种类的食用菌含水量不同，即使同一种食用菌，不同的栽培原料、管理措施、采收期都会对子实体含水量产生较大影响。

水分含量是影响食用菌鲜度、嫩度和风味的重要成分之一，含水量直接影响贮藏保鲜时间。

2. 蛋白质 蛋白质的含量和质量是评价食品质量的重要标准。食用菌中蛋白质的含量占其鲜重的4%左右，占干物质总量的20%~35%，多数为20%~25%。

食用菌不但蛋白质含量高，而且组成蛋白质的氨基酸种类齐全，一般都含有17~18种氨基酸，并含有7~8种人体不能合成而又不可缺少的必需氨基酸。大多数食用菌中必需氨基酸占氨基酸总量的40%以上，符合联合国粮农组织对优质食品的定义。另外，食用菌蛋白质的消化率较高，大约70%的食用菌蛋白质在人体内消化酶作用下，分解成氨基酸被人体吸收，如蘑菇干粉蛋白质超过42%，蛋白质消化率高达88.3%。食用菌还含有多种呈味氨基酸，使食用菌具有诱人的鲜味。

3. 脂肪 食用菌脂肪含量占其干重的1.1%~8.3%，平均含量为4%。与其他食品相比，有三个突出的特点：一是脂质含量较低，为低热量食物，但天然粗脂肪齐全。二是非饱和脂肪酸的含量远高于饱和脂肪酸，且以亚油酸为主。据分析，目前广泛栽培的几种主要食用菌的非饱和脂肪酸的含量约占总脂肪酸含量的

72%。三是植物甾醇尤其是麦角甾醇含量较高。麦角甾醇是维生素 D 的前体，它在紫外线照射下可转变为维生素 D，可以促进钙的吸收，预防佝偻病。

4. 碳水化合物 碳水化合物是食用菌中含量最高的组分，一般占干重的 50%~70%。在食用菌碳水化合物中，营养性糖类含量为 2%~10%，包括海藻糖（菌糖）和糖醇。这两种糖是食用菌的甜味成分，它们经水解生成葡萄糖被吸收利用。食用菌碳水化合物中戊糖胶的含量一般不超过 3%，但银耳、木耳的戊糖胶含量较高，银耳中戊糖胶的含量占其碳水化合物的 14%。戊糖胶是一种黏性物质，具有较强的吸附作用，可以帮助人体将有害的粉尘、纤维排出体外。

食用菌中的可溶性多糖成分具有多种生理活性，特别是近年来发现食用菌中的水溶性多糖可抑制肿瘤的生长，具有很强的抗肿瘤活性。

5. 矿质元素 食用菌含有多种矿质元素。不同菇类所含的矿物质的种类及含量有所不同。测定结果表明，子实体中含有钙、镁、磷、硫、钾、钠等大量元素，相对来说，伞菌子实体中钾和磷的含量较为丰富。食用菌还含有铁、铜、锰、锌等微量元素，铁的含量最高，锌与锰的含量也较为丰富。

6. 维生素 食用菌中含有多种维生素，如维生素 A、硫胺素（维生素 B_1）、核黄素（维生素 B_2）、泛酸（维生素 B_5）、烟酸（维生素 B_3 或维生素 PP）、吡哆醇（维生素 B_6）、钴胺素（维生素 B_{12}）、抗坏血酸（维生素 C）、生物素、叶酸、胡萝卜素、维生素 D、维生素 E 等。多数食用菌中维生素 B_1 和维生素 B_2 含量较高。胶质菌的胡萝卜素、维生素 E 含量高于肉质菌，而肉质菌中的草菇、香菇维生素总量高于胶质菌。

二、食用菌的药用价值

（一）抗肿瘤作用
食用菌中含有的真菌多糖类物质使其具有明显的抗肿瘤作用。真菌多糖是水溶性多糖，已在临床上应用的有香菇多糖针剂等。

（二）抗菌、抗病毒作用
香菇、双孢蘑菇、蜜环菌、牛舌菌、灰树花等食用菌都含有抗菌、抗病毒物质，对病毒有明显的抑制作用。据日本菇农介绍，在菇场工作的采菇人员和经营人员几乎不患流感。我国香菇产地也有类似的经验。据日本药学会第 113 次年会报告，灰树花多糖对 HIV 有抑制作用，且具有抗艾滋病的功效。

（三）降血压、降血脂作用
香菇、双孢蘑菇、长根菇、木耳、金针菇、凤尾菇、银耳等食用菌中含有香菇素、酪氨酸酶、小奥德蘑酮、酪氨酸氧化酶等物质，具有降低血压和胆固醇的作用。

（四）抗血栓作用

黑木耳含有一种阻止血凝固的物质，毛木耳中含有腺嘌呤核素，是破坏血小板凝固的物质，可以抑制血栓形成。经常食用毛木耳，可减少粥样动脉硬化病的发生。

（五）镇静、抗惊厥作用

猴头等有镇静作用，可治疗神经衰弱；蜜环菌发酵物有类似天麻的药效，具有中枢镇静作用；茯神的镇静作用比茯苓强，可宁心安神，治心悸失眠。

（六）代谢调节作用

紫丁香蘑子实体含有维生素 B_1，有维持机体正常糖代谢的功效，经常食用可以预防脚气病；鸡油菌子实体含有维生素 A，经常食用可预防视力失常、眼炎、夜盲、皮肤干燥，亦可治某些呼吸道及消化道疾病。

（七）保肝和预防肝病作用

多数食用菌都有很好的保肝作用，如用双孢蘑菇为原料制成的"健肝片""肝血康复片"，以亮菌为原料制成的"亮菌片"，都是治疗肝炎常用的药物。

第二编
食用菌基础知识

第一章　食用菌的生物学基础

第一节　食用菌的形态结构

食用菌（edible mushroom）是指可以食用的大型真菌，包括食药兼用和药用的大型真菌。在 10 000 多种大型真菌中，有 2 000 多种为食用菌。

大多数已被开发利用的食用菌属于担子菌门、伞菌纲、伞菌目，所以本节主要以伞菌目的食用菌为例介绍食用菌的形态结构。

一、菌丝体

（一）菌丝的形态

菌丝是由孢子萌发形成的，由管状细胞连接而成的丝状物。每一根丝状物就叫菌丝。由无数分枝菌丝组成的集体，称为菌丝体。菌丝体是食用菌的营养器官，是食用菌的主体，其主要功能是分解基质，并从基质中摄取水分、无机物和有机物质。食用菌菌丝都有横隔膜，有的是单核的，有的是双核的，也可能是多核的，因发育阶段和种类而异。食用菌菌丝的形成与构造如图 2.1 所示。

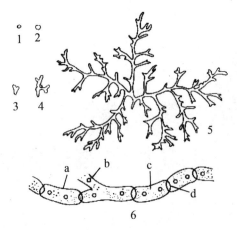

图2.1　菌丝的形成与构造

1. 孢子　2. 孢子膨胀　3. 孢子萌发　4. 菌丝分枝　5. 菌丝体　6. 单根菌丝的放大

a. 细胞壁　b. 细胞核　c. 细胞质　d. 细胞隔膜

1. **初生菌丝**　担子菌的担孢子萌发后，先形成没有隔膜的多核初生菌丝，在适宜的环境条件下，很快产生多个隔膜把菌丝分隔成多个单核细胞。每个细胞只含有一个细胞核的菌丝即为单核菌丝，也称为初生菌丝。初生菌丝较纤细，生长速度慢。

2. **次生菌丝**　初生菌丝发育到一定阶段后，两个具有亲和性的单核菌丝很快结合，细胞原生质融合在一起，进行质配，以致每个细胞均有两个细胞核，称双核菌丝。双核菌丝也称次生菌丝。次生菌丝较为粗壮，分枝多，生长速度快。

锁状联合是双核菌丝细胞分裂的一种特殊形式，使一个双核细胞变为两个双核细胞。在香菇、平菇、银耳、木耳等许多常见食用菌中，双核菌丝上的横隔膜处常产生一种侧生突起，即在两个核间的壁上出现一个极短的小分枝，形成一个钩状部分。然后两核之一移进了钩状部分，此时细胞中两个细胞核立即同时进行有丝分裂，形成子核 aabb，其中一个子核 b 留在钩状突起内，又沿着突起转送到细胞的基部；另一子核 b 则进入顶部。母核 a 分裂成 aa 后，其中一个子核 a 和另一个移来的子核 b 配合在一起，另一个子核 a 和另一个移来的子核 b 配合在一起，然后在细胞中间和喙状突起处分别各形成一个新隔膜。这样一个母细胞就形成了两个具有 a、b 核的双核（异核）子细胞。在两个细胞的隔膜处则残留下一个明显的突起，也就是锁状联合（图2.2）。

3. **三次菌丝**　当次生菌丝发育到一定的阶段，在适宜的条件下，菌丝体互相扭结成团，形成原基，然后发育成子实体。这种已经组织化并有一定的排列和一定结构的双核菌丝体称为三次菌丝体，或称为结实性菌丝体。

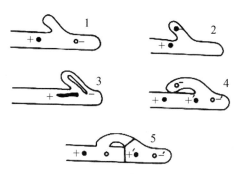

图 2.2 锁状联合形成过程示意图

1. 双核细胞产生喙状突起　2. 一核进入突起　3. 双核并裂
4. 两个子核在顶端　5. 隔成两个细胞

4. 菌丝形成的特殊结构　食用菌的菌丝在生长发育过程中遇到了不良环境和将要繁殖时，往往相互紧密地缠结在一起，形成一些特殊的结构，常见的有菌丝束、菌索、菌核、菌膜等。

(二) 菌丝的构造

真菌属于较低等的真核生物，具有真核细胞的基本结构模式。典型的真核细胞，其原生质体外有质膜，质膜外有细胞壁及附属物。质膜内有原生质。原生质中有常见的各种细胞器，如核糖体、内质网、线粒体、溶酶体、高尔基体和液泡等。细胞有定型的细胞核，具有核膜、核仁和染色质。

二、子实体

(一) 子实体的形态

子实体是供人们食用的主体部分，也是食用菌产生孢子、繁殖后代的器官，只在特定的生殖阶段才能产生。属于担子菌的又称为担子果；属于子囊菌的又称为子囊果。

伞菌子实体的基本组成是菌盖、菌褶、菌柄、菌环或菌管、菌托、菌丝束、菌裙、外菌幕、内菌幕等。食用菌子实体形态多种多样，有伞状、头状、笔状、舌状、耳状、球状、树枝状、花朵状等，以伞状的最多。伞菌子实体形态结构如图 2.3 所示。

1. 菌盖　大多数食用菌的菌盖是伞形的，也有其他形状，如半球形、斗笠形、钟形、卵形、贝壳形、漏斗形等。菌盖的皮层有各种各样的颜色，如白色、黄色、褐色、灰色、红色和青色等，形状和颜色是辨别食用菌种类的重要依据。菌盖的表皮层光滑或有黏液，有的表面具有绒毛、鳞片或晶粒状的小片。

2. 菌肉　菌肉是菌盖表皮下和菌褶之间的部分。菌肉是菌盖的实体部分，

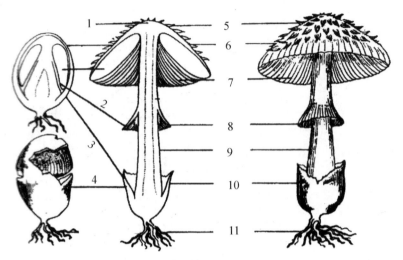

图2.3　伞菌子实体形态结构

1. 菌肉　2. 内菌幕　3. 外菌幕　4. 外菌幕　5. 鳞片　6. 菌盖　7. 菌褶

8. 菌环　9. 菌柄　10. 菌托　11. 菌丝束

也是菇类最有食用价值的部分，大多数食用菌的菌肉是肉质的，易腐烂；少数为胶质、蜡质、革质和软骨质。菌肉一般呈白色或污白色，也有呈淡黄色或红色。有些食用菌的菌肉受伤后则变成黄、绿、青、蓝或黑等各种颜色；有的食用菌如乳菇类的菌肉受伤后，常流出乳白色的汁液。

菌肉分两大类，一类全部由丝状的菌丝体组成，被称为丝状菌肉；另一类菌肉的组成除了少数丝状的菌丝外，大多数为泡囊状。泡囊是菌丝分枝膨大而来，常失去再生能力。

3. 菌褶和菌管　菌褶或菌管由子实层或支持它的髓部组成，呈刀片状的叫菌褶，呈管状的称菌管，生长于菌盖的下方，上面连接菌肉。菌褶中央是菌髓细胞，两面着生子实层。

（1）菌褶的构造。菌褶是由菌肉菌丝向下生长形成的菌髓组织，呈刀片状。靠近菌髓两侧的菌丝生长成狭长分枝的紧密区，叫下子实层。由下子实层向外产生栅栏状的一层细胞，称子实层。担子菌的子实层是由担子和囊状体组成。担子上着生2~4个担孢子。子囊菌的子实层由子囊和侧丝组成。

（2）子实层。子实层是着生有性孢子的栅栏组织，由平行排列的担子或子囊及不孕细胞（如囊状体、侧丝等）组成，是真菌产生子囊孢子或担孢子的地方。子实层在菌盖下的着生方式因种而异，伞菌的子实层处于菌褶的两侧；胶质菌类中木耳属的子实层着生于子实体的腹凹面；齿菌类（如猴头）子实层着生于菌刺的表面；腹菌类（如马勃）子实层着生于包被封闭的子实体内；牛肝菌类子实层和多孔菌一样，子实层着生于菌管内的周壁上。

（3）菌褶与菌柄的连接方式。菌褶或菌管与菌柄的连接方式，常作为分类上的依据，大致分为四种类型：①离生。菌褶与菌柄不直接相连且有一段距离，如双孢蘑菇和草菇。②直生。菌褶与菌柄呈直角状连接，如蜜环菌和滑菇。③弯生。菌褶与菌柄呈弯曲状连接，如香菇和口蘑。④延生。菌褶沿菌柄向下延伸，如平菇和凤尾菇。

4. 菌柄　菌柄又叫菇柄，是菌盖的支撑部分，也是输送水分和养料的器官。除少数食用菌无菌柄或仅具有短柄外，绝大多数种类具有圆柱状的菌柄，但其形状、质地、表面特征以及在菌盖上着生的位置因种而异，也可随生长阶段的不同发生变化。菌柄通常为肉质，也有纤维质、革质、脆骨质。菌柄有实心，如香菇，其菇柄较硬；也有空心，如金针菇。有的菌柄中央是疏松的髓质细胞，如双孢蘑菇。菌柄的颜色多为白色、灰白色，也有其他颜色。菌柄在菌盖上着生的位置一般有三种：①中生。菌柄着生于菌盖的中心，如双孢蘑菇、草菇、乳菇。②偏生。菌柄着生于菌盖的偏心处，如香菇。③侧生。菌柄着生于菌盖的一侧，如平菇（图2.4）。

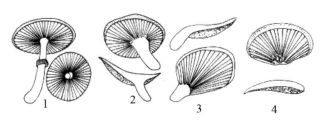

图2.4　菌柄着生情况
1. 中生　2. 偏生　3. 侧生　4. 无菌柄

5. 菌托　有些伞菌（如草菇）在子实体发育前期菇蕾外面包裹一层菌膜，即外菌膜。当子实体成熟后，外菌膜随之破裂，残留在菌柄基部呈一杯状物，称菌托（或脚苞）。菌托有苞状、鞘状、鳞茎状、杯状等。

6. 菌环　子实体发育早期，菌盖边缘和菌柄间有一层包膜（即内菌膜）相连。子实体长大时，该膜破裂，一部分留在菌柄处呈环状，称为菌环。菌环着生的位置有上、中、下之分，分别称为菌环上位、菌环中位、菌环下位，例如双孢蘑菇、环柄菇、蜜环菌等。

三、繁殖体

食用菌能以营养细胞繁殖，每一段菌丝都可以发育成为新的菌丝体。但是其基本的繁殖体还是孢子，如有性孢子和无性孢子。单个孢子通常是无色透明的，当许多孢子堆积在一起形成孢子印，则会呈现出不同的颜色。将新鲜的成熟的菌盖扣在纸上，一段时间后便可见纸上散落有大量的孢子，从而形成孢子印。孢子印的颜色因菌类不同而异，有白色、粉红色、奶油色、锈色、褐色、青褐色和黑色等。

（一）无性孢子

无性孢子是指不需经过两性细胞结合而产生的孢子，如分生孢子、粉孢子、芽孢子和厚垣孢子等。

1. 分生孢子　分生孢子是在初生菌丝或双核菌丝的顶端或侧面形成的分生孢子梗上产生的孢子，多呈柱状或卵圆形，如滑菇、鲍鱼菇的孢子等。

2. 粉孢子　粉孢子是很微小的分生孢子状的繁殖体，通常呈链状产生，如金针菇菌丝断裂能形成大量的粉孢子。

3. 芽孢子　芽孢子是菌丝细胞以出芽的方式形成的无性孢子，如银耳担孢子可以繁殖产生大量的酵母状分生孢子，称为芽孢。

4. 厚垣孢子　有些食用菌（如草菇、双孢蘑菇和香菇等）在其菌丝发育过程中能形成具有厚壁的休眠孢子，即厚垣孢子。厚垣孢子壁厚，内贮养料，对不良环境具有很强的抵抗力，多为圆形间生，成熟后脱离菌丝。香菇在初生菌丝或次生菌丝阶段都能产生厚垣孢子。

（二）有性孢子

由两个不同极性的菌丝体或细胞结合，经过有性过程而产生的孢子为有性孢子。

1. 担孢子　担子菌类的有性孢子称为担孢子。担孢子着生在担子顶端，故称外生孢子。担孢子形成过程如图 2.5。

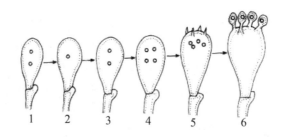

图 2.5　担孢子形成过程

1. 原担子　2. 合子　3. 第一次减数分裂　4. 第二次减数分裂
5. 担孢子梗形成　6. 担孢子形成

2. 子囊孢子　子囊菌有性繁殖产生的孢子称为子囊孢子。子囊孢子形成于子囊内，故称内生孢子。

3. 担孢子的弹射　不同种类的食用菌担孢子的弹射方法不同。鬼伞成熟时菌褶会自溶，墨汁状的孢子液靠雨水流散传播；腹菌目的马勃菌，孢子是包在被膜内的。马勃成熟时，根部菌丝萎缩，球状的菇体随风吹动，孢子会在这滚动中不断被挤压出来。块菌是生长在地下的，孢子封闭在腹腔内，块菌成熟时散发出特殊的香味，引诱动物来取食，靠动物带到别处，传播开去。竹荪的孢子则是靠昆虫传播的。子实体成熟时，产孢体会产生恶臭的黏液，即使在 10 m 外都能闻到那特殊的臭味，因此它能强烈地吸引蝇类等昆虫，从而帮助传播孢子。

大部分食用菌的孢子是靠自己弹射的方式传播的。根据加拿大学者布勒（Buller. A. H. IC）等的研究（1992），担孢子弹射时，先在孢子和担子小梗之间分泌出水滴，水滴在几秒内就膨胀到最大体积，并由于渗透压的缘故，带着孢子迅速与小梗脱离，飞散到远处。

布勒研究过羊肚菌的子囊孢子释放，发现处在羊肚菌（*Morchella esculenta*）菌盖凹穴里的子囊有趋光性，它们成熟时总是向光弯曲，因此，子囊孢子释放时就不会射在对面壁上。他还发现羊肚菌释放孢子时，子实体的代谢强度骤然增加，以至人们能用手感到它所产生的热。这种热能导致空气的对流，有利于孢子的分散传播。

第二节　食用菌生长发育条件

食用菌的生长发育不仅由自身的遗传性所决定，而且在很大程度上受生态环境的影响。环境条件的改变，对食用菌的形态、生理、生长发育、繁殖等具有较大的影响；反过来，食用菌的生长发育又影响着周围环境。只有充分了解各种食用菌生长所需的生态环境，人为地满足食用菌的要求，才能获得栽培的优质、高产。食用菌所需的生活条件，主要包括营养、温度、基质含水量、空气相对湿度、光照、酸碱度、氧和二氧化碳等。

一、食用菌生长所需的营养物质

（一）碳源物质

凡是可以被食用菌用来构成细胞结构和提供生长所需能量的含碳化合物统称碳源物质。碳源既是食用菌细胞的主要构成物质，又是其生命活动的能量来源，是合成碳水化合物和核酸的主要原料。主要碳源物质有单糖、低聚糖、多糖、木质素等。多糖包括纤维素、半纤维素、淀粉等。有机酸和有机醇也可以作为食用菌的碳源物质。

1. 单糖　葡萄糖是最易被食用菌利用的碳源物质，其次是果糖、甘露糖。

利用单糖为营养物质时，因长时间高温灭菌易焦化，所以应高温短时灭菌。

2. 低聚糖　双糖如麦芽糖、纤维二糖、海藻糖、蔗糖和乳糖等，还有三糖如棉籽糖也是食用菌可利用的低聚糖。

3. 多糖　多糖是大部分食用菌可利用的碳源，包括纤维素、半纤维素、淀粉、果胶等。

纤维素是食用菌最常利用的多糖物质。纤维素是植物细胞壁的主要成分。它是由 β-1, 4 葡萄糖苷键所连接的葡萄糖长链，每个纤维素分子大约由 1 万个以上的葡萄糖残基组成。天然纤维素以直链结构式存在，不溶于水。经过特殊处理可得到人工纤维素，称为羧甲基纤维素（CMC），其钠盐溶于水。

食用菌分解纤维素是通过分泌胞外纤维素酶进行的。纤维素酶是一种复合酶，是水解纤维素成纤维二糖和葡萄糖的一类酶的总称，包括 C_1 酶、C_x 酶、葡萄糖苷酶三种。

不同食用菌所分泌的胞外纤维酶的活性不同，其中纤维素酶的活性以蜜环菌属、卧孔菌属、多孔菌属和灵芝属的最强；纤维二糖酶（葡萄糖苷酶）的活性以松口蘑、金针菇和滑菇较高，香菇、双孢蘑菇次之。

4. 木质素。木质素也是植物的主要成分，占木材成分的 20%~30%。其主要成分比较复杂，一般认为它是一个或多个苯酚丙烷单体所构成，苯酚丙烷单体是由松柏基、芥子基及香豆基醇所构成。真菌能产生大量胞外酚氧化酶（漆酶和酪氨酸酶），利用氧分子氧化酚和其他物质，生成水和有色物质。这些有色物质聚合成类黑色素物。

5. 油脂。近年来，日本、美国等以油脂作为食用菌的碳源。他们在培养料中加 1%~5% 的豆油（或亚麻油、棉籽油、米糠油及动物油脂等）用以栽培双孢蘑菇、侧耳、香菇等，并取得丰收。但添加使用时要先将其乳化（常用的乳化剂有甘油脂肪酸、蔗糖脂酸脂等）。

食用菌对碳素的利用，Genits（1969）早已指出，担子菌转入生殖生长阶段后，营养要求有明显的变化；K. Hashimoto（1976）证实，甘露糖有利于平菇菌丝生长，并且肯定了双糖和多糖比单糖更有利于原基分化。

（二）氮源物质

凡能被食用菌利用的含氮物质都称为氮源物质。氮源是合成食用菌细胞蛋白质、核酸和酶的主要原料。食用菌可利用的氮源包括无机氮（硝态氮、铵态氮）和有机氮（氨基酸、蛋白质等）。

1. 无机氮的利用

（1）硝态氮。一般来说硝态氮、亚硝态氮是食用菌难于利用的氮源。硝态氮还原成氨才容易被利用。

（2）铵态氮。包括硫酸铵、硝酸铵、氯化铵等。铵态氮比硝态氮易被食用菌吸收利用，是因为铵的氮原子（化合价-3）与细胞有机成分的氮原子处于同等氧化水平。因此，氮的同化不需要氧化或还原。NH_4^+ 的同化一般有三种形式，一种反应是形成谷氨酸的氨基，NH_3 被固定后形成三种产物：谷氨酸、谷酰胺和天门冬酰胺。天门冬酰胺只能起固定作用，谷氨酸和谷酰胺还起转氨基和酰胺基的作用。

2. 有机氮的利用

（1）尿素。食用菌菌丝能分泌脲酶，将尿素分解成氨供食用菌菌丝利用。

（2）氨基酸及多肽的利用。菌丝能直接吸收氨基酸和小分子的肽。食用真菌利用蛋白质和较大的肽（蛋白胨、牛肉膏、酪蛋白等）则需要经过胞外酶的作用。许多蛋白质和肽是水溶性的，并能扩散到菌体表面。超过 3~5 个氨基酸单位的肽不能完整进入细胞。因此，食用真菌对肽的利用受到膜运输的限制，需要分泌胞外蛋白酶，把肽分解成较小的肽或游离氨基酸后才能进入细胞。

（三）矿质营养

食用菌生长发育还需要一定量的矿质营养。食用菌需要的矿质元素可分为大量元素和微量元素两大类。大量元素包括磷、钾、钙、镁、硫、钠等，微量元素包括铁、硼、铜、锌、钼和钴等。

无机盐的生理功能主要是：①构成细胞组分；②构成酶的组分和维持酶的活性；③调节渗透压、氢离子浓度、氧化还原电位等。

食用菌生产中常用的矿物质主要有过磷酸钙、钙镁磷肥、碳酸钙、石膏、磷酸二氢钾、磷酸氢二钾、硫酸镁、硫酸锌、硫酸铜、硫酸亚铁、氯化锰等。

1. 磷　主要作为细胞合成核酸、磷脂、核苷酸的重要元素，是 NADP、NAD、ATP 等的组成物。

2. 钾　钾是核苷酸合成核苷酸转甲酰酶等许多酶的激活剂，对细胞的渗透、物质的运输起着重要的作用。如钾供应量不足，则糖的利用率不高。

3. 镁　镁在食用菌有氧呼吸中，主要是酶的激活剂，如镁在二磷酸腺苷（ADP）生成三磷酸腺苷（ATP）能量物质中起着重要作用，催化 ADP+Pi→ATP 时起着辅助因子的作用。镁作为必要元素参与 ATP 以及核酸、核蛋白等各种含磷化合物的合成；镁在细胞内还起着稳定核糖体、细胞质膜和核酸的作用。

4. 钙　钙是蛋白质的激活剂，能提高线粒体的蛋白质含量；能和钾、镁对抗，克服过量的钾、镁所引起的毒害；能调节细胞内的酸碱度，有利于酶的催化活性。

5. 硫　常以硫酸盐的方式吸收。SO_4^{2-} 首先经 ATP 活化，形成腺苷酰硫酸，硫还原，最后转移到胱氨酸、蛋氨酸。所以硫是胱氨酸、半胱氨酸、蛋氨酸的组分；巯基（-SH，也称硫氢基）具有重要的生物学意义，有的与各种酶的蛋白质结合，有的与辅酶结合，如硫氨素、辅酶 A、生物素等都含有巯基；巯基对保持正常的活体内氧化还原电势起着极重要的作用。

6. 铁　铁是过氧化氢酶、过氧化物酶、细胞色素和细胞色素氧化酶的组成成分，是起电子传递作用的重要元素。铁参与产生自由能的呼吸作用，从而影响能量运行。

7. 铜　铜是各种氧化酶活化基的核心元素，如多酚氧化酶（酪氨酸酶、漆酶等）、抗坏血酸氧化酶等都是含有一定量铜的酶。

8. 锌　锌是酶的激活剂，是多种脱氢酶、肽酶和脱羧酶的辅助因子。

9. 锰　锰是一些对磷化物起作用的酶类的激活剂，有影响物质合成分解、呼吸等作用。

10. 钴　钴含于维生素 B_{12} 中，对精氨酸酶的活化和丙酮酸脱羧酶的活化都有作用。过量的钴抑制食用菌生长。

11. 钼　钼参与硝酸盐的还原，参与钼黄蛋白酶的构成。

12. 硼　硼促进钙和其他阳离子的吸收，从而促进细胞壁质和细胞间质的形成。

（四）生长因子

生长因子是一类调节和刺激细胞生长的物质，包括维生素、核酸、萘乙酸、吲哚乙酸、赤霉素、三十烷醇等。这些物质用量甚微，但对食用菌菌丝生长、原基形成有明显的促进效果。

1. 维生素　维生素 B_1（硫胺素）是许多真菌必需的生长因子，它对子实体发生极为有利，对顺利进行碳代谢起着重要作用。维生素 B_1 是丙酮酸氧化脱羧酶、α-酮戊二酸氧化脱羧酶的辅酶。米糠和麦麸含有大量维生素 B_1。在木屑、棉籽壳培养基中加米糠、麦麸之类的物质就可以满足食用菌对维生素 B_1 的需要。维生素 B_1 不耐热，在 120 ℃以上迅速分解。

食用菌菌丝除需要维生素 B_1 外，还需要微量的维生素 B_2、维生素 B_5、维生素 B_6、维生素 B_7 等。这些 B 族维生素多存在于马铃薯、麦麸、米糠、麦芽、酵母中。在生产中这些维生素不必专门添加。

2. 激素类　萘乙酸（NAA）、吲哚乙酸（IAA）、吲哚丁酸（IBA）及赤霉素（GA）等生长激素在食用菌栽培上也有一定的应用。不同的激素对食用菌的生理效应有所不同。NAA 能增强蛋白酶和脂肪酶的活性，并促进对磷的吸收，因而促进子实体的形成，增加产量。

二、食用菌生长的环境条件

（一）影响孢子萌发的环境条件

1. 温度　不同食用菌的孢子萌发对温度的要求也不相同，这与它们的原产地有密切的关系。如草菇孢子萌发的最适宜温度是 36 ℃，香菇是 22~26 ℃。

2. 水分　孢子只有吸足水分，才能启动促进生理作用。因此，充足的水分是孢子萌发的首要条件。

3. 光线和酸碱度　阳光直射对孢子萌发不利。多数食用菌孢子在 pH 值为 4.5~6.5 时萌发最好，草菇孢子在 pH 值为 7.5 时萌发最好。

（二）影响菌丝生长的环境条件

1. 温度　温度是影响菌丝生长发育的重要因素之一。一方面，随着温度的上升菌体中的生物化学反应速率加快；另一方面，菌体内的重要组成物，如蛋白质、核酸等对温度较敏感，随着温度的升高可能遭受不可逆的破坏。因此，菌丝生长只是在一定范围内才随温度的上升而增加。温度上升到一定程度开始对菌丝体产生不利影响，甚至导致菌丝死亡。食用菌菌丝生长的温度范围在 5~40 ℃，最适宜温度是 20~35 ℃（草菇最适 35 ℃，口蘑最适 20 ℃），多数在 25 ℃左右。

同其他的真菌菌丝一样，食用菌菌丝较耐低温，绝大多数在 0 ℃不会死亡。香菇在菇木内遇 –20 ℃也不会死亡。但食用菌菌丝一般不耐高温，香菇菌丝在 40 ℃以上存活时间比较短。

菌丝生长最适温度一般是指菌丝体生长最快的温度。但这个温度对菌丝体健壮生长往往不是最适宜的。生产中为了培育健壮菌丝常常要求比菌丝体生长的最适温度（生理最适温度）略低的温度，即所谓"协调的最适温度"下进行培养。菌丝体培育的最适温度比生理最适温度略低。

2. 水分和空气相对湿度　水不仅是食用菌的重要成分，而且也是新陈代谢、吸收养分必不可少的基础物质。水的比热高，能有效吸收代谢过程中所放出的热量，使菌体内温度不致骤然上升。同时，水又是热的良好导体，有利于散热，可调节菌丝体内外的温度。一般来说，培养料适宜含水量在 55%~70%，菌丝生长阶段空气相对湿度在 70% 以下，子实体发育阶段要求空气相对湿度 90% 左右。

3. 空气　食用菌是好气性真菌，在其生长过程中吸进氧气、放出二氧化碳。其整个生命过程是不断消耗氧气，排出二氧化碳的过程。因此，在生长过程中不能缺少氧气，如栽培环境中缺少氧气会明显影响食用菌的正常生长。

4. 光线　食用菌生长过程中不需要阳光直射，其菌丝可以在黑暗的环境中正常生长。菌丝经强太阳光照射很快会死亡，即使在较强的散射光的条件下，菌丝生长也比在黑暗条件下弱。食用菌菌丝生长一般不需要光，光线对某些食用菌甚至起抑制作用。通常在散射光下，不少种类的食用菌菌丝生长速度大大降低。

5. 酸碱度　大多数食用菌喜弱酸性环境，酸性环境适宜菌丝生长（pH 值多在 3~8，最适 5~5.5）。猴头菌最耐酸，它的菌丝体在 pH 值为 2.4 时仍能生长，但它不耐碱，pH 值大于 7.5 时，其菌丝难以生长；草菇喜碱性环境，在 pH 值为 8 的培养料中菌丝仍能很好地生长。

在配制培养基时，pH 值要略高于最适 pH 值，因为培养料 pH 值在灭菌后会有所下降（主要是分离出磷酸和肌醇），同时食用菌培养后新陈代谢产生有机酸（乙酸、琥珀酸、草酸等）的积累都能使 pH 值降低。

（三）影响子实体分化发育的环境条件

1. 温度　子实体分化发育与温度密切相关。食用菌子实体对温度的要求可明显地分为三种类型：低温型、中温型和高温型。

（1）低温型。子实体分化时的最高温度在 24 ℃ 以下，最适温度为 20 ℃ 以下，如双孢蘑菇、香菇、平菇和金针菇等，多在春、秋、冬季生长。

（2）中温型。子实体分化时的最高温度在 28 ℃ 以下，最适温度为 22～24 ℃，如木耳、银耳和大肥菇等，多在春秋季节生长。

（3）高温型。子实体分化时的最高温度在 30 ℃ 以下，最适温度为 24 ℃ 以上，如草菇等，多在盛夏生长。

根据食用菌在子实体分化阶段对变温刺激的反应，又可分为两大类：①变温结实性菇类。出菇需要变温刺激，变温处理对子实体分化有促进作用，属于这一类型的有香菇、平菇、白灵菇、杏鲍菇等。②恒温结实性菇类。出菇不需要变温刺激，变温处理对子实体分化无促进作用，如木耳、草菇、猴头、灵芝、双孢蘑菇等。

温度对子实体生长有明显的影响，在高温下生长较快，但柄细、肉薄、易开伞、品质差；在低温下生长较慢，但柄短、肉厚、品质较好。

2. 水分与空气相对湿度　水是食用菌菌丝体和子实体的重要组成部分。据研究，菇类自幼菇形成到子实体成熟，其细胞数目并没有明显增减，其子实体重量的增加，是细胞贮藏大量的养分和水分的结果。基质含水量和空气相对湿度是影响出菇的重要因素。

空气中的水分在子实体生长阶段起着重要作用。空气相对湿度是指空气中水蒸气的含量，用百分比来表示。在生产中可用湿度计测定空气相对湿度，通常使用的为干湿球温度计。

在菌丝生长阶段，多数菌丝是在瓶内或袋内密封生长，培养料中的水分蒸发很少，空气的相对湿度不要过高，一般在 70% 以下。在子实体生长期则需提高空气相对湿度。这时子实体是属于开放式生长，空气相对湿度的变化会明显影响其生长。食用菌在子实体形成阶段还要求有较高的空气相对湿度，一般在 80%～95%，低于 60% 子实体生长停止，降至 40%～50% 时子实体不再分化，即使分化也会干枯死亡。

栽培环境的空气相对湿度也不可高于 95%，湿度过大，易使病菌和其他霉菌滋生，还会影响栽培环境的通风换气，使二氧化碳和其他有害气体不易散发，抑制食用菌正常生长；与此同时，还影响营养物质从菌丝体向子实体输送和转移，这是因为湿度过大时，子实体内的水分蒸腾减弱，以水为载体的营养物质运送变慢，不利于子实体对营养的吸收和积累。所以食用菌不同的生育阶段需要的空气相对湿度是不同的。

3. 空气　当食用菌从营养生长转入生殖生长时，对氧气的需要量略低。试验证明，微量的二氧化碳（0.034%~0.1%）对双孢蘑菇和草菇子实体分化是必要的。但一旦子实体形成后，由于子实体旺盛的呼吸，它对氧气的需求也急剧增加。这时，0.1%以上的二氧化碳浓度对子实体有毒害作用。

食用菌子实体对二氧化碳浓度反应尤为敏感，如氧气不足、二氧化碳浓度过高，其菌盖生长会明显受到抑制。

不同食用菌子实体对二氧化碳的敏感程度不同。平菇、猴头、银耳、竹荪、灵芝等对二氧化碳浓度十分敏感。当空气中二氧化碳浓度超过0.13%时，就会出现畸形菇。

在生产上，防止二氧化碳浓度过高的方法是经常开门窗、通风口或安装排风扇，使空气流动，保持空气新鲜。

4. 光线　一般来说，绝大多数食用菌在子实体分化和发育阶段都需要一定量的散射光，在完全黑暗条件下原基形成困难。香菇、草菇等在黑暗条件下不能形成子实体；侧耳、灵芝等食用菌虽然能勉强形成子实体，但菇体畸形，经常只长菌柄，不长菌盖、不产孢子。但有一些食用菌在无光的条件下也能生长良好，如双孢蘑菇、大肥菇在完全黑暗的条件下能形成子实体，且发育完好，菇的品质优良。

子实体生长需要适量的散射光，光对子实体的质量有明显的影响，双孢蘑菇等在无光条件下形成优质菇；而黑木耳、香菇、草菇等则需要一定强度的散射光才能形成优质子实体。

光的质量与食用菌子实体的分化和发育有密切关系。一般认为，紫光、蓝光对子实体的分化与发育有促进作用，红光、黄光、绿光则无效。

光线对子实体的色泽也有很大影响，一般随着光照增强，菇体颜色加深。如光照不足时，草菇呈灰白色，黑木耳的色泽也会变淡。

5. 酸碱度　在子实体形成阶段，各种食用菌对基质的 pH 值都有一定的要求。如草菇喜碱性，在 pH 值为 8 的培养料里仍然生长良好；香菇偏酸性，产菇量以 pH 值为 5 时最高。

第三编
食用菌菌种生产

第一章　食用菌菌种培育

第一节　食用菌菌种的概念和分级

一、菌种的概念

食用菌菌种就是用人工方法培养出来的用于进一步繁殖的纯菌丝体及其培养基质。

食用菌菌种的基本条件：纯菌丝体、生长在密闭容器内、适宜的培养基。

二、菌种的分级

根据食用菌菌种的来源、繁殖的代数及生产目的，一般将食用菌菌种分为母种、原种、栽培种三级。

（一）母种

母种又叫一级种或斜面菌种，是指由孢子、子实体组织、菇（耳）木或基内菌丝分离纯化，并在琼脂培养基上繁殖的菌丝体及其培养基质。母种主要用于扩大繁殖和菌种保藏。母种的菌丝体较纤细，分解养料能力差，需在营养丰富且易于吸收的培养基上培养。

（二）原种

原种又叫二级种，是将母种接种于无菌的棉籽壳、谷粒、木屑、粪草等固体培养基上所培养出来的菌种。二级种经过在固体培养基上生长，其菌丝较粗壮，对培养基质和环境适应能力较强。原种主要用于扩大繁殖栽培种，也可直接用于生产。原种只适于短期保藏。

（三）栽培种

栽培种又叫三级种或生产种，是将原种接种于与原种培养基相同或相似的培养基上培养出来的菌种，是大面积栽培所使用的菌种。栽培种经过进一步的培养，分解基质的能力增强，更适于栽培。栽培种最好在适龄期内使用，否则会导致生活力下降、影响生产。

第二节　菌种分离技术

在自然界中，微生物无处不在，即使正常生长的食用菌子实体也不例外，其表面和周围环境中存在有各种微生物，如细菌、酵母、霉菌等。要想获得食用菌纯菌种，就必须进行纯种分离。通过一定的技术措施，把食用菌菌丝体或孢子从混杂的微生物环境中单独分离出来进行纯培养的技术叫菌种分离技术。

食用菌菌种分离的方法很多，常用的有组织分离法、基内菌丝分离法等。分离法各有特点，可根据不同的菇类和用途，采取不同的分离方法。在几种常见的食用菌中，子实体大而肥厚的香菇、平菇、猴头、草菇、鸡腿菇、双孢蘑菇、白灵菇等多采用组织分离法；银耳多采用基内菌丝分离法。需要指出的是，无论采取何种方法分离的菌种均不能直接用于生产，需要通过试验证明其性状优良后，才能在生产中推广应用。

一、组织分离法

组织分离法是将子实体部分组织接种于培养基上，经培养获得纯菌丝体菌种的方法。它是一种无性繁殖方法。

食用菌的子实体都是菌丝体的特殊结构，只要切除一小块组织移到合适的培养基上，就可以生长成为营养菌丝，从而获得纯菌种。组织分离法操作简便，取材广泛，又能保持原品系的遗传特性，容易成功，是生产中最常用的一种方法。

在生产中能否长期采用组织分离法来获得纯菌种，还没有定论。据报道有人长期采用组织分离法分离香菇、双孢蘑菇纯菌种，也没有出现种性退化的现象。用处于正在旺盛生长中的幼嫩子实体或菇蕾作为组织分离的材料较好。生长较弱，成熟过度，有病虫害的子实体均不适合作组织分离的材料。

虽然食用菌子实体的各个部分均可作为组织分离的材料，但由于各部分组织细胞存在差异，所以分离出的菌种的生活力就有所不同。对一般菇类来说，取种菇菌盖与菌柄交接处的组织分离效果最好；有些菇类有菌幕保护，取菌幕保护下的菌褶作分离材料效果更好；菌根菌的组织分离，选用靠近基部的菌柄组织作分离材料较易成功。

　　有些菇类可以利用子实层进行组织分离。食用菌的个体发育是按菌柄、菌盖、菌褶的顺序进行的。因此菌褶两侧的子实层细胞最幼嫩。子实层菌丝恢复生长能力强于菇体其他部位的菌丝。子实层菌丝生活时间长，具有较强的抗逆性。子实层菌丝是从幼小担子和囊状体及子实层细胞发育而来，是生殖细胞转化成营养细胞的结果，因而具有较强的生活力。利用子实层组织分离法只适于有菌幕保护的菇类，如双孢蘑菇、草菇、鸡腿菇等。

　　分离伞菌类时，如使用菌盖中的菌肉作分离材料，先用经过火焰灭菌的剪刀将菇体表皮剪断，用镊子将菇体表皮拉开，露出洁白的菌肉，再用镊子将菌肉截成小块，取一块放入试管斜面中培养。用菌盖菌柄交接处或菌盖菌柄较厚处的菌肉作分离材料时，也可以用撕裂法露出内部菌肉组织，再用无菌镊子夹取一块菌肉直接接入试管斜面中。但应该注意镊子不能接触任何菇体外表皮，包括菌褶，以免发生污染。如果菇体较大、结构紧密，可用75%的酒精棉球擦拭菇体表面，如双孢蘑菇；如果菇体组织疏松，一般不进行表面消毒，更不能将菇体放在消毒剂中。经过消毒浸泡的菇体含水量高，分离成功率低。

　　食用菌的组织分离法基本相同，下面介绍平菇的分离方法。

　　1. 种菇选择　选择能代表该品种原有遗传特性的平菇个体，从出菇早而均匀、生长旺盛的菌袋上选取长势好、菇体完整、菌盖适中、肉厚、无病虫害、刚进入成熟初期的菇作为种菇。种菇采收前两天要停止喷水，以保持菇体的干爽，提高成功率。

　　2. 种菇的处理与消毒　将采收的种菇去掉杂质，放置1~2 h，让菇体散失过多的水分。菇体含水量过大，不易分离成功。然后在无菌条件下用75%的酒精进行表面消毒。

　　3. 分离与移接　在无菌条件下，用无菌纱布吸干菇体表面水分，将分离用的小刀和接种针在酒精灯火焰上灼烧至发红，冷却后用灭过菌的小刀把菇体纵剖为二，在菇盖与菇柄相接处的部位切取绿豆大小的菌肉组织，迅速移接在斜面培养基中央。

　　4. 菌丝培养　将接过平菇组织块的试管放入恒温培养箱中25 ℃培养，即可萌发出白色的平菇菌丝。在培养过程中要经常检查，及时去除污染菌种。如果培养基表面有黏稠状物，是细菌或酵母菌污染；如果培养基表面有各种颜色的绒毛状菌丝或蜘蛛网状物，是霉菌感染。如果一支试管中大多数菌丝长势良好，只有少部分污染，可采取超前分离法将其纯化，即从菌丝生长健壮、远离污染点的地方切取一小块带有菌丝的培养基移到新的培养基上培养，也可以得到纯菌丝体。

挑选菌丝生长健壮、浓密洁白、长势旺盛、无杂菌污染的菌丝再进行转接。这样得到的平菇母种必须进行出菇试验，确认其菌丝生长良好、出菇正常时再用于大面积生产。

香菇、双孢蘑菇、白灵菇、杏鲍菇、鸡腿菇、金针菇、草菇等多数伞菌组织分离方法与平菇组织分离法相似。

二、基内菌丝分离法

所谓基内菌丝分离法，就是分离食用菌天然寄主或菇（耳）木中的菌丝体而得到纯菌种的一种方法。这种方法较易受污染。能用孢子分离或组织分离法获得菌种的食用菌类，一般不用此法。银耳菌丝，只有与香灰菌丝生长在一起才能产生子实体，采用基内菌丝分离，就可同时得到这两种菌丝的混合种。生产上常用此法获得银耳菌种。要挑选菌丝发育较好的基质作为分离材料。在木材内，凡有菌丝活动的地方，颜色往往变浅，或有特定的斑纹，应在菌丝分布范围内切取接种块；分解纤维素能力旺盛的菇类，要在木材深部取接种块，这样可以减少污染；分解纤维素能力较弱的菇类，要在木材浅层取接种块，最好在靠近子实体生长处，可以提高成功率。基内菌丝分离法获得的菌种一定要进行出菇试验后才能用于生产。

（一）菇（耳）木分离法

1. 菇木或耳木的采集　生长香菇的段木叫菇木，生长木耳的段木叫耳木。采集菇木、耳木都要在子实体发生的季节进行。在栽培场所寻找已长过子实体的木材中的食用菌菌丝发育良好的第一年或第二年耳（菇）木作为分离材料。

2. 菇木或耳木的选择　在分离之前，对采集来的菇木或耳木进行比较，将菇木从中间锯断，可以初步判断菌丝生长情况，并能判断是否遭受木腐菌侵染。遭木腐菌侵染的菇木断面会出现浅黄褐色的拮抗线。选菌丝发育旺盛、木材未腐烂、看不见杂菌生长的菇木或耳木做分离材料。

3. 菇木与耳木的风干　在子实体发生季节，菇（耳）木含水量较大，细菌能随导管进入木质部，致使分离过程中有大量细菌发生。此时不要将菇木马上锯断，应将菇（耳）木风干，以减少杂菌污染。另外，分离时应使用酸化培养基或加抗菌素的培养基，培养基表面应该干燥无水。

4. 菇（耳）木的表面无菌处理　菇（耳）木的分离部位是取得纯菌种的关键。把采集到的菇（耳）木，在长有子实体处的两侧，锯下约 1 cm 厚的木段置于接种箱内。再从耳或菇基穴周围，切取一个三角块，浸在 75% 的酒精溶液中表面消毒 15 s 至 1 min，取出用无菌水冲洗，再用无菌纱布吸干水分，移至另一块无菌纱布上。

5. 接种块的选择　接种块必须在菌丝蔓延生长的范围内切取。菌丝生长缓慢的菇类应取离树皮稍近的部位，即耳根周围处。为了防止污染，菌丝生长迅速的种类（如香菇）应取离树皮较远的部位。用解剖刀将木块从中间切开，用小刀在切面挑取米粒大小的接种块，接入斜面上。接种块应尽量小，以减少污染的机会。接种后放在 22~25 ℃下培养。

（二）袋栽银耳菌种分离法

选取菌龄为 25~28 d、朵径 5~6 cm 的适龄银耳子实体作分离材料。将银耳用解剖刀切去，再将耳基从培养料中剥出。此时的耳基为一充满致密白色菌丝体的硬块。用刀片将耳基切开，切除上部和下部，留厚 1 cm 左右的中间一层供分离用。将留下的分离材料四周的基质切除，再将中心部分切成麦粒大小的许多小块，一一接种到斜面培养基上，于 25 ℃下培养，经 7~10 d，银耳菌丝可恢复生长。也可将挖出的耳基在瓶内充分捣碎后接种到木屑培养基上，于 25 ℃培养。经 7~10 d，木屑培养基上会出现白色绒毛团状的银耳菌丝，用接种针小心挑取白毛团菌丝，接种到斜面培养基上，再经 7~10 d 培养，可形成银耳菌丝。再经过 10~15 d，接种块周围会出现红或褐色分泌物，继而形成原基，即成为银耳菌种。这两种方法得到的银耳菌种均为银耳、香灰的混合菌种，不需再进行混合培养。

还可选取生长期约 20 d 的原种，除去耳基和幼耳，将耳基下的菌丝团分割成小块，接种在木屑培养基上，于 23~25 ℃下培养。12 d 后，选取菌丝健壮、"白毛团"长势旺盛、色素分布均匀的作为分离材料。从瓶内挑取一粒"白毛团"，移接到木屑培养基上，于 25 ℃下培养 15~20 d 即为木屑母种。一瓶母种可接 30~40 瓶原种。

三、分离菌种的纯化

分离菌种的纯化是指将分离获得的菌种进行再提纯，从而获得纯菌种的方法。在实际操作中，无论采取何种分离方法，都不排除杂菌污染的可能性。对污染的菌种可以采取如下方法进行纯化。

（一）菌丝的再提纯

选取无污染、菌落生长较为一致的菌丝体作为提纯对象。用无菌接种铲连同培养基一起切取菌落的前端部分，移接到新的培养基上培养。如果菌丝稀疏，如草菇，可采用单根菌丝分离法，即在低倍镜下选择单根菌丝，用锋利的接种针仔细地将贴在固体培养基上的单根菌丝带少量培养基切下，移接到新的培养基上培养。如此，经过几次切割移植，就可以得到纯菌种。

（二）排除污染物

菌种分离时细菌、霉菌污染在所难免，在培养基中加入百万分之五至百万分之十的多菌灵或甲基托布津，可以防止霉菌污染；在 1 L 培养基中加入 30~40 mg 链霉素、青霉素可以防止细菌污染。

一般来说，污染的菌种不要使用，但有时又非用不可，可将灭菌后的滤纸浸在 10% 的多菌灵中，然后取出覆盖在霉菌生长点上，以防止分生孢子的扩散，再用无菌接种铲铲取一块远离杂菌的顶端健壮菌丝移植到新的培养基上培养；如果是细菌感染，可以用接种铲将细菌菌落连同培养基一起铲除，再从无杂菌部位铲取一块菌丝移接到新培养基上进行培养。

第三节　母种的培育

一、常用母种培养基配方

食用菌种类繁多，在同一种培养基上表现出的生长发育状况是有差异的。为使某一食用菌生长发育良好，首先要选出最适合该菌的培养基。现将食用菌常用的培养基介绍如下。

（一）马铃薯葡萄糖琼脂培养基（PDA）

去皮马铃薯 200 g，葡萄糖 20 g，琼脂 20 g，水 1 000 mL。适用于培养各种菇类，但草菇、猴头菌丝在此培养基上生长不良。

在基本组分内另加磷酸二氢钾 0.6 g、硫酸镁 0.5 g、维生素 B_1 0.5 mg 或在基本组分内加 1 g 硫酸铵，适用于草菇菌丝生长；在基本组分内加 3 g 硫酸铵、6 g 酵母膏，草菇菌丝生长更加旺盛；在基本组分内加黄豆饼粉 10 g、磷酸二氢钾 1 g、硫酸镁 0.5 g，适用于培养猴头和木耳；在组分内加 10 g 蛋白胨，对菌丝生长有促进作用，适于培养、保藏多种菇类。

（二）马铃薯蔗糖琼脂培养基（PSA）

去皮马铃薯 200 g，蔗糖 20 g，琼脂 20 g，水 1 000 mL。此培养基作用与 PDA 基本相似。培养平菇时，菌丝长势不如 PDA。

（三）马铃薯综合培养基

去皮马铃薯 200 g，葡萄糖 20 g，磷酸二氢钾 3 g，硫酸镁 1.5 g，维生素 B_1 5~10 mg（医用片剂 2~4 片），琼脂 20 g，水 1 000 mL。适用于培养草菇、灵芝、猴头、茯苓及其他菇类。在组分内另加 20 g 蛋白胨，可使猴头菌丝生长更加旺盛，并能延缓衰老。

（四）完全培养基（CYM）

蛋白胨 2 g，葡萄糖 20 g，磷酸二氢钾 0.46 g，磷酸氢二钾 1 g，硫酸镁 0.5 g，琼脂 20 g，蒸馏水 1 000 mL。此培养基是培养食用菌最常用的合成培养基，供培养和保藏母种用。在培养基内另加酵母膏 0.5~1 g，可使菌丝生长更加旺盛。

（五）蛋白胨葡萄糖琼脂培养基（PGA）

蛋白胨 2 g，葡萄糖 20 g，磷酸氢二钾 1 g，磷酸二氢钾 0.5 g，硫酸镁 0.5 g，维生素 B_1 0.5 mg，琼脂 20 g，水 1 000 mL。

（六）玉米粉综合培养基

玉米粉 20~30 g，葡萄糖 20 g，磷酸二氢钾 1.5 g，硫酸镁 1 g，蛋白胨 0.5 g，琼脂 20 g，水 1 000 mL。适宜于双孢蘑菇菌丝的生长。

（七）黄豆芽葡萄糖琼脂培养基

黄豆芽 250 g，葡萄糖 30 g，蛋白胨 5 g，酵母膏 1 g，琼脂 20 g，水 1 000 mL。适合猴头菌种的培养。

（八）复壮培养基

去皮马铃薯 200 g，麦麸 100 g，玉米粉 50 g，蔗糖 20 g，琼脂 20 g，水 1 000 mL。本培养基广泛用于各类食用菌的分离培养。将去皮马铃薯碎片及麦麸、玉米粉用纱布包好煮沸 10~15 min，取滤液加入其他成分。

二、母种培养基的制备

（一）母种培养基的制作

为了保证培养基的质量，配制时要按照一定的操作步骤进行。应该选择合适的浸煮容器，一般可用玻璃缸、搪瓷缸或铝锅等。不能用铜、铁器皿，以免铜锈或铁锈混入培养基中。

1. 计算　选好培养基配方，按需要培养基的数量计算各种成分的用量后称量。

2. 称量　固体物的称量，要求准确。液体用量杯量。微量元素与生长元素需要量很小，难以称准，可先配成母液，再取出需要的量。

3. 配制　谷物、植物块茎等要先制浸出液。以配制马铃薯葡萄糖琼脂培养基为例说明如下：将选好的马铃薯洗净、去皮、挖去芽眼，切成薄片，称取200 g放入容器中，加水 1 000 mL，加热煮沸 15~20 min，至熟而不烂的程度，用 4~8 层纱布过滤，取其滤液，加水补足 1 000 mL。此液为马铃薯煮汁。然后在煮汁中加入琼脂，小火加热，不断用玻璃棒搅拌，至琼脂全部溶化，再用纱布过滤 1 次，补水至 1 000 mL，加入葡萄糖等其他物质，再煮几分钟，搅拌溶化，防止烟底或溢出。烧煳的培养基营养物质被破坏，而且容易产生对食用菌有害的物质，不宜再用。加热过程蒸发的水分应在最后补足。

在配制合成培养基的过程中，为避免生成沉淀造成营养的损失，要按顺序加入。先加缓冲化合物，溶解后加入主要元素，然后是微量元素，最后加入维生素、生长素等。最好是一种营养成分溶解后，再加入第二种营养成分。微量元素应配成母液，待其全部溶解后，再按用量加入培养基中；牛肉膏不易溶于冷水，可用热水溶化后加入；若有些物质难溶解，可通过加热等方法溶解后，再加入培养基中。

玉米粉、蛋白胨等干粉类物质，先加入少量水调成糊状后再加入，防止结块。

琼脂的用量一般为 2%，但生产中常根据季节变化和使用目的进行必要的调整。夏季气温高，试管内水分蒸发量大，为防止斜面脱水干裂，琼脂用量可减少到 1.8%；冬季琼脂用量可增加到 2.3%；孢子萌发时，琼脂用量可减少到 1.6%~1.8%；进行菌种保藏时，琼脂用量可增加到 2.5%。

猴头等食用菌的最适 pH 值为 4~5，此时琼脂难凝固，可将培养基营养成分和琼脂分开灭菌，然后在无菌条件下混合凝固。也可按照酸化培养基的制备方法制备酸化培养基。

4. 酸碱度调节　一般用 10% 盐酸或 10% 氢氧化钠调 pH 值。用 pH 值试纸进行测试。调 pH 值时要小心，一滴一滴地加酸或碱，不要调得过酸或过碱，以避免某些营养成分被破坏。

在食用菌菌丝生长过程中，菌丝将碳水化合物分解成有机酸类，使培养基逐渐呈酸性；另外，有机酸类被同化后，培养基逐渐呈碱性。为防止培养基酸碱度出现大的波动，常在培养基中加入少量磷酸盐作为缓冲液。

5. 分装　培养基配好后，趁热将其按需要分装于三角瓶或试管内，以免琼脂冷凝。温度低时，要保温分装。分装时应避免培养基黏附管口或瓶口。琼脂若黏着棉塞，会影响接种，还易引起杂菌滋生。分装用漏斗或橡胶管进行。装入三角瓶的培养基量，一般不要超过瓶容量的 1/3；装入试管中的量，最好不要超过管长的 1/5。

6. 塞棉（胶）塞　分装后，塞好棉（胶）塞。做棉塞用普通棉花，不要用脱脂棉。棉塞的作用是既通气又过滤空气，避免杂菌污染培养基。

塞入试管的棉塞要紧贴管壁，不留缝隙，大小、松紧均匀适度。检查松紧的方法是：将棉塞提起，试管跟着被提起而不下滑，表明棉塞不松；将棉塞拔出，可听到有轻微的声音而不明显，表明棉塞不紧。

7. 捆把　棉（胶）塞塞好后，每 7 支同样规格的试管包扎成 1 把，试管棉塞部分要包上一层牛皮纸或双层报纸，用绳捆扎在管壁或瓶颈上。包纸的作用是避免灭菌时冷凝水淋湿棉塞，并防止接种前培养基水分散失或被杂菌污染。

8. 灭菌　试管包扎好后，放入铁丝筐中，竖直放入高压灭菌锅内灭菌。在压力升至 0.05 MPa 时排放冷空气，然后再在 0.11 MPa 下灭菌 20～30 min。灭菌时间不能过长，否则易破坏培养基的营养成分，使酸度增加、凝固不良。灭菌后待温度缓慢降到 60 ℃时再摆成斜面，以防冷凝水在管内积聚过多。

9. 摆斜面　摆放方法是将 1 cm 厚的木板或钢板平放于平台或地上，然后将灭过菌的试管口朝上摆放于板上冷却凝固即成斜面培养基。摆放后在试管上覆盖棉布保温也可减少冷凝水过多。斜面长度占试管总长的 1/2，最多不超过 3/5。

（二）平板培养基的制备

如制三角瓶平板，将培养基装入三角瓶内灭菌、冷却后即成；如制培养皿平板，将灭过菌的三角瓶中的培养基，按 15～20 mL 的量倒入无菌培养皿中，放平，凝固后即成平板培养基。一般现用现倒。

三、母种的扩大繁殖

初次分离或引进的母种常需要进行扩大繁殖。扩大繁殖时要进行接种。接种是食用菌生产中的一项最基本的操作，无论是纯菌种的分离、鉴定，还是食用菌的科研及菌种的扩大繁殖，都必须进行接种。接种的关键在于严格的无菌操作。在无菌室或接种箱内燃烧的酒精灯火焰旁进行无菌接种的技术，叫作无菌接种技术。根据菌种的不同繁殖时期可分为母种接种、原种接种及栽培种接种。

母种接种是把试管菌种或培养皿菌种转入试管斜面上的过程。这种方法常常用于母种的扩大繁殖。一般对初次分离获得的母种或从其他单位引进的母种要进行扩大繁殖。选择菌丝粗壮、生长旺盛、颜色纯正、无杂菌感染的试管母种，进行 2～3 次转管，以增加母种数量。

1. 接种前的准备　接种前要准备好接种工具。接种工具常因工作对象和接种方法不同而不同。

接种前还要对接种箱进行消毒，接种箱在使用前要打扫干净。然后将灭过菌的试管和接种工具放入接种箱中，用气雾消毒剂熏蒸 30 min。装有紫外线灯的，在灭菌的同时用紫外线灯照射。用超净工作台接种的，先开紫外线灯照射 20 min，再打开风机吹 30 min，然后再打开照明灯开始接种。

接种前应严格检查菌种是否遭受污染。尽量不要将接种材料（母种或分离材料）先放入接种箱中与待接斜面一起灭菌，以免损坏菌种。

2. 接种方法　接种要在接种箱或超净工作台内严格按照无菌操作规程操作。接种前，先用肥皂水或 2%来苏儿洗手，再用 75%酒精擦拭双手、接种工具和试管表面。即先进行表面消毒，再开始接种。

（1）点燃酒精灯。酒精灯火焰周围的空间为无菌区。利用酒精灯火焰接种可以避免杂菌污染。

（2）将菌种和斜面培养基的两支试管用大拇指和其他四指平握在左手中，使中指位于两试管间的空隙，斜面向上，并使它们处于水平位置。

（3）先将棉塞用右手拧转松动，以利于接种时拔出。

（4）右手拿接种钩，拿的方法如同握笔，在火焰上进行灼烧灭菌。凡在接种时进入试管的部分均应在火焰上灼烧。

（5）用右手掌根、小指、无名指同时拔掉两个试管的棉塞，并用手指夹紧，切勿放于工作台上，更不能放在未经灭菌的物品上。

（6）以火焰灼烧试管口，灼烧时不断转动管口（靠手腕动作），烧死管口上可能附着的杂菌。

（7）将灼烧过的接种钩伸入菌种管内，先使其冷却，以免烫死菌丝。去除气生菌丝后再轻轻挑取少许菌丝，迅速移入待接的试管斜面中央，轻压防止接种块滑动。注意不要把培养基划破，也不要把菌丝粘在管壁上。

（8）抽出接种钩，灼烧管口，再将棉塞塞上。塞棉塞时，不要用试管去迎棉塞，以免试管在移动时纳入不洁空气。（5）至（8）的操作都要保持试管口在火焰的无菌区内（5 cm以内）。

（9）如此反复操作，1支母种一般可扩20~50支试管。

（10）试管从无菌室或无菌箱取出时，应逐支塞紧棉塞，在试管上贴标签，注明接种日期、菌种编号、转管次数及操作者姓名等。然后在暗光下进行适温培养。

四、母种的培养和检查

（一）母种的培养

斜面接种后，要立即将试管放在适温下培养。母种培养时应注意以下几个问题：

（1）要将不同种类、不同时间接种的母种分类摆放，以免混淆，同时便于观察和取用。

（2）适温培养。不同品种最适培养温度不同。接种后，应置于最适培养温度下培养至接种块菌丝萌发。当菌丝萌发并在培养基上蔓延时，可将培养温度降低2~3 ℃，使菌丝更加健壮。要防止温度过高，以免菌丝长势弱和衰老快。

（3）要注意氧气供应充足，保证空气流通和交换。如果缺氧，易导致菌丝发黄、衰老。母种占据空间小，最好放在恒温室内培养。如果没有恒温室，也不能在培养箱内放得过分拥挤。

（4）注意闭光，室内培养可在试管上盖上报纸遮光。母种快长满时，要及时移入冰箱保存。

（5）气生菌丝发达的菌种，如气生型双孢蘑菇菌种，要采取逐步降温法进行培养：接种后，置于20~22 ℃下培养；经7~8 d，当菌落长到蚕豆大时，将培养温度降至 15 ℃左右；当菌丝长到试管的 1/2 时，再在 12 ℃左右培养，直至菌丝发满。

（6）平菇、气生型双孢蘑菇等母种培养过程中，常在接种块附近出现一个菌丝塌陷区，尤其是双孢蘑菇菌丝，沿着塌陷区的菌丝还会发黄、倒伏。这主要是由于接种块过大，培养温度过高引起。

（7）灵芝等菌种，表面气生菌丝易革质化，最好用黑纸包裹培养。

（二）母种的检查

正常情况下，斜面接种后，菌丝即从接种块向四周蔓延。金针菇的菌丝前端可形成粉孢子，猴头的老熟菌丝会断裂，银耳芽孢能产生掷孢子。因此，斜面上常会出现一些分散性的小菌落。

培养期间要经常检查，接种 3 d 后要检查斜面菌落，发现污染及时淘汰。如果 5~10 d 出现色彩鲜艳的分生孢子，就是霉菌菌落；如在接种块周围或一侧出现黏稠状菌落，多是细菌感染。发现如上述不正常菌丝或菌落，应及时淘汰，确保菌种的纯度。

（三）母种保存

菌种发满后，应及时用于原种接种。如暂时不用，应在母种没有完全发满之前，及时放入冰箱内 1~4 ℃保存。

保藏的母种在使用前要认真检查有无污染。检查时要从斜面上方和背面两个方向观察。如有异样菌落或菌丝出现，说明已污染，不能使用。

五、母种质量鉴定方法

（一）外观鉴定

通过肉眼观察母种的外观，要求菌丝旺盛、无杂菌、培养基不收缩、符合该品种菌丝外观特征。

菌丝粗壮、生长整齐、有菇香的为优良菌种；形成很厚的菌被将管壁包满，是老化菌种或经多次无性繁殖的菌种，很容易在种块或管壁上形成原基，不宜扩大培养；有红、青、黑、绿等杂色以及拮抗线的为杂菌污染菌种，不能使用。

有些菇类有特殊的外观特征，如香菇可以分泌褐色素等，挑选菌种时需要注意。

（二）出菇（耳）检查

菌种必须进行出菇试验。将母种接入培养基。待菌丝发满后，进行出菇管理，观察出菇情况和生产性状。出菇（耳）快、多，菇形好，产量高的为优质菌种。

第四节　原种和栽培种的培育

原种和栽培种制作的目的，一是扩大菌种的数量，二是用类似栽培料的培养基制作菌种，增强菌种生活力和适应栽培料的能力。原种和栽培种制作方法一样，只是原种由母种扩大培养而成，栽培种由原种扩大培养而成。

一、原种和栽培种制备工艺流程

原料选择及处理—培养料配制—装瓶（袋）—灭菌—接种—培养。

二、常用培养基配方及制备

（一）原种和栽培种培养基

原料的选择和配制对菌种的质量和使用效果有较大的影响。从理论上讲，所有可用于栽培的培养料都可以作为原种和栽培种的培养料。但是，在实际生产中需根据品种和实际情况来选择。常用的培养基主料有棉籽壳、木屑、谷粒等；辅料有麦麸、米糠、谷糠、石膏等。

原种和栽培种培养基一般都是固体培养基，每类培养基其配制原料与方法基本相同。下面介绍一些常用的原种及栽培种培养基配方及其配制方法。

1. 棉籽壳培养基

（1）棉籽壳89%，麦麸10%，石膏1%，水适量。适用于平菇、灵芝、金针菇、木耳等的原种和栽培种的培育。

（2）棉籽壳100%，水适量。适用于平菇、木耳、猴头、灵芝、金针菇等栽培种的培育。

（3）棉籽壳61%，玉米芯30%，麦麸8%，石膏1%，水适量。适用于平菇、金针菇等栽培种的培育。

2. 谷粒培养基　谷粒菌种菌丝洁白、粗壮有力，用于栽培发菌快、成功率高。小麦、高粱、小米、玉米等谷粒均可用来制作谷粒菌种，它适于培养双孢蘑菇、平菇、草菇、凤尾菇等大多数食用菌的原种和栽培种。采用原料不同，制作过程略有区别。谷粒培养基最好采用高压灭菌。

（1）麦粒培养基。配方为麦粒98%，石膏2%。制备方法为：将麦粒淘洗干净后，用清水浸泡10 h（浸泡时间随温度而变化，温度在20 ℃以上时浸泡10 h；温度在15 ℃以下时浸泡20 h。培养猴头菌种时用0.05%冰醋酸水溶液）后，再在沸水中煮至熟而不烂（不开裂、无白心）时捞出，沥干水分，待麦粒表面水分稍加晾干，拌入石膏装瓶。装好瓶后在0.14 MPa压力下灭菌2 h。灭菌后趁热摇动瓶子，使麦粒松散。常规无菌接种、培养。

麦粒菌种取材方便，菌丝发育快，播种时菌丝受伤少，是国内外广泛采用的培养基。

食用菌制种用的小麦最好是贮存1年的陈小麦。新小麦制种，菌丝吃料慢、长势较弱。麦粒要求干燥，颗粒饱满，无杂质，无瘪粒，无虫害。

（2）玉米粒培养基。配方为玉米粒98%，石膏2%。制备方法为：选籽粒饱满、无破损的玉米粒用清水浸泡15～20 h，然后煮沸30～50 min，至玉米粒变软膨大无白心为止。将玉米粒捞起，控干水分，拌入石膏，即可装瓶。高压灭菌后，常规无菌接种、培养。玉米粒菌种在室温下可保存3～4个月，效果比麦粒菌种好。

（3）高粱培养基。配方为高粱粒98%，石膏2%。制备方法为：高粱粒浸水、煮透，常规高压灭菌，无菌接种、培养。高粱内可能含有某种生长因子，培育平菇菌种的效果尤其好。

3. 粪草培养基　双孢蘑菇等草腐菌类菌种制作常用此类培养基。

粪草培养基按稻草或麦秸4～5份与猪牛粪5～6份的比例配合，再加入硫酸铵1%、过磷酸钙0.5%、石灰3%，进行发酵。草料要求新鲜、干燥、不霉变。

发酵时可以加入尿素，但比例不能超过0.5%。

制作菌种的堆肥发酵时间可适当缩短，一般堆积20～25 d，其腐熟度要比双孢蘑菇栽培时稍轻些，翻堆次数比栽培时少1～2次。当麦草变成咖啡色、手感发软时，发酵即可结束。

堆制发酵后将草料耙出、抖掉粪块晒干备用。制种时将备好的干草料切断为2～3 cm，加入1%石膏粉，用清水拌湿至用手紧握培养料，指缝间有水渗出而不下滴为宜，调pH值为7.2～7.5后即可装瓶或装袋。

4. 木屑培养基　常用木屑培养基配方为锯木屑（阔叶树）78%～80%，米糠或麦麸18%～20%，蔗糖1%，石膏粉1%，水适量。

木屑要选取干燥、无霉烂的阔叶树木屑，加入麦麸、石膏粉混匀，蔗糖先溶于水，再拌入料中，以手握料，指缝间有水渗出而不下滴为宜。

木屑培养基适合制作香菇、木耳等食用菌的原种和栽培种。

5. 枝条菌种培养基

（1）短枝条菌种培养基。选直径1.5～2 cm的阔叶树树枝，剪成长1.2～1.5 cm的小段，晒干保存。使用前用1%糖水浸泡18～24 h或煮沸1.5～2 h，捞起沥干。用枝条木段1 000个、木屑100 g、麦麸50 g、水150～200 mL，拌匀装瓶，表面加盖2 cm厚木屑培养基。适用于培养香菇、木耳栽培种。

（2）长枝条菌种培养基。枝条可用紫穗槐枝条、小竹棒、一次性筷子等制成。将其加工为10 cm左右的木段。制种时在1%糖水中煮1 h，捞起，放在木屑培养基（木屑78%、麦麸20%、石膏1%、糖1%、水适量）中滚动一下，沾上一些木屑，即可装袋（枝条菌种常用塑料袋做容器），常规灭菌、接种、培养。枝条菌种具有接种快、上下同时发菌、菌丝发育速度快等优点。但如菌丝发育不充分，则易导致死穴现象，影响种植成功率。

（二）培养基的制备

1. 培养料的处理　原种和栽培种的培养基均为固体培养基，其主要原料有谷粒、玉米芯、棉籽壳、木屑、稻草、粪草等。棉籽壳、木屑等颗粒较细的培养料可直接用于配制。而其他一些培养料则要进行预处理：稻草等植物茎秆，在使用前要切成 2.5~4 cm 长的小段，如需要可加工成细粉；晒干贮存的堆肥、稻草，在使用前要进行预湿，使其充分吸水软化；木屑应使用阔叶树木屑；玉米芯要用粉碎机粉碎成玉米粒大小；粪草要经过发酵处理至半腐熟；谷粒、木屑按照前述方法处理。

常用辅料包括蔗糖、尿素、麦麸、米糠、过磷酸钙、磷酸二氢钾、石膏、石灰粉等。麦麸、米糠、饼粉、石膏粉与少量的木屑或棉籽壳混匀之后，再拌入主料内；蔗糖、尿素、过磷酸钙先溶入水中，再与培养料拌匀。

木屑、棉籽壳、玉米芯等原料中加入麦麸或米糠的量一般在10%左右，不要超过25%。

2. 拌料　拌料用水通常采用自然水，如河水、井水或自来水。培养料的含水量要依原料种类和物理性状、菇类的生物学特性而有所区别，其变动范围一般在55%~65%，通常在60%左右。一般来说，粪草的含水量要求低一些，而棉籽壳、玉米芯的含水量相对地要高些。各种原料的含水量也有一定程度的可塑性，不能一成不变地添加，应视具体情况并参照实践经验来判断培养料的含水量是否合适。生产中常用方法是用手紧握少量培养料，以指缝间有水外渗而不下滴为宜。没有水渗出为过干，需加水进行调节；有水珠连续下滴为过湿，可通过加料、晾晒进行调整。一般来说，制种用的培养料要比栽培用培养料的含水量略低些，原种培养料的含水量要比栽培种培养料的含水量略低些。装瓶（袋）前，用试纸测量培养料的酸碱度，因高压灭菌能使 pH 值下降 0.2~0.4，灭菌前 pH 值应比要求的略高。如 pH 值不合要求，可用1%过磷酸钙澄清液、1%石灰水调整。

3. 装瓶　原种和栽培种使用的瓶子多为 500 mL 或 750 mL 的菌种瓶。

装瓶前必须把空瓶洗干净，并倒尽瓶内渍水。然后将培养料装满，用力将料蹾实，再将培养料装满，最后用压瓶钩将培养料压实。压好瓶后，用圆锥形木棒在料面打接种孔，孔径 1.2~1.5 cm，孔深直达瓶底。打接种孔可增加瓶内氧气供应，有利于菌种块的固定，可使菌丝沿洞穴向下蔓延。

洞眼打好后，将瓶口倒立于水中，把瓶口内外洗抹干净，待瓶口晾干后，即塞上棉塞，用防潮纸包扎，进行灭菌。棉塞要求干燥、松紧和长度合适，总长

4~5 cm，2/3 在瓶内、1/3 在瓶口外，内不触料，外不开花，用手提棉塞瓶身不下掉。这样，种块也不会直接接触棉塞，可防止受潮染杂。

装入瓶内的培养料要求松紧适度。培养料装得过松，虽然菌丝蔓延快，但多细长无力、稀疏、长势较弱；装得过实，透气不良，发育困难。

4. 装袋　最常用的料袋规格为（15~17）cm×（33~35）cm×0.004 cm 的聚丙烯或低压高密度聚乙烯袋。装料时做到四周紧，中间松，装入量以袋子的 2/3 为准。装袋前将菌种袋一端折转扎成活结，装好袋后，将另一端也折转扎成活结。也可用塑料套环封口，捏紧袋口穿过塑料环，翻转袋口包住塑料环，再用绳将环口扎紧，塞上棉塞。

在用塑料袋做栽培种的容器时，木屑等在装袋前要过筛，要去掉有锐角的粗大颗粒或枝条，以防刺破塑料袋，造成菌种感染。

（三）原种、栽培种培养基的灭菌

原种、栽培种培养基灭菌有高压蒸汽灭菌和常压蒸汽灭菌两种方法。条件具备时，原种培养基尽量采用高压灭菌。

高压灭菌的时间，应根据培养料的种类来决定。棉籽壳培养基在 0.14 MPa、126 ℃下灭菌 2~2.5 h、谷粒培养基维持 2 h、木屑培养基和种木培养基 1.5~2 h。灭菌时间过长，会使养料过分分解；灭菌时间过短，则灭菌不彻底。

聚丙烯塑料袋耐温、耐压性能好，可在 0.14 MPa 的压力下保持 2 h，灭菌彻底且不会破裂。灭菌后不要立即打开锅盖，待温度下降至 50 ℃左右时，趁热开锅取出。

低压高密度聚乙烯塑料袋也可用于制作菌种，但应该常压灭菌，100 ℃保持12 h 以上。有时也用 0.101 MPa、121 ℃高压灭菌 3 h。

将灭菌完毕的培养基从锅内取出，置于清洁、干燥、凉爽的室内进行冷却。

三、原种、栽培种的接种

原种、栽培种接种时，要严格进行无菌操作。接种前要认真检查使用的母种和原种的质量，确保菌种纯度和种性清晰。

（一）原种接种

原种接种就是把试管菌种转入原种培养料的过程，原种接种需要无菌操作，步骤如下：

（1）把经高压灭菌的料瓶（袋）的棉塞上的报纸去掉后和接种工具一起放入接种箱（室）中，再用气雾消毒盒等杀菌剂灭菌 30 min，有条件的可用紫外线灯同时灭菌30 min。

（2）母种在接种时放入接种箱（室），接种前先用 75% 的酒精棉球擦净双手和试管。管口、瓶口和棉塞都要在酒精灯火焰上消毒。

（3）把待接种的菌种瓶（袋）直立在火焰旁，拔出试管及原种瓶棉塞，用右手夹住棉塞。将接种耙在酒精灯火焰上灼烧灭菌后伸入母种试管内。接种耙冷却后，截取一块母种（带培养基），迅速通过酒精灯火焰上方移入培养料接种穴口。不要将接种块放到接种穴内，这样经过一段时间菌种才能萌发，易导致培养基表面污染。使用两点接种，一块菌种放入接种穴内，另一块菌种放在接种穴口。两点接种法可使菌种满瓶时间缩短，菌龄上下一致。接种后，塞好棉塞，用牛皮纸或报纸扎口。在接种过程中，要用酒精灯火焰封口，瓶口要在火焰上燎过，接种动作要迅速熟练。火焰与瓶口相距 1～1.5 cm，不要直接灼烧瓶口，以防炸裂。如两人共同操作，一人掏取菌种，一人拔、塞棉塞，配合协调，可提高效率。

一般 1 支试管母种可接 3～5 瓶原种。接种后贴好标签，注明菌种名称、菌种编号、接种时间等。如上逐瓶（袋）接种完毕后，同样要将接种工具彻底灭菌。

（二）栽培种接种

栽培种接种就是把原种接入栽培种培养料的过程。接种操作一定要严格遵守无菌操作规程。接种方法如下：

（1）把灭好菌的料袋和接种工具一起放入接种室（箱）中，同时将原种放入，再用气雾消毒剂等灭菌 30 min，有条件的用紫外线灯同时灭菌 30 min。

（2）接种前先用 75% 的酒精棉球擦净双手和瓶口、瓶身。瓶口和棉塞都要在酒精灯火焰上灼烧，以杀死可能存在的杂菌。

（3）接种时将原种瓶固定在瓶架上。然后扒去原种表面一层菌膜，若上部菌丝较弱，要扒去不用。接种时如是单人操作，用左手拿菌种瓶（袋），右手拔去棉塞，用酒精灯火焰封住瓶口，右手拿接种工具，灼烧后，从原种瓶（袋）内取原种接种。如是两人接种，一人负责拿原种瓶（袋），夹取菌种接种；另一人负责开封瓶（袋）口。

棉籽壳、稻草屑、粪草等原种，用镊子夹取菌种接种；木屑、谷粒菌种，用接种匙挖取菌种接种。将原种放入栽培种培养料上。接种量不宜过大。接入菌种不宜过散，以便检查有无杂菌污染。接种后用火焰灼烧棉塞后塞好。

进行袋装栽培种接种时，要双人操作，一人取菌种，一人解袋口、撑袋口以及接种后扎袋口。接种完毕，注意加标记，标明菌种编号、接种日期等。

一般一瓶（袋）原种可接 40～50 瓶或 20～30 袋栽培种。

四、原种和栽培种的培养及检查

接种后将菌种瓶（袋）放入培养室内，要保持培养室环境清洁、控制适宜的温湿度、保持较暗的光线和充足的氧气，使菌丝健壮生长。培养过程中要密切注意温度变化。如温度过高，可用空调降温或经常翻堆、转瓶，并加强通风来降低温度，防止"烧菌"；如温度过低，通过加温或堆积提高温度。要注意料温和室温的差别，及时调整室温，使料温保持正常水平。一般来说，料温比室温高 1～4 ℃。冬季发菌时，可将料袋堆集，以利于保温。培养期间还要注意遮光，但不能使阳光直射在菌种上。

菌种培养期间要经常进行检查，一般接种后 3 d、菌丝覆盖料面、菌丝发到菌种瓶（袋）的 1/3、菌种快发到瓶（袋）底时各检查一次，以确保菌种质量。检查时发现杂菌要及时拣出并进行灭菌处理。

菌种培养好后要及时使用。原种和栽培种培养好 7～10 d 内，菌丝活力最旺盛，接种后，能表现出较强的适应性。如存放时间过长，养分消耗多且活力下降，还容易引起感染。如暂时不用，应该保藏在干燥低温处。在 10 ℃ 以下的低温条件下，原种保存时间不要超过 3 个月，栽培种保存时间不要超过 2 个月。

五、原种、栽培种质量鉴定方法

（一）外观要求

菌丝已长满培养料，旺盛、浓密、洁白（有些菇类呈现其特有的性状），分布均匀，绒状菌丝多，具特有的菇香味。银耳菌种表面应该有原基出现。

菌种不能有污染，没有红、黄、绿、黑等杂色，没有拮抗线。

菌种不老化，菌丝柱不收缩，瓶底没有红色或黄色积液。

（二）菌龄要求

原种和栽培种发好后要及时使用。如暂时不用，可以放置于低温下保藏，不能在高温下放置时间过长，否则极易使菌丝生活力下降，失去使用价值。

第二章　食用菌菌种保藏

第一节　菌种保藏原理

食用菌菌种是国家重要的种质资源。菌种保藏是食用菌生产中的一项必不可少的环节。食用菌和其他生物一样，都具有遗传性和变异性。遗传性保证了子代遗传特征的相对稳定，为菌种保藏提供了条件；变异性使子代的性状与亲本相比会发生某些改变，给菌种的保藏带来了困难。

食用菌菌种在长期的栽培和保藏过程中，由于传代次数过多或不利环境条件的影响，常常会导致菌种衰退，丧失其优良性状。因此，要想在一定时间内使菌种的生活力、纯度和优良性状稳定地保存下来，就应该采取一定的措施，进行菌种保藏工作。

菌种保藏的目的是在特定条件下，降低菌种的代谢速度，使其处于休眠或半休眠状态，在一定的保藏期内，确保菌种的纯度，防止病虫害感染，以保持菌种的优良性状，当条件适宜时又可以重新恢复生长繁殖。

菌种保藏的基本原理是采用低温、干燥、饥饿、缺氧等方法，以抑制菌丝生长，降低代谢速度，使菌丝处于休眠或半休眠状态，并保证菌种的纯度。

第二节　菌种保藏方法

近年来，随着食用菌产业的发展，出现了很多菌种保藏方法，其方法已由传统的继代培养低温保藏、矿油封藏发展到冷冻干燥保藏、液氮超低温保藏等新技术。目前还出现了许多简单易行的新的保藏技术，如用无菌水或生理盐水保藏菌丝，用滤纸条保藏担孢子，用谷物、木屑或木块保藏菌种等，为我国食用菌菌种的保藏发挥了重要作用。

一、琼脂斜面保藏法

（一）斜面低温保藏法

斜面低温保藏法是最简单、最常用的保藏方法。即将菌种在适宜的斜面培养基上培养好后，将母种试管用纸包裹放入 1~4 ℃的低温下保藏，以后每隔 3~6个月传代 1 次。此法适用于绝大多数食用菌菌种保藏。有些食用菌菌种需在特定温度下保藏，如草菇对低温的忍耐力较差，其菌丝体在 5 ℃下易死亡，因此，草菇菌种的保藏温度为 10~12 ℃，或者在草菇菌丝上加入 3~4 mL 的防冻剂（10%的甘油）后再低温保藏。

斜面低温保藏法注意事项：

（1）培养基选择要适当。保藏用的培养基要求含有丰富的有机氮，尽量减少糖的用量（2%以下）。天然培养基比合成培养基更适合于保藏菌种。

（2）用于保藏的菌种应接在新配制的培养基上，并在适温下培养至菌丝长满斜面。菌种培养时间不能太长，以免降低菌种活力和保藏时间。

（3）保藏菌种的试管口应用硅胶塞或橡皮塞封口，防止水分蒸发过快。保藏期间要经常检查有无杂菌污染及培养基是否干缩。如发现菌种被污染，要立即淘汰。

（4）保藏的菌种要贴好标签，以防菌种混乱。

（5）要严格控制冰箱温度在 1~4 ℃，不可过高或过低，否则均达不到保藏效果。保藏期间要保持温度的相对稳定，不得随意开启冰箱门。

（6）保藏的菌种每隔 3~6 个月要转管一次。

（7）保藏菌种在使用前要进行活化培养，即将保藏菌种在适温下培养一段时间后再移植。

（二）硅胶塞封口保藏法

硅胶塞封口保藏法方便实用，选与试管口大小相符的硅胶塞，先在 0.2%的煤酚皂溶液内洗涤后再浸泡在 75%酒精内保存。当斜面菌丝长满后，在无菌条件下，拔去棉塞，取出硅胶塞迅速塞入试管口内，并用石蜡熔封保藏。此法保藏菌种可存活 3~4 年，但以每年移植一次为好。

二、液氮超低温保藏法

用 -196~-150 ℃的液氮超低温保藏菌种，是现在菌种保藏中使用的一项先进技术。目前，美国标准菌种保藏委员会（American Type Culture Collection，ATCC）保存的 17 万余株微生物菌种，全部采用冷冻干燥和液氮超低温法保藏。

超低温能使菌种的代谢水平降到最低，菌种基本上不发生变异。试验证明，用这种方法能保存所有的食用菌菌种，包括一些不能用冷冻干燥法保藏的菌种。

美国标准菌种保藏委员会曾用液氮法保藏了粗柄羊肚菌、大秃马勃、墨汁鬼伞等真菌，连续观察了9年，发现这些菌种仍能保持良好的活力。也有人将蘑菇菌种在-196~-160 ℃下保藏22~26个月后，发现这些菌种仍完好无损。最有趣的是怕冷的草菇在10%甘油保护下，居然也能在超低温冰箱中保藏。

虽然液氮保藏法有保藏的菌种不宜邮寄交流，还需要特殊的设备——液氮罐等缺点，但其保藏效果好、范围广、操作简单，因此得到普遍应用，其方法如下：

（1）将保藏用的琼脂培养基（马铃薯煮汁1 000 mL、葡萄糖20 g、酵母膏1.5 g、磷酸二氢钾1.5 g、硫酸镁0.5 g、琼脂20 g）倒入无菌培养皿内制成平板，然后在平板中心接种食用菌菌丝，在适温下培养至菌丝发满平板。

（2）保藏安瓿瓶的口径约10 mm，大小为7.5 mm×10 mm，内盛经灭菌的冰冻保护剂0.8 mL。冰冻保护剂常用10%甘油或10%二甲亚砜（DMSO），需经高压灭菌后使用。

（3）取直径5 mm的打孔器在菌落的外围切割琼脂块，用无菌镊子将这种带有菌丝体的琼脂块移入灭菌的保藏安瓿瓶内的保护剂中。注意在保藏菌种管上作永久标记。也可直接用无菌保护剂制备菌悬液。

（4）用火熔封安瓿瓶的瓶口。

（5）将封好口的安瓿瓶放在慢速冷冻器内，以每分钟下降1 ℃的速度缓慢降温，直至-35 ℃左右，使瓶内的保护剂和菌丝块冻结。然后冻结速度不再控制，直到-150 ℃以下。将冻结的安瓿瓶立即置于液氮罐中保藏。液氮罐内气相温度为-150 ℃，液相温度为-196 ℃。

（6）复苏培养。启用液氮超低温保存的菌种时，应先将安瓿瓶置于35~40 ℃的温水中来回振荡，使瓶内的冰块迅速融化，然后在无菌条件下开启安瓿瓶，取悬浮的菌丝块移植于适宜的培养基上活化培养。

使用液氮超低温法保藏菌种时，操作者要戴皮手套或棉手套，严防液氮飞溅伤人；取菌种时，要垂直轻取盖塞，再垂直提起提筒，轻轻移到容器中取物。取毕立即将提筒与盖塞复位，以防空气中氮气过浓引起窒息。

第三节　菌种的退化与复壮

在食用菌生产中，由于环境改变、转管次数过多、菌种使用时间过长等因素，常常会出现菌种优良性状减退、产量降低、质量变差的现象，这就是菌种退化。

一、菌种退化

（一）菌种退化的实质

菌种退化的实质是遗传物质发生了可遗传的变异。菌种退化是一个从量变到质变的渐变过程。对于群体来说，个别细胞的退化性变异，会随着细胞的分裂而逐步增加，使衰退的个体逐渐增多，最后使整个群体发生严重的衰退。虽然菌种退化现象普遍存在，但我们可以采取相应措施延缓其退化进程，将群体的退化变异控制在最低程度。在退化的菌种中，经常有少数尚未退化的个体，这是对菌种进行复壮的基础。

（二）菌种退化的原因及特征

菌种的退化与其自身的遗传特性和所处的环境密切相关，同时受转管次数过多、机械创伤等外界因素的影响。菌种退化的主要原因是菌种不纯、自体杂交和基因突变。另外，菌种退化也与杂菌污染、培养条件不适等因素有关。

菌种退化的主要特征是菌丝生长势弱，生活力变弱，优良性状丧失，代谢能力降低，易受病虫害感染等。

（三）延缓菌种退化的措施

1. 控制母种转管次数　虽然从理论上讲，菌种可以进行多次转扩，但由于在操作中受机械创伤等原因，会使菌种产生突变，而多数突变对菌种是不利的。因此，在生产中要严格控制母种转管次数，在可能的情况下，尽量减少转管次数。实践证明，生产上应用的菌种应该控制在转接 5 代范围内。

2. 经常改变培养基配方　在菌种转接保藏时，经常改变培养基配方，也可以防止菌种退化。

3. 采取适宜的方法保藏菌种　保藏菌种的方法较多，应该结合实际采用适宜的方法保藏菌种，尽量减少菌种保藏期间的衰退。

4. 创造菌种生产的良好条件　菌种生产条件包括营养条件和环境条件等。营养条件包括营养物质的种类、含量和比例；环境条件包括温度、湿度、空气、光线、酸碱度等；其他还有病虫害防治等。创造适宜的营养和环境条件，可以促使菌种健壮生长，减缓菌种衰退速度。

二、菌种复壮

从衰退的群体中找出尚未衰退的个体，进行分离、培养，从而达到恢复菌种优良性状的过程就叫菌种复壮。在实际生产中，多是在菌种尚未退化之前进行菌种复壮。

（一）菌种复壮原理

生物以遗传变异为基础，通过自然选择和人工选择得以进化。变异提供了选择的基础，选择保存了适应环境的个体，保存的个体使遗传特征得以遗传。如此再变异、再选择、再遗传，循环往复，使生物得以不断进化。菌种复壮就是依据这个原理进行的。

（二）菌种复壮方法

1. 挑选健壮菌丝进行接种　每次转接菌种时都挑选健壮菌丝进行接种是防止菌种衰退的有效、简便的措施。

2. 进行分离复壮　从衰退的群体中找出尚未衰退的个体，通过分离进行复壮。如菌丝分离，用无菌水将斜面上的菌丝稀释，再将菌丝体放入装有无菌蒸馏水的三角瓶中摇匀，然后转接到平板培养基上，使菌丝分布均匀，适宜条件培养至萌发成菌落。从中挑选生长健壮的菌丝进行转接作为母种。经过检验证明同原来的菌种性状一致，即说明菌种得到复壮，可以用于生产。

3. 定期进行菌种分离　对在生产中应用的菌种应该1~2年进行一次分离，才能起到复壮的作用。常用的是组织分离法：挑取性状与原菌种一样，生长健壮、无病虫害的子实体进行组织分离。这是一种比较实用、简便的菌种复壮方法。也可以采用孢子分离法、基内菌丝分离法进行分离复壮。但不管采用何种分离方法，得到的菌种只有经过出菇检验证明其性状优良后，才能应用于生产。

第四编
食用菌栽培技术

第一章　平菇栽培技术

第一节　概述

平菇（*Pleurotus ostreatus*）又称北风菌、冻菌、蚝菇，因其菌柄侧生或偏生又常称侧耳，属于担子菌门、伞菌纲、伞菌目、侧耳科、侧耳属。该属是较大的一个属，包括众多美味可食的品种，其中多数已大面积人工栽培，如糙皮侧耳、金顶侧耳等。

平菇严格意义上应专指糙皮侧耳，但在生活中人们往往将很多可栽培上市的侧耳属食用菌都称为平菇。尽管这种叫法不准确，但人们已习以为常。平菇目前已衍化为商品名，侧耳属的许多品种都称为平菇。

平菇肉质肥厚，味道鲜美、营养丰富。据测定每 100 g 干菇中，含粗蛋白 25.6 g、粗脂肪 3.7 g。平菇含有 18 种氨基酸，其中人体必需的 8 种氨基酸都有，且占总氨基酸含量的 40% ~ 50%。另外，平菇中还含有丰富的矿质元素如钙、磷、铁、钾和 B 族维生素、维生素 C、维生素 K 等。平菇所含的酸性多糖类物质、微量牛磺酸和多种酶类，可促进消化，降低血压和胆固醇含量，并对癌细胞有显著的抑制作用，还可有效地防治胃炎、肝炎、十二指肠溃疡、胆结石、糖尿病和心脑血管疾病等。因此，平菇被认为是一种具有很高食疗价值的保健食品，深受广大消费者的青睐。

平菇适应性很强，分布广泛，是世界性分布和栽培的食用菌。

平菇生长快，抗逆性强，适应范围广，适于多种原料和多种条件栽培。平菇栽培技术简单，周期短，栽培产量高、经济效益显著，投入产出比在 1∶2 以上。现在我国各个省份都有平菇栽培。平菇目前已成为我国生产量大、普及最广的食用菌品种。

第二节　生物学特性

一、形态特征

（一）菌丝体

平菇菌丝有分枝，双核菌丝具有大而明显的锁状联合。菌丝体在 PDA 培养基上呈绒毛状，洁白、粗壮、浓密、整齐，气生菌丝发达，爬壁能力特别强。一般不产生色素，但培养时间过长或温度过高或老化，有些品种也会出现黄色斑块。平菇菌丝条件合适时均容易扭结形成原基。

（二）子实体

平菇子实体常丛生或覆瓦状叠生，由菌盖和菌柄两部分组成。菌盖扇形，侧生或偏生于菌柄上，呈白、灰、黑等不同颜色。菌肉厚，吸水性很强。菌褶呈刀片状，不等长，延生。菌柄多为侧生。担子无隔，棍棒状，顶端有 4 个孢子梗，每个小梗上着生 1 个担孢子。担孢子为长圆柱形。

二、生长发育条件

（一）营养条件

1. 碳源　平菇所需的碳源主要来自于有机物。在平菇栽培中，除葡萄糖、蔗糖等简单糖类外，碳源主要来自于各种富含纤维素、半纤维素、木质素的植物性原料，如棉籽壳、玉米芯、木屑、甘蔗渣等。

2. 氮源　平菇可利用包括铵盐、硝酸盐在内的无机氮和各种有机氮。为使平菇生长良好，生产上常用有机氮作为氮源。栽培中所使用的有机氮，可由大豆面、豆饼、麦麸、米糠等提供。

在配制平菇培养基时要注意碳氮比的合理搭配。碳氮比是培养料含碳量和含氮量的质量比。国家食用菌产业技术体系岗位科学家、河南农业大学教授申进文团队研究表明，培养料的含氮量和碳氮比以 1.75% ~ 1.97% 和（19.69 ~ 22.06）∶1 为宜。

3. 矿质元素　可加入钙镁磷肥、过磷酸钙、石膏等来供给大量元素。微量元素在培养基和自然水中的量即可满足，也可酌量加入硫酸锌、硼酸等无机盐。

4. 生长素　生长素主要是维生素类。合理利用可促进平菇菌丝生长，达到提早出菇、增加产量的目的。

平菇对培养料的要求不太严格，许多农副产品下脚料均可利用，如棉籽壳、玉米芯、豆秆粉、甘蔗渣等。棉籽壳因其产量高、物理性状好、处理简单，适于生料、发酵料、熟料栽培而大面积使用。近年来由于棉籽壳价格不断上涨，玉米芯在生产上得到广泛应用。

（二）环境条件

1. 温度　平菇菌丝生长温度范围为 5～35 ℃，最适生长温度为 25 ℃左右，10 ℃以下，菌丝生长缓慢；40 ℃以上，菌丝就会死亡。平菇是变温结实性菇类，温差刺激有利于原基形成，恒温条件下子实体难以发生。在地下室或防空洞等温差较小的地方栽培平菇要有强制通风降温的设施。

根据平菇原基形成对温度的要求不同，将其划分为低温型、中温型、高温型和广温型等类型。低温型品种子实体分化适宜温度为 5～15 ℃，最适 8～13 ℃，子实体呈深灰色至黑色，适宜冬季栽培，菌肉厚，韧性好，品质优于其他品种；中温型品种子实体分化最适温度为 12～22 ℃，最适 15～20 ℃，子实体多为浅灰色或灰白色，产量中等，适宜早秋和春季栽培；高温型品种子实体分化适宜温度为 20～30 ℃，最适 25 ℃左右，子实体白色或灰白色，适宜高温季节栽培；广温型品种子实体分化温度范围较广，子实体颜色随温度变化而变化，温度高时菌盖近白色，温度低时菌盖灰色或灰褐色，温度越低，颜色越深。

2. 水分和空气相对湿度　平菇菌丝生长的适宜培养料含水量为 60%～65%，含水量过高或过低，都不利于菌丝生长，而且还会影响子实体形成。菌丝生长期空气相对湿度控制在 70% 以下为宜。

在子实体形成和发育阶段，适宜的空气相对湿度为 85%～95%，湿度偏低，原基难以生长，已形成的幼菇，也会干枯死亡；湿度过大，子实体生长受到抑制，菇体小，严重时还会出现腐烂和杂菌污染。因此，合适的水分管理是平菇高产稳产的关键。

3. 空气　平菇属于好气性真菌。菌丝生长阶段，对氧气要求不严格；但在子实体生长发育期间，保持氧气充足，才能正常生长发育。通气不良、二氧化碳浓度过高，子实体原基很难形成或长成柄长、盖小的畸形菇，严重时，菌柄丛生并分叉，不形成菌盖，发育成所谓的高脚菇、菜花菇或珊瑚状畸形菇。二氧化碳浓度大于 0.1% 时，就会出现畸形菇。

4. 光照　平菇菌丝生长阶段不需要光线，光线对平菇菌丝生长有抑制作用。在平菇原基分化和子实体生长发育期间，则需要散射光。一定强度的散射光是诱导平菇原基分化的重要因素。在子实体生长发育期间，只有适度的散射光线，子实体才能正常发育、平菇菇体粗壮、菌肉肥厚、色泽自然、产量高；在黑暗条件下，长成的平菇柄细、盖小、畸形；但强烈的光照尤其是直射光照射（大于2 500 lx）同样抑制子实体生长。多数人认为平菇子实体正常发育的光照强度在100~1 000 lx。子实体形成所需要的光照和通风条件有关，通风好的光照可小些，反之则要强些。另外光照强度对平菇菌盖颜色影响较大，光照强颜色深，光照弱颜色浅。在防空洞栽培时要注意补充光线，以满足平菇生长发育的需要。

5. 酸碱度　平菇适宜在中性偏酸的基质上生长，在培养料 pH 值 5~9 的范围内都能生长，最适宜的 pH 值为 5.5~6。由于在平菇菌丝生长过程中，代谢产生的有机酸会使培养料的 pH 值下降，因此，在配制培养料时，加入石灰适当调高 pH 值，有助于平菇生长和减少杂菌感染。生料和发酵料栽培时培养料 pH 值可调至 8 左右。

第三节　栽培技术

在长期的生产实践中，平菇生产者摸索出了许多栽培方法。按栽培场所可分为室内栽培、大棚栽培、地下室栽培、阳畦栽培等；按培养料可分为棉籽壳栽培、玉米芯栽培等；按栽培容器可分为袋栽、瓶栽等；按培养料的处理可分为生料栽培、发酵料栽培和熟料栽培等。

一、栽培季节和生产周期

（一）栽培季节

目前我国平菇栽培主要是根据自然气温种植，所以栽培时首先要选好栽培季节。根据平菇菌丝体和子实体生长对温度的要求，最佳生产季节宜在秋季。秋季前期温度高，后期温度低，且气温下降缓慢，正好与平菇生长发育所需的温度变化趋势相同。早秋栽培一般安排在"处暑"以后，也就是在 8 月下旬，这时栽培出菇早，市场售价高，一般选用广温型品种。9~11 月是平菇栽培的黄金季节，温度最为适宜，一般选用广温型、中低温或低温型品种。1~2 月选用中高温型品种，春季出菇。4 月以后可以采用高温型品种，夏季出菇。

平菇品种多，有适合于不同温度范围的品种。因此，可结合不同的设施，选用不同的品种，控制适宜的条件，进行周年生产。

（二）生产周期

在培养温度适宜时，一般菌丝生长期为 20~30 d，从播种到出菇 30~40 d，整个生产周期为 110~160 d。

二、熟料栽培技术

（一）栽培原料及培养料配方

平菇栽培原料比较广泛，很多农副产品下脚料如棉籽壳、玉米芯、大豆秸、莲子壳、稻草、木糖渣、甘蔗汁、木屑、杏鲍菇工厂化生产菌糠等都是栽培平菇的好原料。设计培养料配方时尽量多种原料组合，这样既可以在养分上互补、改善培养料物理性状，还可以获得更高的产量，达到既增产又增收的目的。

平菇生产上采用的配方也比较多，以下配方是国家食用菌产业技术体系侧耳类栽培岗位研究的成本比较适宜、产量比较高的配方：

（1）棉籽壳（或玉米芯、大豆秸）72%，麦麸25%，石灰2%，轻质碳酸钙1%，含水量65%左右。

（2）棉籽壳（或玉米芯、大豆秸）83.5%，麦麸10%，豆粕3%，磷酸二铵0.5%，石灰2%，轻质碳酸钙1%，含水量65%左右。

（3）玉米芯58.5%，棉籽壳25%，麦麸10%，豆粕3%，磷酸二铵0.5%，石灰2%，轻质碳酸钙1%，含水量65%左右。

（4）玉米芯64.8%，棉籽壳16.2%，麦麸10%，豆粕3%，棉籽粕3%，石灰2%，轻质碳酸钙1%，含水量65%左右。

（5）大豆秸66%，棉籽壳17.5%，麦麸10%，豆粕3%，磷酸二铵0.5%，石灰2%，轻质碳酸钙1%，含水量65%左右。

（6）大豆秸58.5%，玉米芯25%，麦麸10%，豆粕3%，磷酸二铵0.5%，石灰2%，轻质碳酸钙1%，含水量65%左右。

（7）棉籽壳16.5%，玉米芯42%，大豆秸25%，麦麸10%，豆粕3%，磷酸二铵0.5%，石灰2%，轻质碳酸钙1%，含水量65%左右。

（二）拌料

玉米芯、大豆秸等原料需要提前预湿透。如果不预湿，要延长搅拌时间，以使其充分湿透。如果有条件，尽量采用搅拌机拌料。配制培养料时，将各种原料按比例备好后加入搅拌机，再加入适量水搅拌，务必将培养料搅拌均匀，控制含水量在65%左右。

（三）装袋

培养料拌匀后要尽快装袋，防止培养料酸败。熟料栽培多选用（17~24）cm×（36~50）cm×0.004 cm的低压聚乙烯塑料袋，一端或两端出菇。装料要松紧适中，以料袋外观圆滑，用手指轻按不留指窝，手握袋身有弹性为标准。装料过紧，菌丝生长缓慢；装料过松，菌丝生长较快，后期易周身出菇。装袋后扎口或用套环封口。

（四）灭菌

袋装好后及时灭菌，须当天装袋当天灭菌，以防杂菌大量繁殖而导致培养料变质。常压或高压灭菌。高压灭菌 121 ℃灭菌 3 h。常压灭菌时最好将料袋装入筐内灭菌，这样做既可以增加灭菌锅内蒸汽的通透性，使灭菌更彻底，还可以整体搬运减少杂菌感染的机会。常压灭菌时底部两层间料袋间温度达到 100 ℃后维持 12 h 以上。灭菌时要遵循"攻头，保尾，控中间"（即灭菌开始 4 h 和结束前 1 h 蒸汽通入量越大越好，维持阶段保持温度 100 ℃不下降即可）的原则，务必灭菌彻底。

（五）接种

待料袋温度降至 30 ℃以下时，按无菌操作规程接种。接种室用高效气雾消毒剂（5 g/m³，30 min）等消毒后接种。根据选用袋型一端或两端接种。接种后一般采用套环封口。

（六）发菌管理

发菌期间应创造适宜平菇菌丝生长发育的环境条件，即 25 ℃左右的温度、70%以下的空气相对湿度、较弱的光线和新鲜的空气，使平菇菌丝健壮生长。

发菌期一定要控制好环境温度。平菇菌丝生长的最适温度为 25~28 ℃。为了发菌安全，温度最好偏低一些。国家食用菌产业技术体系侧耳类栽培岗位研究了培养温度对平菇栽培的影响，结果表明 25 ℃以下培养的菌袋平菇菌丝长势好、生物学效率高。培养平菇菌袋时将培养温度控制在 22~25 ℃，可以促进菌丝生长、培育健壮菌丝、提高栽培产量。

培养温度可通过菌袋堆叠间距和高度来调节。发菌时菌袋堆放层数应根据气温高低而定。一般来说，温度越高堆放的层数越少。气温低于 10 ℃，可堆放 5~7 层；气温 10~20 ℃，可堆放 3~5 层；气温在 20 ℃以上，堆 2~3 层；气温超过 28 ℃，宜单层排放在地面。如果环境温度过高，应增加通风，降低环境温度，同时结合翻堆，降低堆放层数和增大堆的空间，并在两层菌袋间加竹竿等隔离物以利散热通风。如在低温季节发菌，可以增加菌袋堆放的高度和密度，并加盖覆盖物，以提高培养小环境和菌袋温度。

发菌期间要保持发菌环境干燥，控制空气相对湿度 70%以下。如果发菌环境湿度过大，容易引起杂菌感染，应采取通风等措施降低环境空气相对湿度。

发菌期间要注意避光。如果发菌环境光线过强，应加盖遮阴网等降低光照强度。

发菌期间平菇菌丝生长旺盛，需要大量的氧气。因此，要加强通风换气，及时排除二氧化碳，保持空气新鲜。通风要结合温度和空气相对湿度灵活掌握。

根据菌丝生长情况适时翻堆。翻堆时要将菌袋内外、上下交换位置，以使菌袋发菌整齐。翻堆时，及时挑出杂菌污染的菌袋。局部污染的可以注射 2%甲醛、

0.1%多菌灵溶液等杀菌剂，控制杂菌蔓延。同时将污染的袋子搬离发菌场地，在较低温度下单独培养，污染严重的要及时灭菌杀灭杂菌。

（七）出菇管理

一般30 d左右，平菇菌丝即可长满袋。菌丝满袋后及时搬入出菇大棚或出菇室出菇。生产上用的比较多的是立体墙式出菇法。先在场地铺塑料薄膜或编织袋，然后将菌袋立体摆放其上。根据温度确定菌袋摆放层数，一般4～9层，长度根据出菇场所的具体情况而定。每排之间留60 cm左右的距离，并留管理走道。

出菇期间保持温度15 ℃左右、空气相对湿度90%左右，给予散射光照和新鲜的空气，使平菇子实体健壮生长。

平菇自然出菇的最佳时期在每年9月至翌年3月，自然温差多在10 ℃以上，即使不采取催蕾措施，平菇菌袋也能比较好地现蕾。但采取催菇措施，可使菌袋出菇整齐、潮次明显，便于管理。催菇时晚间打开通风窗降低温度，白天增加光照提高温度，创造8～10 ℃的昼夜温差，同时提高空气相对湿度至90%左右，加强通风，给予散射光照，菌袋即可整齐形成原基。

子实体生长期间，环境温度要控制在10～25 ℃，最好13～20 ℃。如果温度过高，可采取白天盖草苫、早晚通风等措施降温；如果温度过低，需要加温，也可通过白天适当地减少荫棚上的覆盖物、让太阳光照射进菇棚，晚上加厚菇棚覆盖物等措施提高菇棚温度。

子实体生长期间，要提高菇棚空气相对湿度。原基期空气相对湿度一般控制在90%左右，利用喷雾器往空中喷雾，保持地面潮湿，注意不要往菇蕾上喷水，不能让蕾表面积水，以免引起死蕾和染杂；幼菇期子实体小，可向空中喷雾，同时向墙壁和地面喷水，保持潮湿，不要向菇体上喷过多的水，以免菇体吸收大量水分后发黄水肿，并变软萎缩，引起病害；子实体生长后期，菇体生长迅速，需水量增加，再加上培养料的含水量下降，需要增加喷水次数，保持空气相对湿度90%左右。每次喷水后，要求菇体表面有光泽而不积水。水分管理还要根据天气状况等因素灵活掌握。天气干燥时喷水次数要多，阴雨天少喷或不喷。气温下降、菇体生长发育缓慢时喷水要减少，反之，则喷水量要增加。

子实体生长期间，要加强通风，保持空气新鲜。原基分化和子实体生长对氧气的要求是不一样的。原基对环境适应能力较差、抗逆性较弱，通风应缓慢进行。适量通风，防止通风不良、二氧化碳浓度过高引起原基不能正常分化。通风量也不能过大，通风时间也不能过长，更不要让风直接吹到菇蕾上，若风力较强、气流过快会造成菌袋失水和原基干枯；原基分化后，要加强通风，供给足够的氧气。随着平菇子实体生长加快，要加大通风量和延长通风时间。通风除了根据菇体的发育程度进行调节外，还要与菇体发育所处的环境温度和空气相对湿度相协调。气温偏高时，应加强通风换气，使热量及时散发，减少高温对平菇的危害；气温较低时，应缩短通风时间。当气温低于平菇子实体生长最低温度时，要减少通风，以免菇体受冻出现僵硬或结瘤等症状。阴雨天或多雾无风天，都应加大菇棚的通风量。若遇大风天气，要关闭迎风的通风口，减少通风量，防止菇体失水过快。

平菇子实体生长期间需要散射光，只有适度的散射光，平菇子实体才能正常发育。平菇子实体生长期适宜的光照强度为 100~1000 lx。光线过弱，平菇子实体畸形，盖小、柄长。光线过强尤其是直射光同样抑制子实体生长。光线对平菇菌盖颜色影响较大，光照强颜色深，光照弱颜色浅。

平菇栽培还有菌墙栽培、覆土栽培等多种方式，栽培者可结合上述方法进行出菇管理。

（八）采收

当平菇菌盖平展、连柄处下凹、边缘平伸时，菌盖和菌柄的蛋白质含量较高，纤维素含量较低，商品外观好，菌盖边缘韧性好，为最适采收期。

采收前适度喷水，提高菇房空气相对湿度，可以降低空气中飘浮的孢子，减少孢子对工作人员的影响，并使菌盖保持新鲜、不易开裂。注意喷水量不宜过大，以免菇体腐烂。

采收时一手按住菇柄基部的培养料，一手捏住菇柄轻轻扭下，切不可硬掰，以免将培养料带起。

平菇菌盖质地脆嫩、容易开裂，采收后要轻拿轻放，并尽量减少翻动次数。采下的平菇要放入干净、光滑的纸箱或塑料箱等容器内储运。如果不能及时销售，要将平菇放入 0~3 ℃冷库中贮藏。

（九）后茬菇管理

采完一茬菇后，要把料面清理干净，将死菇和残留在培养料上的菇根去除，停止喷水，控制温度 25 ℃左右、空气相对湿度 75% 左右，保持空气新鲜，适当遮阴，让平菇菌丝生长，积累养分。养菌 5~7 d 后，便可按照上述方法进行后茬菇管理。

三、发酵料栽培技术

发酵料栽培就是将培养料堆制发酵后开放接种的一种栽培方法，是河南、河北、山东等地平菇生产中常用的方法。培养料发酵是运用巴斯德消毒原理，在保持料堆通气良好条件下，促使堆内有益微生物大量繁殖，产生生物热，使料温升至 60~70 ℃，杀死部分害虫和杂菌，同时分解大分子物质，改善培养料的理化性状，使培养料更易于被平菇菌丝利用。

（一）培养料配方

（1）棉籽壳 84.5%，麦麸 10%，尿素 0.5%，钙镁磷肥 2%，石灰 3%，水适量。

（2）玉米芯 91.5%，尿素 1.5%，钙镁磷肥 4%，石灰 3%，水适量。

（3）玉米芯 82%，麦麸 10%，尿素 1%，钙镁磷肥 4%，石灰 3%，水适量。

（4）玉米芯 71.5%，棉籽壳 20%，尿素 1.5%，钙镁磷肥 4%，石灰 3%，水适量。

（5）玉米芯 61.5%，大豆秸 30%，尿素 1.5%，钙镁磷肥 4%，石灰 3%，水适量。

（6）玉米芯 62.5%，棉籽壳 15%，大豆秸 15%，钙镁磷肥 3%，尿素 1.5%，石灰 3%，水适量。

（二）培养料发酵

发酵场所要求环境清洁、取水方便、水源洁净，最好紧靠菇棚，地面平坦的水泥地面更为理想。

玉米芯、大豆秸等原料要先预湿，预湿透后将辅料均匀撒在料表面，翻拌均匀后建成高 1 m 左右，长度、宽度根据场地而定的料堆。起堆要松，表面稍加拍平后，用直径 5~10 cm 一端稍尖的木棒，每隔 30 cm 自上而下打一个直通料底的透气孔，以改善料堆的透气性、增加堆内氧气量，满足培养料发酵时料堆内好氧微生物活动需要。如果遇雨可用薄膜覆盖，但雨后一定要及时去掉薄膜。

建堆后由于堆内中高温好氧微生物活动产生代谢热，堆温会逐渐升高。高温季节 24 h 左右、低温季节 48 h 左右，堆温可升到 60 ℃以上（堆顶以下 20 cm 处）。堆温达 60 ℃以上维持 24 h 左右进行翻堆。翻堆时将料堆上、下、内、外层的培养料互换，混合均匀。一定要等到培养料温度达到 60 ℃以上时才能翻堆。如果 60 ℃以上持续时间不足、堆料发酵不均匀，则杂菌可能大量增殖，导致培养料酸败。

翻堆的作用一是将表层和底层的培养料与中部的高温发酵层培养料调换位置，使培养料发酵均匀；二是通过翻堆达到气体交换的目的，为微生物活动提供充足的氧气。

翻堆后重新建堆，稍加拍平后打孔，继续发酵。重新建堆后，堆中氧气充足，微生物活动旺盛，当料温达到 60 ℃以上时保持 24 h 左右进行第二次翻堆。如此翻堆 3~5 次，次数不要过多，但求翻堆质量达标。

翻堆时往往发现堆底中心原料色泽变浅、发酸，这是局部通气不良、厌气发酵的结果。重新建堆时，加强通气即可消除。翻堆时若发现料中出现大量白色粗壮线状菌丝，这是嗜热放线菌。它的存在是堆料温度较高和水分偏干的反映，不是杂菌，无须担心。

发酵时间根据培养料种类和天气状况灵活掌握。一般棉籽壳发酵 5~7 d、玉米芯发酵 7~12 d，温度低时适当延长。发酵时间过短，培养料发酵不彻底；发酵时间过长，会使料堆中有机质大量腐解，损失养分，影响平菇产量。

　　发酵好的优质培养料松散而有弹性、略带褐色、无异味、不发黏、质感好，料堆上有适量的白色放线菌菌丝，含水量 65% 左右。如出现严重白化现象，腐软变黑，有刺鼻臭味、霉味，则说明培养料没有发酵好，不能用于栽培。

（三）装袋接种

　　平菇发酵料栽培常用聚乙烯塑料袋，规格为（25~28）cm×（55~60）cm×（0.001~0.001 5）cm，可装干料 1.5~2 kg。早秋气温高时用较窄的塑料袋，冬季气温低时用较宽的塑料袋。

　　培养料发酵好后要及时装袋。装袋最好在早晨或下午进行，不要在中午高温时段和大风天气装袋。装袋前应先散堆降温，并均匀喷洒 0.1% 甲基托布津或 0.15% 多菌灵、0.1% 氯氰菊酯等，以利于防止病虫害。

　　采用层播法装袋播种，三层料四层种或两层料三层种均可，可根据栽培时间灵活掌握。装袋时先将塑料袋一端折叠放在地上，从另一端装进发酵好的培养料，边装边用手将料压实。塑料袋的周围要压实一些，中间松一点，装至 8~10 cm 均匀摆放几个核桃大小的菌种块。然后再装一层培养料，摆放一层菌种。再装第三层培养料，在料面上撒一层菌种，将袋口扎紧，系成活结。将袋子倒转过来，把料面压平，撒上一层菌种，用同样的方法扎口，两端菌种要将培养料料面盖严。

　　料袋要松紧适宜。一般以手压菌袋有弹性，重压处有凹陷，菌袋不变形为好。装得太松，菌丝生长细弱无力，菌丝易断裂，影响产量；装得太紧通气不好，菌丝生长慢。

　　装袋时将菌种掰成核桃大小的菌种块。菌种用量以培养料干重的 10%~20% 为宜。低温季节用种量 10% 左右。气温高时，用种量可加大到 20% 左右。适当加大用种量，菌丝生长快，封面早，可利用菌种数量优势，抑制杂菌感染。

　　发酵料栽培装袋后一定要在菌袋上打通气孔。装完袋后，用直径 1.5 cm 的木棒（铁棒）从袋子一端捅到另一端，或者在料袋两端打孔，以及时将袋内废气排出，同时增加袋内氧气量，促进平菇菌丝生长，降低杂菌感染率，提高制袋成功率。

（四）发菌管理

　　将打过通气孔的菌袋搬入发菌大棚发菌，发菌期间保持 25 ℃ 左右的温度、70% 以下的空气相对湿度、较弱的光线和新鲜的空气，使平菇菌丝健壮生长。

　　发酵料栽培装袋后料内微生物还会继续活动，再加上平菇菌丝生长产生的热量，培养料温度还会上升，因此发酵料栽培菌袋发菌期要密切关注菌袋温度，发现料袋温度过高，要及时采取通风、散堆等措施降低菌袋温度，防止高温烧菌。

做好通风换气工作也是发酵料栽培菌袋发菌期的一项重要工作。加强发菌场所内外空气交换，促使空气流通，能够使菌袋内的不良气体及时排出，同时充足的氧气能促进平菇菌丝生长，就能有效降低菌袋感染率。如果自然风太小，可以使用大风扇促使菇棚内外通气流通。

（五）出菇管理、采收、后茬菇管理同熟料栽培

四、生料栽培技术

（一）培养料处理

生料栽培指培养料不经过灭菌，也不经过发酵处理，在自然条件下，直接配料播种的一种栽培方法。只有棉籽壳适于生料栽培。要求原料新鲜、干燥，无虫蛀，无结块，无杂菌。使用前最好在阳光下暴晒 1~2 d。拌料时加水量适当少些，pH 值适当提高。含水量 60% 左右，pH 值为 8~10。

生料栽培只宜在晚秋和冬季进行，平均气温下降到 15 ℃以下最好，否则易污杂。为了防止杂菌感染，需在料中加入 0.1%~0.2% 的多菌灵、甲基托布津等杀菌剂。

（二）装袋播种、发菌管理、出菇管理、采收、后茬菇管理

装袋播种、发菌管理、出菇管理、采收、后茬菇管理同发酵料栽培。

第二章　香菇栽培技术

第一节　概述

香菇 [*Lentinula edodes*（Berk.）Pegler] 是世界上著名的食用菌之一，又名香蕈、香椹、香信等，属于担子菌门、伞菌纲、伞菌目、脐菇科、香菇属。

每 100 g 干香菇食用部分中含水 13 g、蛋白质 21 g、脂肪 1.8 g、碳水化合物 54 g、粗纤维 7.8 g、灰分 4.9 g、钙 124 mg、磷 415 mg、铁 25.3 mg、维生素 B_1 0.07 mg、维生素 B_2 1.13 mg、尼克酸 18.9 mg。香菇含丰富的维生素 D 源。香菇多糖能提高辅助性 T 细胞的活力从而增强人体免疫功能。大量实践证明，香菇防治癌症的范围广泛，已用于临床治疗。香菇还含有多种维生素、矿物质，能够促进人体新陈代谢，提高机体免疫力。香菇还对糖尿病、肺结核、传染性肝炎、神经炎等有治疗作用，又可用于消化不良、便秘、减肥等。我国不少古籍中记载香菇"益气不饥，治风破血"。民间用来助痘疮、麻疹的诱发，治头痛、头晕。香菇对癌细胞有强烈的抑制作用，对小白鼠肉瘤 180 的抑制率为 97.5%、对艾氏癌的抑制率为 80%。香菇还含有双链核糖核酸，能诱导产生干扰素，具有抗病毒能力。

香味成分主要是香菇酸分解生成的香菇精（lentionione），所以香菇是重要的食用、药用菌和调味品。

野生香菇自然分布于中国、日本、朝鲜和越南等国家。目前我国各省、区、直辖市都有香菇栽培，主产区是浙江、福建、河南、湖北等省。世界上生产香菇的主要国家是中国、日本和韩国。

第二节　生物学特性

一、形态特征

（一）菌丝体

香菇菌丝体白色、绒毛状、有横隔和分枝，细胞壁薄，粗 2~3 μm。菌丝蔓延于枯木和培养基质内，吸收营养，不断分裂繁殖形成分枝，菌丝相互交织呈蛛网状。

（二）子实体

香菇子实体伞状。菌盖圆形或不规则圆形，开始凸形边缘内卷，逐渐变为扁半球形，最后平展，中央微凹，大小不等。幼时菌盖下方有白色菌膜，菌盖展开时开始撕裂。菌盖表面颜色随光线强弱、菌龄长短而有差别，成熟时常为茶褐色或暗褐色，被有深色鳞片。鳞片随着生长而消失。有时菌盖在生长发育过程中受干冷等不利气候影响龟裂成菊花状的裂纹，露出白色菌肉形成花菇。菌肉肥厚，半肉质，白色。菌柄圆柱形，中实，纤维质，一般长 3~8 cm，直径 0.5~1 cm，生于菌盖下面。菌环以上部分呈白色，菌环以下部分略近红色。菌柄质地坚韧中实，后期近纤维质。菌环易消失。菌褶位于菌盖下面，由菌柄处向四周伸展，呈辐射状排列，白色，柔软而稠密，刀片状结构，宽 2~6 mm。菌褶由子实层和菌髓组成。菌褶表面着生子实层。子实层生有许多紧密排列的担子。担子棒状，顶端有 4 个小梗，每个小梗上有一个担孢子。担孢子无色，椭圆形或卵圆形，（4.5~7）μm×（3~4）μm。孢子印白色。

二、生长发育条件

（一）营养条件

1. 碳源　香菇生长发育所需要的碳源全部来自有机物。在常见的碳源中，单糖、双糖、低分子有机酸等小分子物质可直接被吸收利用，大分子的有机物如淀粉、木质素、纤维素等需经菌丝细胞产生的胞外酶分解成葡萄糖、果糖等简单糖类后，才能被吸收利用。阔叶树木屑是最常用的碳源物质。

2. 氮源　香菇生长发育以利用有机氮最好，铵态氮次之，一般不能利用硝态氮和亚硝态氮。若在合成培养基中加入硫胺素（维生素 B_1）能提高对铵态氮的利用能力，使香菇生长良好。

在营养生长阶段，适宜碳氮比为（25~40）：1；生殖生长阶段，适宜的碳氮比是（40~70）：1。

香菇栽培所需的氮源主要由豆饼粉、黄豆粉、麦麸、米糠等含氮有机物提供。木屑含氮量常低于香菇正常生长所需要的总氮量。所以，用木屑作为主料栽培香菇时补充适量富含有机氮的米糠、麦麸等可促进菌丝生长，提高香菇产量。

3. 矿质元素　大量元素磷、硫、钾、钙、镁等通过添加磷酸二氢钾、石膏等来满足，微量元素铁、铜、锰、锌、钴等存在于木屑、麦麸、棉籽壳等有机物及自来水中，一般不需要另行补充。

4. 维生素　香菇生长需要维生素 B_1（硫胺素）。硫胺素大量存在于麦麸和米糠中。硫胺素不耐高温，121 ℃以上迅速分解破坏，因此，添加硫胺素的培养基灭菌时要防止温度过高。

（二）环境条件

1. 温度　香菇属低温变温结实性食用菌。香菇孢子萌发的最适温度为 22~26 ℃；香菇菌丝生长的温度范围较广，在 5~35 ℃ 范围内都可生长，但最适温度为 23~25 ℃。香菇原基形成需要有 10 ℃ 左右的温差，原基分化温度范围一般在 8~21 ℃，最适 10~12 ℃。子实体发育温度范围 5~24 ℃，最适 8~16 ℃。

根据香菇子实体分化所需的温度范围可将香菇划分为低温型（出菇适宜温度 5~18 ℃），中温型（出菇适宜温度 7~20 ℃），高温型（出菇适宜温度 12~25 ℃）。目前选育的高温型品种在 25~30 ℃ 下可正常出菇。

2. 水分和湿度　袋料栽培香菇培养基适合菌丝生长的含水量以 55%~60% 为宜。

菌丝生长阶段，空气相对湿度维持在 70% 以下；子实体发育阶段，空气相对湿度要提高到 90% 左右。但培育花菇时，空气相对湿度需要保持在 70% 以下。

3. 空气　香菇是好气性菌类。充足的新鲜空气是香菇正常生长发育的重要条件。在袋栽香菇时，常对正在生长的菌袋刺孔，也是为了补充菌丝生长所需的氧气。

4. 光线　香菇孢子忌阳光直射，如将新鲜孢子放在阳光下晒 5 h，其萌发率只有 5%~6%；菌丝生长阶段完全不需要光线，在有散射光的条件下，菌丝生长速度反而比黑暗条件下降低；香菇子实体原基的形成和分化、子实体的生长发育需要光线，光照强度以 300~500 lx 为宜。培育花菇时，充足的光线可以使花纹增白、裂纹加深加宽，花菇的质量得到提高。

5. 酸碱度　香菇菌丝生长喜微酸性环境。适于香菇菌丝生长的 pH 值为 3~7，以 5~6 为适宜。pH 大于 7 时生长受阻，pH 大于 9 时几乎完全停止生长。

第三节　栽培技术

一、香菇春栽技术

（一）春栽的优点

（1）春栽时间充裕，从 12 月至翌年 3 月都可接种，有充分的备料时间。

（2）春栽制袋期在低温季节，培养室容易加温。温度低菌丝生长虽然慢些，但菌丝旺盛、健壮。

（3）发菌期在低温季节，容易控制杂菌污染，可提高菌袋的成品率。

（4）制袋、接种、发菌管理正值农闲，不与农活争劳力，有利于精心管理，提高菌袋的发菌质量。

（5）菌丝生长期长达 120~150 d，甚至 180 d 以上，营养积累丰富，出菇后畸形菇少，有利于提高香菇的质量和商品价值。

（6）能充分利用深秋的良好出菇季节，有利于多产优质秋菇、冬菇，提高经济效益。

（二）栽培季节和生产周期

（1）接种期。确定接种期的原则是接种后至当地高温期来临时，菌袋必须完成转色，以增强菌袋越夏时耐高温的能力。一般讲从头年 12 月初到翌年 3 月底均可接种。在此期间，接种宜早不宜迟。

（2）菌丝生长期。12 月至翌年 5 月是发菌期。

（3）转色和越夏。5 月底以前转色基本结束，7~8 月越夏。

（4）出菇期。9 月至翌年 2 月为出菇盛期。

从接种到出菇结束需 1 年左右，管理得当，春节前即可结束，最迟 4 月结束。

（三）培养料选择与配制

培养料以栎类木屑为最佳。栽培香菇用的木屑最好专门粉碎，这样不仅可以保证木屑纯度，而且大小粗细可以根据需要调整。一般以 2 mm 左右为好。常用的培养料配方是：阔叶树木屑 79%、麦麸 20%、石膏粉 1%，水适量。

配料前按配方称足所需的原辅材料，把麦麸、石膏粉充分拌匀后撒入木屑干料中搅拌，采用搅拌机搅拌，然后加入适量水充分搅拌。要把料搅拌均匀，含水量 55% 左右。

（四）装袋与灭菌

春栽香菇使用的塑料袋规格为（17~20）cm×55 cm×0.004 cm 的低压高密度聚乙烯折角袋。现在保水膜应用较多，里面一层保水膜，外面再加一层塑料袋。

拌好的培养料应在 4 h 内装入塑料袋中。使用装袋机装袋。1 台装袋机每小时可装 400 袋左右，不但速度快、工效高，而且装料松紧适中，一致均匀。装袋时 7 人一组，1 人把培养料装入料斗，1 人把塑料袋套在出料筒上，1 人把住料袋，装满取下，3 人扎口，1 人运输。料的松紧以装实为好。装好料后，应及时扎袋口。

装好的袋子要及时灭菌，不能放置过久，否则料易变酸。常压灭菌 100 ℃保持 16 h 以上。停火后当温度降至 70 ℃时可出锅，将料袋移入提前消过毒又清洁的培养室冷却。料温降至 28 ℃以下时接种。

（五）菌种选择与接种

春栽香菇要选用中温偏低的晚熟品种，国内选出的常用晚熟品种有 135、939、9015 和 241-4 等。

常用的种型为木屑种，菌龄 45 d 左右。

接种一般在接种帐内进行。也可以在接种室接种，但要严格灭菌。

灭过菌的料袋在培养室冷却至料温低于 28 ℃时，移入接种帐内，同时放入菌种、接种工具等，随即再进行 1 次消毒。接种要快速。接种时先在料袋上用打孔器打 4 个孔，随时各接一块菌种。打 1 穴接 1 穴。接完 1 袋，外面再套 1 个灭过菌的折径 18~22 cm 的塑料袋。每瓶菌种接 20~25 袋。

（六）发菌期管理

1. 菌袋堆放　菌袋堆放方式根据气温和发菌情况而定。春季接种，早期气温比发菌适温低，为提高堆温，菌袋可呈顺码式排放，堆高 1~1.5 m，排与排之间要留人行通道，利于空气流通。当气温高时，可改为"井"字形堆或"△"形堆，每堆 4~6 层。

2. 培养条件

（1）温度。在 24~26 ℃的适温下，香菇菌丝生长快、健壮。培养期间温度的调节要注意室温和菌温的不同。随着菌丝的大量繁殖会释放出一部分热量，袋内温度会升高。因此，温度调节除注意室温外，要特别注意检查袋温，袋温不能超过 28 ℃。调节温度可采取调整堆的高低、疏密和通风等方法进行，要经常检查，灵活掌握，特别是 5 月以后，要严防因袋内升温而引起的"烧菌"。

（2）湿度。保持干燥，空气相对湿度要控制在 70% 以下，因为空气相对湿度大易引起杂菌滋生，污染菌袋。

（3）通风。培养室要保持空气新鲜。通风良好，空气新鲜，足够的氧气有利于菌丝生长。为此，要经常通风换气，通风要和保温相结合。

（4）光线。香菇菌丝生长期间，不需要光线。特别注意不能让直射阳光照射菌袋。

3. 及时翻堆、查杂与刺孔增氧

（1）翻堆。翻堆是菌袋培养期很重要的一项管理措施。一般接种后 7 d 内不宜翻动菌袋，因此时正是香菇菌丝萌发、定植、延伸期。1 周后进行第一次翻堆。第一次翻堆后，每隔 7~10 d 再翻堆 1 次。此时，香菇菌丝已萌发定植，接种穴四周可看到白色菌丝圈。有接种穴不发菌时最好补接菌种。发现杂菌要及时处理。对香菇菌丝生长为害最大的是木霉。发现有绿色小斑点时，用 2% 的甲醛或 75% 的酒精注射，即可抑制。

当接种穴菌丝已连接时，由于袋内菌丝繁殖升温，要把堆的形式改为"井"字形或"△"形，每层 3 或 4 个袋，叠放 6~8 层，堆间的距离要适当放宽，以利于通风和散热降温。

（2）合理刺孔增氧。菌丝在袋内生长，要消耗氧气。当前端菌丝开始变淡或菌袋内出现瘤状物时，表明袋内已经缺氧，要及时刺孔。刺孔在整个发菌期需要进行2次。第一次是菌丝圈完全相连后进行，每个接种穴刺8~10个孔。第二次当全袋菌丝发满时刺，在菌丝发透的部位均匀刺60~80个孔，孔深1.5 cm。

刺孔应注意几点：①刺孔后2~3 d，因菌丝呼吸作用加强，释放出大量热能，袋内温度高出室温2~3 ℃，当室温达28 ℃时，应停止刺孔，防止"烧菌"。②含水量高的菌袋可多刺，含水量低的要少刺。③塑料袋拱起部位、瘤状物突起部位、污染部位、菌丝未发到部位、有黄水部位、菌丝刚相连部位均不刺孔。④刺孔后注意通风降温，降低菌袋堆叠层数，摆稀菌袋。

（七）不脱袋转色管理

接种后60~80 d，香菇菌丝可长满全袋。此时在不脱袋的条件下，菌丝柱表面会形成瘤状物。出现瘤状物表示菌丝已达生理成熟，很快就要转色。

春栽香菇，采用不脱袋转色、不脱袋出菇，这样有利于菌袋保湿。转色通常在培养菌袋的场所进行，也可置荫棚层架上转色。转色的适宜温度是20~24 ℃，空气相对湿度80%~90%，有散射光照和新鲜空气。袋内转色不像脱袋转色那样先在菌丝柱表面长出绒毛状白色菌丝，继而菌丝倒伏，形成菌膜，而是由菌丝分泌褐色素，经10~20 d或更长时间使菌袋逐渐由点到面，由局部到全部，由浅到深形成一层褐色菌膜。当温度高时，会分泌黄水。要及时除去黄水，否则黄水所到之处，菌丝柱会腐烂，影响出菇。

（八）出菇场所及菇棚建造

出菇场所应选择向阳、干净、空气流通、高燥又近水源的地方。春栽香菇的菇棚，因季节与管理方式与秋菇不同，要建成双层棚。外棚为遮阴棚，主要目的是防止太阳直射，以遮阴为主；内棚是出菇棚，冬季要用塑料薄膜覆盖，以调节温度为主。一年中，有时内外棚覆盖物同时存在，有些季节只用外棚覆盖物，有些季节只用内棚覆盖物。

棚的结构根据内外棚的组合，有一棚一弓、一棚两弓、一棚三弓等。现将一棚两弓的结构做一介绍。

1. 外棚　外棚为遮阴棚，多用15 cm×15 cm的水泥柱作支柱，棚宽6.6 m、高2.4~2.8 m，长度以栽培量而定，每隔2 m有一立柱。立柱上有横杆和纵杆连接与支撑，用铁丝紧固。棚顶为平的，放树枝或秸秆遮阴，也可用遮阳网。河南西峡县菌袋越夏时菇棚上方每隔1 m搭1层遮阳网，要搭2层，可以保证菌袋安全越夏。外棚要牢固，基本功能是遮阴降温和调节光的强度，又利于通风；冬季出菇期外棚上遮阴物要去掉或稀疏放置。外棚坐向要顺风，一般以南北走向为好，东西两侧可用秸秆遮挡作墙。

2. 内棚　内棚由层架作支撑，为出菇棚。一个弓内由2个出菇架组成。架间留70 cm人行道。架宽80 cm、高1.9~2.1 m，5~7层。层间距30~40 cm。左边架子的2行柱子，左低右高；右边架子的2行柱子左高右低，高的支柱2.1 m，低的支柱 1.9 m，左右 4 个支柱的顶上用一竹竿连成弓形。每层用 4 根竹竿平行纵放，上可横放 2 排菌袋。架外面用折幅 3.5 m、厚 0.008 ~ 0.010 cm 的塑料膜覆盖，两边用土封密压实。出菇棚在低温季节才覆盖薄膜，以利于保温。出菇棚如图 4.1。

2 m 长的架子每行可放 13 个菌袋，2 行 26 个，5 层可放 130 个，一个弓内放 260 个；8 m 长的架可放 1 000 余袋。内棚的层架，也可以一个弓内放

图 4.1　春栽香菇出菇棚

3 个，两边两个单排架，中间一个双排架，放的袋数一样，但通风较好。

（九）菌袋越夏管理

菌袋在 6 月底完成转色，7 ~ 8 月高温季节要进行越夏管理。越夏管理是春栽香菇能否成功的关键之一。菌袋越夏的方式主要采用遮阴棚越夏。

遮阴棚越夏，遮阴棚下置有多层架子，将菌袋置于架子上，袋间距 5 cm 以上。遮阴棚越夏，通风较好，但要严防高温，遮阴棚上的覆盖物适当加厚些。

菌袋越夏关键要做好控温工作。香菇菌丝不耐高温，当环境温度超过 35 ℃持续 4 h 以上时，菌丝便开始老化、自溶，菌袋变软，甚至"烧菌"烂掉。因此，高温期（7 ~ 8 月）要密切注意温度变化，及时通过淋喷井水、加强通风等做好降温工作。

（十）催蕾、护蕾、疏蕾

1. 催蕾　催蕾要保证达到原基发生和分化的条件：温度 10 ~ 18 ℃，并有温差，既有低温刺激，又有温差刺激；菌袋内培养料含水量 55% 左右；空气相对湿度 80% ~ 90%；有充足的氧气；有一定的散射光。

春栽菌袋经过越夏，菌袋失水较重，要用补水针补水，使菌袋含水量恢复到 55%。补水不仅补充了水分，也是催蕾的方法之一。应该注意的是菌袋经过越夏管理，菌丝非常弱，在补水时极易出现菌袋吸水过多，导致不出菇或出菇少的现象。因此，要严格控制补水量，勿使菌袋吸水过度。最好用补水针补水，掌握菌袋重量比原袋重量轻为度。

2. 护蕾　在不脱袋条件下出菇要严防挤压菇蕾，因此现蕾后要及时将其周围的薄膜划开 2/3，使之露在空间。当割开袋、菇蕾刚长出来时，要控制外界的条件，除保持温度在 8 ~ 20 ℃外，还要注意空气相对湿度在 90% 左右，适当通风，给予散光照射，使其在适宜条件下顺利生长。采用保水膜的菌袋不用割袋，菇蕾可以直接钻出保水膜。

3. 疏蕾　为获得高质量的香菇，当菇蕾较密时，还要采用疏蕾的方法，把菇蕾摘去一些。每袋上留 10 朵左右，以不拥挤又能良好生长为度。

（十一）子实体生长期管理

在自然条件下，春栽香菇从出菇到结束，可收 5~6 潮。按发生季节分有秋菇、冬菇、春菇三种。春栽香菇，如果管理得当，春节前一般可收完。因此重点是秋菇和冬菇管理。

9~11 月发生的香菇为秋菇。9 月开始，气温逐渐由高到低，越夏菌袋内菌丝经近半年的生长，贮存大量的营养，出现菇蕾后，要依据天气情况，分别采取培育厚菇或花菇的技术措施。

如果秋雨连绵，空气相对湿度较大时可先培育一潮厚菇。秋季气温虽然逐渐下降，但要防止"秋老虎"的出现，要注意降温通风工作。

如果天气晴朗，要抓着这一时机培育花菇，当菇蕾长至 2 cm 大时，进行催花管理，把菇棚空气相对湿度控制在 70% 以下。偶遇小雨或雾天要紧盖塑料薄膜，以免增大空气相对湿度。

当第一潮菇采完后，要进行养菌，促进菌丝恢复生长、积累营养。在温度 20~25 ℃下，1 周左右即可见到采菇后的穴孔发白，说明菌丝已经恢复。此时要加大菇棚内空气相对湿度，促使出第二潮菇。如果菌袋失水过多，最好用补水器补水。补水后在 10~18 ℃、空气相对湿度 85%~90% 的条件下，又会出第二潮菇。秋菇期间棚上的遮阴物要适当厚些，薄膜视天气情况可盖可去，灵活掌握。

12 月至翌年 2 月是冬菇管理阶段，此时气温低、空气干燥，是培育花菇的最好时机。当菇蕾长到 2 cm 时，进行催花管理。可将外棚上的遮阴物全部去掉，让太阳直接照射菌袋。此阶段重点是温度控制，调节棚内温度在 8~16 ℃，如果晚上低于 8 ℃时，还应加温，维持 8 ℃以上的温度。白天晴天时，将薄膜去掉，让幼菇在太阳光下生长，有利于裂纹增白，提高花菇等级。花菇生长期为 10~15 d，温度低时可能更长。管理得当，春节前可收 2~3 潮花菇。

二、香菇秋栽技术

（一）栽培季节与生产周期

1. 接种期　最佳接种期一般为 8 月下旬至 9 月下旬，最好在 9 月上旬，"十一"之后不宜再安排生产。各地海拔高度不同，每年气候变化又不完全一样，因此要灵活掌握，旬最高气温不超过 28 ℃接种最适宜。

2. 菌丝生长期　9 月至 11 月上旬是香菇菌丝生长最佳季节，一般 60~70 d 可长满袋。只要外界条件适宜，当菌丝长满袋，出现瘤状物后，25~30 d 可完成转色。如果 11 月上中旬完不成转色，出菇要推迟，影响产量和效益。

3. 出菇期　只要菌丝转色及时正常，11 月下旬即可出菇，春节前可收 2~3 潮花菇，春节后收 1~2 潮花菇及 1~2 潮厚菇或薄菇。11 月至翌年 3 月正是低温干燥天气，利于培育花菇。

从接种到采收完毕，整个生产周期约 8 个月左右。

（三）培养料选择与配制

在多种主料中，以栎树木屑为最佳。木屑粗细以大米粒大小为适宜，要求无杂质、无霉变、干燥。桑枝条、苹果树枝条等粉碎后也是较好的主料。

常用配方是：阔叶树木屑 84%～79%，麦麸 15%～20%，石膏粉 1%。上述主辅料搅拌均匀，含水量 55% 左右，pH 值为 7.0～7.5。注意水分切勿过量，掌握"宁干勿湿"的原则。

（四）装袋与灭菌

常用料袋规格为 （20～22）cm×55 cm×0.004 cm 的低压聚乙烯折角袋。现在多在袋内再用一层保水膜便于出菇管理。

搅拌均匀的培养料要立即装袋，要求从开始配料到装袋结束尽量在 4 h 内完成。袋装松紧要适当，以手指压稍有顶手感为适。装好后用扎口机扎口。装袋要细心，不要刺破料袋。

袋装完后要立即装入常压灭菌灶灭菌。当灶内温度达 100 ℃ 后维持 16 h 以上。灭菌完毕，当温度降至 50～60 ℃ 时趁热出锅。

装袋及出锅过程，对料袋破损的检查十分重要（装锅前用一大盆装上石灰水，将菌袋在水中浸一下。拿出后，如袋内有料湿印的地方，说明此处有破口），发现破损要及时用胶布贴好。

（五）菌种选择与接种

秋栽时，一般要选用中熟品种，如 L26、087、856、Cr-04、Cr-20 等。要两个以上品种搭配使用，防止单一。常用的是木屑菌种。

料袋进入接种场所后，当料温降至 30 ℃ 左右时把菌种、接种用的工具全部放入，用甲醛或气雾消毒盒消毒。袋内料温降至 30 ℃ 以下时接种。接种时间最好安排在晚上或早上气温较低时进行。

接种人员衣帽要干净，手臂要用 75% 酒精擦拭消毒。

接种时 4 人一组，一人用酒精棉球呈直线擦拭接种处进行消毒，一人打孔，另一人接种。每袋接 3 行，每行接 3 穴，每瓶菌种接 10 袋。接种完，再套上一个宽 22～24 cm 的薄塑料袋，并扎好套袋的两端袋口。另一人运袋和摆袋。

（六）发菌期管理

1. 菌袋的堆放方式　菌袋的堆放方式有顺码式和"井"字形两种。当室温低于 20 ℃ 时，可堆成顺码式；室温达 25 ℃ 以上时摆成"井"字形。由于接种期温度较高，一般采用"井"字形摆放，每垛 5～8 层。如果温度较高，还要降低摆放层数。每隔 3～4 排留一条宽 50 cm 的管理通道。

2. 菌丝生长期环境条件的控制　保持发菌环境干燥，空气相对湿度控制在 70% 以下；室温 25 ℃ 左右，料温不超过 30 ℃；注意通风换气，保持空气新鲜，有充足的氧气；保持黑暗。

3. 及时翻堆　接种后房间内喷洒消毒剂，进行发菌环境空气消毒。7~10 d 翻堆 1 次，将菌袋上下、内外互调位置，使发菌一致，并检查处理污染菌袋，以后每隔 10 d 进行 1 次翻堆。

4. 适时刺孔增氧　接种后 25 d 左右当菌丝圈相连时，在菌丝生长前沿后用牙签刺 10 余个孔，以增加袋内氧气。35~40 d 当菌丝逐渐长满袋时，可用毛衣针刺孔 10 余个。注意刺孔要结合翻堆进行，刺孔后菌丝生长加快，呼吸加速，会使袋内温度升高，要勤检查，严防"烧堆"。有时袋温比室温高 5~8 ℃，要采取通风、散堆等措施降温。

（七）不脱袋转色管理

当菌袋 2/3 表面形成瘤状物，由坚硬变得有弹性后，在不脱袋的条件下菌袋表面逐渐变为褐色，此为转色。转色的好坏，直接影响出菇的快慢与多少。因此加强管理，促使其顺利适度转色，是非常重要的。与脱袋转色相比，不脱袋转色需时较长，完成转色需 25~30 d。转色的最适条件是温度 22 ℃ 左右、适当的通风、空气相对湿度 80%~90%、培养基含水量 55% 左右、散射光照。

（八）栽培场所及菇棚建造

栽培场所应选在向阳、通风、高燥、近水源而又卫生的地方。菇棚是香菇生长的场所，理想的菇棚是能创造一个适合香菇生长的小环境。菇棚的结构、性能等，直接影响香菇的产量和质量。培育花菇最好是小棚。棚长 6 m、宽 3 m，面积 18 m²，前后高 1.6~1.8 m，山墙顶高 1.8~2.0 m。整个棚架由竹木做成，也有将两端山墙用砖泥砌成，上顶呈弧形或人字形。山墙一端中间留宽 60~80 cm、高 1.7 m 左右的门。菇棚内正对门留宽约 80 cm 的人行道，棚内两侧设床架。床架宽 80 cm，共 5~6 层，层高 25~30 cm，每层用 4 根竹竿纵放作搁板，以放菌袋用。每层床架可横放 2 排菌袋。床架每隔 1~1.5 m 用立柱和横梁支撑。这样大小的菇棚及床架可放置 500 个左右的菌袋。棚上覆盖整块塑料薄膜。

（九）催蕾、割孔、护蕾、疏蕾

1. 催蕾的条件

（1）控制温度白天在 15~20 ℃，晚上 8~10 ℃，有 10 ℃ 左右的温差。

（2）空气相对湿度 80%~90%。

（3）氧气充足，空气新鲜。

（4）散射光照。

（5）培养料内水分充足，含水量以 55% 左右较适宜。

2. 催蕾的方法

（1）浸水 12~24 h。

（2）低温和温差刺激。

（3）振动刺激。

（4）散射光照。

3. 催蕾的场所

（1）菇棚床架上催蕾。

（2）棚外地上催蕾，先在地上铺一层麦草或沙，把浸过水的菌袋竖立在上面，再盖薄膜和一层麦草，经 3~7 d 即可现蕾。低温季节多在地面催蕾。

4. 护蕾　有两个含义，其一是在不脱袋条件下出菇要严防挤压菇蕾，二是刚长出的菇蕾，对外界环境适应性差，容易干死或冻死，有时也受高温为害。因此当菇蕾刚长出来时，幼蕾对外界条件适应性差，要在适宜的环境中才能正常生长，即温度 8~16 ℃、空气相对湿度 80%~90%、适当通风、散射光照。

5. 疏蕾　为获得高质量的香菇，当菇蕾较密时，还要采用疏蕾的方法，把菇蕾摘去一些。每袋上留下 8~10 个为适。当幼蕾长至 2 cm 大小后，开始进行花菇管理。如果花菇价格不高时，可以不进行疏蕾，以增加香菇产量。

（十）花菇培育

花菇是生长在干燥环境中的香菇，其菌盖表皮裂开，露出白色的菌肉，状如花纹。裂纹越宽、越深、越白，其商品价值越高，称白花菇。花菇的生长期一般为 10~15 d，若在花菇生长过程中，遇雨天、雾天或地潮等引起空气相对湿度增大，即使 3 h 左右，也会使裂口表皮再生出现微红色，此时裂纹呈茶红色，称茶花菇；花菇裂纹为褐红色时为暗花菇；裂纹细小又为红褐色时，称为麻花菇。

1. 培育花菇的条件

（1）空气干燥，空气相对湿度 70%~75%。如菇棚的湿度超过 75%，不形成或不易形成花菇。即使已形成白花菇，也会因为湿度大而变成暗花或红花菇，在此情况下要加温排潮，把棚周薄膜稍揭起。

（2）昼夜温差在 10 ℃ 以上。可人为增加昼夜温差，如晚上覆膜加温，早上揭膜降温。

（3）低温。温度控制在 8~16 ℃，此温度下子实体生长慢、菌盖肉厚。冬季气温低，可人工加温。

（4）全光照。12 月至翌年 3 月全光照有利于花菇裂纹增白，加速开裂。

（5）微风吹拂。微风不仅能保持空气新鲜，又可加速菌盖开裂。

2. 催花时机　当菇盖直径长至 2 cm 左右时进行催花。菌盖小于 1.5 cm，给以花菇生长条件管理时，易使幼菇干死或冻死；大于 3.5 cm 才催花，结果是裂纹窄浅，且多在菌盖边缘，培育不出上等花菇。因此幼菇菌盖直径达到 2 cm 左右时，给以花菇生长条件为最适期，可以培育出上等花菇。

3. 催花管理　在冬季及早春天气晴朗时，上午将菇棚上的塑料薄膜掀去让太阳光直射幼菇，此时幼菇呈干燥状态。下午 3 时盖上薄膜。晚上查看菇棚的温度和幼菇表面的湿度，以此决定是否加湿及加湿时间。手摸菌盖有潮湿感时可不加湿，如干燥可加湿。加湿方法是向棚内通入水蒸气。加温时间在晚上 11 时左右，加温主要是为了排湿和提高菌袋温度，维持菌袋温度在 15 ℃以上。为防菇棚内温度超过 29 ℃，还要将菇棚的一端门打开，并将另一端顶上的薄膜向内推开 30 cm 左右，形成一个自然通风的三角形通风口，以便菇棚内空气流动，达到排湿和散热的目的。加温 4 h 后，突然把菇棚上盖的薄膜全部揭掉，幼菇菌盖表面由湿热状态骤遇干冷，再加上冷风吹拂，立刻出现不规则的裂纹，即形成花菇。

4. 育花期管理　按照催花方法，当幼菇菌盖表皮出现裂纹后，仍然坚持每晚 11 时后在菇棚内加温排湿 4~5 h，连续多天。排湿的标准是：当菌盖上的白色纹理明显加宽加深时，即可开火排湿，使袋内料温达 15 ℃左右，使幼菇慢慢生长。白天晴朗时揭掉棚上薄膜，让太阳光直接照射，可增加白度，形成白花菇或爆花菇。

5. 保花期管理　保花的关键是要防止菇棚空气相对湿度增加到 70%以上，而且还要保证 15 ℃左右的低温。如果菇棚湿度增加到 70%以上维持 3~4 h 而且温度又在 15 ℃以上时，菌盖表面露出的白色菌肉上会再生出一层薄薄的表皮，呈茶褐色。70%以上空气相对湿度维持时间的长短，会再生出不同厚度、不同深浅颜色的表皮，把白色菌肉覆盖，从而形成茶花菇、暗花菇等。

（十一）出菇间歇期养菌与补水

秋栽香菇，可以出 5 潮菇左右。采完一潮菇后，保持温度 25 ℃，让菌丝迅速生长。菌袋养菌一般需 7~10 d。

在第一潮采完后，如菌袋失水过多，当含水量低于 40%时，要进行补水。补水的方法有：①浸水池浸水，冬季一般浸 24 h 左右。②注水器加压补水。不论采用那种方法，补水量要适当，不能过多，也不能过少，重量达到原重量的 90%左右为宜。要灵活掌握，区别对待，千万不要一刀切，生搬硬套。

三、采收加工与贮藏

（一）适时采收

香菇要适时采收。采早了，香菇发育不充分，影响产量；采迟了，开伞过度，影响品质。以菌盖 6~8 成熟为佳，即菌膜将破或刚破、菌盖尚未充分展开、边缘内卷、菌褶已全部伸长，并由白色转为浅黄褐色时，为香菇最适采收期。这时采收的香菇，色泽鲜、香味浓、菌盖厚、肉质柔韧、商品价值高。

另外，根据香菇鲜销、干销、加工等不同用途，在采收过程中掌握的尺度也不完全相同。鲜销香菇采收时间可适当提早，以 5~6 分成熟为宜。此时菇肉质地结实，分量最重，色泽鲜嫩，外形美观，也便于贮藏运输。

（二）采收方法

采菇时左手按住菌袋，右手大拇指和食指捏紧香菇菌柄的基部，先左右旋转后，再轻轻向上拔起。采菇时要采大留小，注意不要碰伤周围的小菇。采后不要将菇柄留在菌袋上，以免菇柄腐烂影响以后出菇。采菇时不要损伤菌袋表面的菌膜。

采下的香菇，可放在小萝筐或小篮子里，并要轻放轻取，保持菇体完整，防止互相挤压损坏，影响质量。鲜菇采收后，最好按菇体大小、菌盖完整度等加以分类，便于出售或加工。

（三）注意事项

1. 晴天采收　收获阶段，要密切注意天气的变化，采收尽量在晴天进行。晴天采收的香菇色泽鲜艳、菌盖光滑，烘干后质量好。雨天采收的香菇菌盖粗糙，含水量高，不仅质量差，而且烘干率较低。

2. 分批采收　应当成熟一批采收一批。

3. 采法要得当　采收不得当，不仅断柄破盖率高，而且遗留在菌袋中的菇柄还会给以后出菇留下后患。

4. 及时处理　对采回的香菇要根据计划及时冷藏或烘干，避免堆放和久置。堆放和久置，不仅会使鲜菇不鲜，烘干后的菇品也会失去应有的光泽和颜色。

第三章　双孢蘑菇栽培技术

第一节　概述

双孢蘑菇 [*Agaricus bisporus* (J. E. Lange) Imbach] 因其担子上通常仅着生 2 个担孢子而得名，又名蘑菇、白蘑菇、洋蘑菇等，属担子菌门、伞菌纲、伞菌目、蘑菇科、蘑菇属。

双孢蘑菇栽培起源于法国。据记载，大约在 300 年前，法国人在巴黎附近的马厩旁边的马粪堆上发现双孢蘑菇后，用清水漂洗成熟的子实体，然后撒在甜瓜地的驴、骡粪上，使它出菇。随后，被称为蘑菇栽培之父的法国植物学家托尼弗特在长有双孢蘑菇的地方挖取白色霉状物在半发酵的马粪堆上栽种，覆土后终于长出了蘑菇。据说这是最早的双孢蘑菇人工栽培。

双孢蘑菇人工栽培技术经英国传入美国，到 1910 年，标准式蘑菇房在美国建成。1934 年，美国人兰伯特把双孢蘑菇培养料堆制分为两个阶段，即前发酵和后发酵，极大地提高了培养料的堆制效率和质量。目前，荷兰、美国等国的许多菇场采用床式或箱式多区栽培系统，将前后发酵、菌丝培养、出菇管理等阶段分别置于可以自动控制温、光、湿、气的环境中，并配有送料、播种、覆土甚至采菇等机械装置。整个栽培过程都按照可控制的工厂化、专业化程序来进行，有专门的菌种厂、培养料制作厂和覆土生产厂，单产水平很高，每年可栽培 6 次。

时至今日，双孢蘑菇已成为世界上栽培最广泛的食用菌。全世界有 100 多个国家和地区栽培双孢蘑菇，被称为"世界菇"，尤其在欧美等西方国家的食品中占有重要位置。

我国双孢蘑菇的栽培始于 20 世纪 20 年代，由国外引进菌种在上海、北京、杭州等有外国人居住的地方种植，由外商经营，规模不大，消费对象也不是普通的百姓。我国双孢蘑菇栽培真正发展是从 1957 年开始，到 20 世纪 80 年代进入快速发展期，至今已有 20 多个省（市）栽培。近年来，在"南菇北移"大潮的推动下，山东、河南等省双孢蘑菇发展很快，产量不断增加。

双孢蘑菇含有丰富的蛋白质、多糖、维生素、核苷酸和不饱和脂肪酸，不仅营养丰富、肉质肥厚、味道鲜美，而且热能低，具有很好的医疗保健作用。据测定，鲜蘑菇含蛋白质 4.2%、脂肪 0.1%、碳水化合物 1.2%，蛋白质含量几乎是芦笋、菠菜、马铃薯等蔬菜的 2 倍，与牛奶等值，而且可消化率达 70%～90%，享有"植物肉"之称。蘑菇的氨基酸组成较全面，尤其富含人体必需氨基酸。另外还含有丰富的铁、磷、钾、钙等矿质元素和维生素 B_1、维生素 B_2、维生素 C 等多种维生素及酶类。

　　双孢蘑菇中所含的多糖类物质具有抗癌作用，用双孢蘑菇罐藏加工预煮液制成的药物对医治慢性肝炎、肝肿大、早期肝硬化均有显著疗效。因此，双孢蘑菇不仅是味道鲜美、营养齐全的菇类，而且是具保健作用的健康食品。

第二节　生物学特性

一、形态特征

（一）菌丝体

　　双孢蘑菇菌丝体灰白色至白色，细长，有横隔膜，无锁状联合。线状菌丝多而发达。子实体一般在线状菌丝的交接点上形成。根据菌丝体的培养特征把蘑菇品种分为三种类型，即贴生型、气生型、半气生型。贴生型菌株菌丝主要贴附在培养基表面生长，抗杂抗逆性较强，菇体商品性状稍差；气生型菌株菌丝向空中生长，菇体商品形状好，抗杂抗逆性稍差；半气生型菌株介于二者之间。

（二）子实体

　　菌盖初呈扁半球形，成熟后展开呈伞状，表面光滑，白色至淡黄色。菌肉白色、肥厚，受伤处变为淡红色。菌褶不等长，离生。菌柄着生在菌盖中央，中生，白色，圆柱状，中心为疏松的髓部。菌柄表面光滑，肉质丰满，成熟后呈纤维状，基部稍膨大。菌环白色、膜质。菌褶最初粉红色，开伞后呈暗褐色，离生。子实层着生在菌褶两面，多数担子顶端着生两个孢子。孢子褐色，椭圆形，一端稍尖，大小为 (6～8.5) μm×(5～6) μm。孢子印深褐色。

二、生长发育条件

（一）营养条件

　　1. 碳源　双孢蘑菇是一种草腐菌，主要利用秸秆类物质作为碳源。凡是含有木质素、纤维素、半纤维素的无霉变的禾草及禾壳类物质均可作双孢蘑菇的碳源。但双孢蘑菇对纤维素、半纤维素、木质素这类大分子物质直接利用能力较差。这些物质必须经过堆积发酵，通过发酵过程中的中、高温微生物降解之后才能被很好利用。因此，双孢蘑菇不适宜生料栽培，也不适宜熟料栽培，必须利用发酵料栽培。

2. 氮源　双孢蘑菇可利用的氮源物质以有机氮为主，尤其适宜利用畜禽粪；它不能直接利用蛋白质，但能很好地利用其水解产物——氨基酸；对硝酸盐利用不好；可以利用硫酸铵，但施用量不能过多，否则培养料容易变酸，影响菌丝生长；尿素对培养料的发酵有很好的促进作用，但施用量不宜超过 0.5%，否则氨气产生过多，影响菌丝生长；另外各类饼肥也是蘑菇很好的氮素来源。

双孢蘑菇生长发育最适宜的碳氮比是（17~18）：1。蘑菇培养料发酵期间微生物要消耗掉一部分碳氮营养。微生物消耗的碳素营养大体是培养料总碳量的30%，氮素消耗量是碳素消耗量的 10% 左右。也就是说配料中含有 100 kg 的碳素，发酵结束后微生物要利用 30 kg，同时要用掉 3 kg 的氮素。因此，为使培养料堆制发酵后碳氮比达到（17~18）：1，在配制蘑菇培养料时，原料的碳氮比应掌握在（30~33）：1。

3. 矿质元素　矿质元素是双孢蘑菇生长发育的重要营养。生产上常用 1%~3% 的过磷酸钙、石膏、碳酸钙、石灰作为钙肥和磷肥。蘑菇培养料是以秸秆类物质为基本原料，其中含有丰富的钾，因此，不必另外添加。有报道认为双孢蘑菇生长发育适宜的氮、磷、钾比例为 4:1.2:3。

4. 生长因子　包括维生素等。培养料中含有丰富的生长因子，一般不需另外补充。

（二）环境条件

1. 温度　双孢蘑菇孢子释放的最适温度为 18~20 ℃。超过 27 ℃，即使子实体已相当成熟，孢子也不会释放。孢子萌发的适宜温度为 24 ℃左右；菌丝体生长的温度范围为 5~32 ℃，最适温度为 22~26 ℃。子实体分化发育的温度范围为8~22 ℃，最适温度是 13~18 ℃。温度高，子实体数量多、密度大、朵形较小、菇肉组织疏松、重量轻、质量稍差，但两批菇发生的间隔时间较短，俗称"转潮"快。22 ℃以上，子实体一般停止发生。温度低，子实体数量少、个体大、菇柄短、菌盖肥厚、菇肉组织致密、单菇重、质量好，两批菇发生的间隔期较长。低于 8 ℃，子实体停止生长。

2. 水分和空气相对湿度　菌丝体生长阶段，适宜的培养料含水量为 65% 左右。低于 50%，菌丝生长缓慢、绒毛菌丝多而纤细、不易形成线状菌丝和子实体，甚至停止生长；高于 75%，容易造成通气不良，过早过多出现线状菌丝，衰老快，遇上气温回升易感染杂菌。菌丝生长期空气相对湿度以 75% 为宜。

覆土是双孢蘑菇生长所需水分的重要来源之一。不同覆土材料含水量不同。砻糠细土适宜含水量 18%~20%，不同质地的泥炭或草炭适宜含水量 75%~85%，使用持水力强的覆土材料可提高双孢蘑菇的产量和品质。

子实体发育阶段，以培养料含水量 65%、空气相对湿度 85%~90% 为宜。空气相对湿度超过 90%，菌盖上长期留有水滴，极易发生锈斑病；低于 70%，菌盖表面粗糙，产生鳞片，甚至发生龟裂，菇质较差；低于 50%，停止出菇，原有的小菇蕾，也会因干燥而枯萎死亡。

　　3. 空气　双孢蘑菇是好气性菌类，在其生长发育过程中，需要大量的氧气。据报道，双孢蘑菇菌丝体生长时期空气中适宜二氧化碳浓度不宜超过 0.4%；子实体分化和生长发育阶段，空气中适宜的二氧化碳浓度为 0.03%~0.1%（因菌株不同而不同）。若二氧化碳含量太高，对菌丝体和子实体都会产生一定的抑制作用。如二氧化碳含量在 0.2%~0.4% 时，菌盖变小、菌柄细长、小菇蕾开伞；二氧化碳含量达 0.4%~0.6% 时，菌丝过早过多地向覆土层蔓延，出现所谓的"冒菌丝"现象，使菌丝老化、出菇推迟或停止出菇。另外有害气体除二氧化碳外，还包括一定量的氨气和硫化氢等。这些有害气体在培养料发酵不良或翻堆不彻底时很容易产生，对菌丝的生长均有抑制作用。因此，菇房一定要经常通风换气，排除各种有害气体，保持空气新鲜。生产中以操作者进菇房后不感到闷气即可。

　　4. 光线　双孢蘑菇是能在黑暗条件下完成正常生活史的少数食用菌之一，即在菌丝体和子实体的生长发育中，可以不要光线。在黑暗条件下能正常形成子实体，且菇体颜色洁白、菌肉肥厚细嫩、朵形圆整、品质优良；在有直射光的环境中，菌盖表面硬化、发黄，菌柄弯曲，菌盖歪斜。因此，蘑菇最忌直射光线，生产上要保持较暗的菇房环境，避免直射光进入菇房，尤其是直射菇床。微弱的散射光对双孢蘑菇子实体的影响不明显。有报道，光线明亮时，双孢蘑菇易在覆土中形成；光线较暗时，蘑菇易在覆土表面形成。因此，微弱的散射光对蘑菇的生长发育有促进作用。

　　5. 酸碱度　适宜双孢蘑菇菌丝体生长的培养料的 pH 值为 6.8~7.2，覆土层的 pH 值为 7，当 pH 值高于 8.5 或低于 5 时，菌丝体生长不良。由于双孢蘑菇菌丝体在生长过程中不断产生各种有机酸，同时菌丝周围和菌床中因氨气蒸发会产生脱碱现象，使培养料逐渐呈酸性，因此，生产上常用 1%~2% 的碳酸钙和石灰粉调高 pH 值，以保持双孢蘑菇生长发育的环境呈弱碱性，提高双孢蘑菇对杂菌的抵抗能力。一般播种时培养料 pH 值调节至 7.5 左右，覆土 pH 值调节至 7.5~8。

第三节 栽培技术

一、栽培季节和生产周期

（一）栽培季节

目前国内双孢蘑菇的栽培，主要是根据自然气温来安排的，一年栽培一次，秋季播种，翌年夏初结束生产。具体适播期的确定，要根据当地气象资料和菇房条件灵活掌握。只要昼夜平均气温或菇房温度能稳定在 20~25 ℃即可播种。播种前 25~28 d 为培养料堆制发酵期。淮河以北地区宜在 8 月底到 9 月初前播种，淮河以南地区宜在 9 月下旬至 10 月上旬播种，争取在 11 月上中旬出菇。播种过早，温度高，容易"烧菌"；播种过迟，发菌慢、出菇迟、影响产量。10 月中旬至 12 月上中旬是产菇的高峰期。

（二）生产周期

自然季节栽培双孢蘑菇从培养料配制、发酵、播种到出菇结束大约需要 8 个月的时间。

二、培养料及其配方

（一）原材料准备

双孢蘑菇培养料包括秸秆类、粪肥类、辅料类等。这些原材料都必须提早进行收集，妥善保管备用。近年来棉籽壳和玉米芯也用来栽培双孢蘑菇，而且降低了劳动强度，产量也比较高。

1. 秸秆类　通常采用的有稻草、麦秸、玉米秆等。麦秸、玉米秆吸水性差，腐熟速度慢，使用时需要事先压扁、粉碎和预湿，发酵时间应适当延长。

2. 粪肥类　粪肥即各种畜禽粪。常用的有牛粪、鸡鸭粪、兔粪、羊粪、马粪、猪粪等，需提前收集，充分晒干后贮藏备用。

3. 辅料类　包括氮肥和矿物质等。氮肥包括菜籽饼、豆饼、棉籽饼、花生饼、尿素、硫酸铵等。矿物质包括过磷酸钙、石膏粉、石灰粉及氮磷钾复合肥等。

在添加氮肥时要注意：碳氮比计算妥后，氮源物质要有限度地添加，切忌过多；宜早不宜迟，在第二次翻堆时一定要添加完毕，否则培养料后期氨气过重而影响发菌；两种以上化肥混合添加比单一添加好。石灰不能与硫酸铵、尿素等混合使用。

（二）培养料配方

目前生产上常用的配方如下（100 m² 栽培面积用料量）：

（1）草料（稻草或麦草）2 250 kg，干牛粪1 250 kg，饼肥175 kg，尿素15 kg，过磷酸钙40 kg，石灰50 kg，石膏75 kg，水适量。

（2）草料（稻草或麦草）2 250 kg，干牛粪1 000 kg，干鸡粪250 kg，饼肥175 kg，尿素15 kg，过磷酸钙40 kg，石灰50 kg，石膏75 kg，水适量。

（3）草料（稻草或麦草）2 250 kg，干鸡粪750 kg，饼肥100 kg，过磷酸钙40 kg，石灰50 kg，石膏75 kg，水适量。

（4）棉籽壳1 000 kg，牛粪500 kg，尿素10 kg，过磷酸钙10 kg，石膏10 kg，石灰20 kg，水适量。

（5）玉米芯1 000 kg，牛粪1 000 kg，饼肥100 kg，尿素15 kg，过磷酸钙20 kg，石膏20 kg，石灰20 kg，水适量。

三、培养料的堆制发酵

培养料的堆制发酵是双孢蘑菇栽培成败的一个重要技术环节。堆制发酵得好，就能得到优质的培养料，丰收就有了六成的把握；相反，培养料堆制不好，即使有优质的菌种、高超的管理技术也很难获得理想的产量。

（一）一次发酵法

在室外一次完成培养料的堆制发酵的称为一次发酵，又称常规发酵、前发酵等。一次发酵所需设备简单，成本较低，发酵技术也较容易。但一次发酵始终在室外进行，其发酵受自然气候影响较大，发酵时间较长，培养料质量相对较差，且腐熟度不易均匀，较易受病虫害侵染。

一次发酵时间常因草料不同而不同，一般用稻草堆制时需25 d左右，用麦草堆制时需28 d以上，且要翻堆5次。

1. 发酵场地　发酵场地应选择向阳、通风、地势高燥、不被雨水浸淹、水源方便的地方。建堆地点还应靠近菇房周围，以便发酵结束后趁热快速将料搬进菇房。建堆处地面若为泥土，要将泥土地面平整坚实，最好用石灰渣掺入夯实，以防止泥块在堆制过程中混入培养料。有条件的应在水泥地面上建堆。建堆前1 d用石灰水、氨水或波尔多液处理地面，以减少虫源和病源，不让禽畜进入堆料场所。

2. 原料预处理　因原料吸水速度不一，故原料一般应经过预湿。通过预湿，可以控制料内含水量，还能激活和培养出一些有益微生物，消除部分臭味和病虫害，以利于建堆操作和建堆后堆温均衡上升。

（1）粪肥预湿。在建堆前一周，将晒干的粪肥碾碎或用粉碎机粉碎，将其中的石块、瓦砾及木片等杂物去除。粉碎要彻底，不能留有粪块，以免粪块中部干燥，隐匿病虫并且增加调湿难度。然后用清水或人粪尿进行预湿，边浇边拌边建堆。堆建成方形堆，高度以 1 m 为宜。含水量以手握粪肥指间有水渗出但不下滴为宜，含水量为 50% 左右。堆温控制在 55 ℃ 左右，3 d 翻堆 1 次。通过预堆，使臭味减小，初步培养一些有益微生物，消除病虫，为进一步发酵打好基础。干粪预湿时不可过湿，以免粪肥因厌气发酵而黏臭发黑；也不可过干，以免产生过多高温放线菌，使粪肥发酵热消耗过多。

如果用湿粪的话，应在建堆前 20 d 左右，将湿粪预堆。湿粪堆制一般不需再加水，如果湿粪含水过多，还应适当晾晒几天。堆制时要尽量疏松，防止紧压，堆温控制在 55 ℃，每 4 d 左右翻一次堆，以达干粪预堆的同样效果。

（2）草料的预湿。建堆前 2~3 d，将草料浇湿。含水量以抽出几根草料，用力绞扭，以水渗出而不下滴成线为宜。

（3）饼肥预堆。含氮饼肥应在建堆前粉碎后用 500 倍菊酯类农药搅拌，然后用塑料薄膜罩住熏蒸 2~3 d，以杀死其中的螨类等害虫，然后预堆，含水量与粪肥要求相同。

3. 建堆

（1）料堆以南北走向为宜，以免光照不匀造成温差过大。料堆一般宽 2 m、高 1.5~2 m，长度不限。堆料时，先铺一层厚 30 cm、宽 1.8~2 m 预湿过的草料，草要铺放得厚薄一致。草上再铺一层预湿好的粪肥或饼肥，厚 2~4 cm 或视粪肥数量而定。如此一层草料、一层粪肥逐层堆上去，每一层草料或者粪肥的厚度应与第一层的草料或粪肥上下一致。如此直到料堆达 1.5~2 m，用粪肥封顶。粪肥铺放时切忌厚薄不均，千万不要下层厚、上层薄或上层没有粪肥。堆制过程中，下面的两层只铺草料和粪肥，不加其他物质，从第三层往上要多加水，从第四层开始可添加石灰、饼肥、尿素及部分石膏直至第六层。这些物质应加在堆中间，四周及顶层不用添加，以免造成浪费。水分应浇足，掌握在有水从料堆流出为宜。建堆时要注意每层料堆外圈要做整齐，不能使草料参差不齐，造成塌堆。建堆完成后要用粪叉修边，四周做成墙状（图 4.2）。墙边挖排水沟，以积累堆中流出的水分。可将沟中水分再回浇到堆中，并轻拍四周及顶部，以减少水分蒸发，还可在堆中部插入竹筒，留 2~3 个通气孔，以加强通气。堆顶要覆盖草苫保温保湿，下雨时用薄膜覆盖以防雨淋，雨后应立即掀掉，以防闷堆。

图 4.2　培养料建堆发酵

建堆后，第二天下午要进行测温，将温度计插入堆内 50 cm 以上测定。正常的堆温应在 2~3 d 时升至 70 ℃ 左右。如果此时温度达不到 70 ℃，应查明原因及时补救。

　　（2）堆料时水分调节原则。水分调节在一次发酵中起关键作用。我国各地水分调节原则有所差别。常用的有以下两种：①"一湿、二调、三看"用水法。培养料经过预湿，在建堆和第一次翻堆时，要将水浇重、浇足；第二、第三次翻堆时，要将料堆含水量基本调节好；第四、第五次翻堆时，查看料堆含水量，适当调整，一般不再浇水。②"一湿、二调、三不动"用水法。在建堆前将料预湿彻底，在建堆和第一次翻堆时，将水调足；在第二、第三次翻堆时，只调节水分，干的地方浇水，湿的地方不浇水；在进房前最后一次翻堆时不再浇水。

　　4. 翻堆　建堆后堆内培养料发酵不均衡，一般表层 7~10 cm 的培养料含水量较小，未进入正常发酵；中间层堆温较高，培养料发酵分解最好，为好气发酵层；料堆最里面及靠近地面培养料透气性差、堆温低为厌气发酵层，发酵效果也不理想。所以在整个发酵过程中，要通过翻堆使各部分均衡发酵，加快培养料的腐熟进程。

　　翻堆是通过对粪草的多次翻动，把外层、内层和底层的粪草调换位置，排除料堆发酵时产生的废气，促进微生物的分解活动；同时检查和调节粪草的水分、pH 值，适当添加辅料，使培养料均衡分解转化，腐熟均匀。

　　（1）翻堆的基本要领。翻堆的目的是把堆外层的粪草与内层和底层的粪草交换位置。实际操作时，一般先将外层料刮下来洒少量水后放置一边，重新建堆时再混入料堆中。中间及底层的料交换位置，翻拌时加入辅料及外层的培养料，然后重新建堆发酵。

　　翻堆的次数由培养料腐熟的速度决定。腐熟速度快可少翻，腐熟速度慢要多翻。一般室外一次发酵需翻堆 4~5 次。如果采用二次发酵，则一次发酵需翻堆 3 次。

　　（2）翻堆的具体时间。由料内温度变化来决定。建堆后，堆温逐渐上升，一般在堆温最高点维持一段时间开始下降时进行翻堆，促使堆温再次上升。当堆温再次下降时则再次翻堆。如有异常现象，如建堆后温度迟迟达不到 70 ℃ 以上，就应提前翻堆，查出原因，采取措施，促使堆温上升。如果翻堆后，突遭雨淋，也应在天晴后立即翻堆，以散去多余水分，防止料堆发黏、发热、发臭。

　　（3）翻堆注意事项。

　　1）翻堆时可以根据堆料用水原则进行水分调节。生产上常用的为"一湿、二调、三不动"用水法。

　　2）翻堆时要避免"移堆"，即只是将旧堆料成团地一叉一叉直接用来建堆，这种只是局部的草、粪翻堆法，只能称作"移堆"。正确的方法应将草料抖松散，与粪肥拌匀后再重新建堆，在前两次翻堆时，尤其要注意。

3）要避免"烧堆"。翻堆时常见料堆中间有一些白色丝状霉层或粉末状灰白色斑块，生产上称为"白化"。"白化"现象是培养料内放线菌活动旺盛、堆温较高、含水偏低的特征。适当的"白化"是培养料发酵正常、适度腐熟的标准之一。每次翻堆时，都要有适当"白化"现象。发现"白化"时可适当补水，将灰白色斑块抖散，拌入其他料内，以分散放线菌的分布。但料堆内"白化"比例过大，"白化"部位松散易碎时，则为"烧堆"。"烧堆"不但消耗大量养分，还说明料内严重缺水，应立即加水调湿重新建堆。如果料内无"白化"现象，培养料呈蓝黑色或青褐色，料发黏且有酸臭味，料面散出的水蒸气较少，多因料内偏湿、堆温太低造成，应翻堆晾晒，补充优质粪草，增加石灰和石膏用量，再建堆时不要踩实，多设置通风道。

4）翻堆时要注意观察培养料质量。如发现质量欠佳，应添加新的优质培养料，如料内有严重变质发臭的粪草要坚决剔除。受虫害侵染、偏生的料应翻到料堆中央高温区。注意杀灭杂菌害虫，如有必要可适当喷洒药剂，如菊酯类农药、甲醛、多菌灵、甲基托布津等。

5）翻堆时要检查培养料的干湿度、pH 值及料堆的通风状况。培养料过湿要及时摊晾；过干应喷水调湿。料过酸可用石灰粉或石灰水调整。随着培养料堆制时间的延长，草料由硬变软，由生趋熟，料堆日渐沉实，透气也就逐渐不畅通了，此时如果仅靠在翻堆时抖松草料、改善料堆通气状况的话，费工费时，还容易使培养料水分、热量散失，此时应常设置通气管。建堆或翻堆时，将竹节打通、竹身钻洞（洞可多，但不宜太大）的毛竹管埋入料堆下半部，两头露出料堆或隔若干距离将竹管插入料堆中部，管口露出，通过竹管来进行空气交换。应用此法，管口在建堆 2 d 后打开为宜，如遇风干的天气，要密封管口，以免水分、热量过度散失。根据实际情况，开关管口，通过内外空气对流来调节和改善堆内发酵条件。培养料堆制过程中有时是局部通气不良，可根据堆温、堆形及料堆的紧实度、含水量等，在透气差的地方打孔通气，即用一头尖的长短粗细适中的木棍，自堆外向堆内适度打洞，数目、大小、深度按实际情况灵活掌握，打好后，抽出木棍。此法可弥补通气管道的局限性，减少料堆内厌气发酵。

6）翻堆次数主要根据料内的温度变化来掌握，一般情况下，翻堆间隔时间为 7 d、6 d、5 d、4 d、3 d，翻堆 5 次，堆期 25~28 d（稻草 25 d，麦草 28 d），培养料即可发酵结束。

（4）翻堆的具体操作。

1）第一次翻堆。建堆后，正常情况下堆温第 2 天开始上升，2~3 d 后升至70~75 ℃，在第 7 天堆温开始下降时即可进行第一次翻堆。第一次翻堆的重点是浇足水分，翻堆前 1 d 在堆上部先浇水，翻堆时再逐层浇足水，同时将应加入的石膏、含氮化肥等辅料均匀撒入，堆好后在其周围有少量水流出。第一次翻堆后48 h内，堆温就会迅速上升，料温应达75 ℃左右，70 ℃以下为不正常。

2）第二次翻堆。一般第一次翻堆后第6天进行。此次翻堆要里外、上下彻底调换，使氨气散发，重新建堆，此次料堆宽度可适当减少30 cm，高度不变，长度随之改变。第二次翻堆时将所有含氮化肥及石膏的余量，以及50%过磷酸钙加入。第二次翻堆水分进入"二调"期，切忌浇水过多，以免造成料堆过湿。此时堆温较高，料表面水分蒸发快，表面看似乎偏干而往往用水过重，使中下层粪草发黑、发黏。此时水分以用手紧握培养料，可挤出3~5滴水为好。从第二次翻堆起，就要设置通风设施，如打通风孔等，以加强通风透气。翻堆后注意防雨淋。如遇雨天，所盖塑料布要用木棍支起透气，防止厌氧发酵。

3）第三次翻堆。第二次翻堆后5 d进行。此次翻堆如有粪块要打碎，防止厌氧发酵，并注意调节酸碱度至微碱性。把余下的过磷酸钙加入。如料偏干可喷洒石灰水，如料偏湿可撒石灰粉，含水量以手紧握培养料指缝间有2~3滴水滴下为宜。料要充分抖松，防止厌氧发酵。建堆时宽度可继续缩小30 cm，高度不变。进一步加强通风设施建设。

4）第四次翻堆。第三次翻堆后4 d进行。调节培养料含水量65%左右，即手紧捏料时有3~4滴水，并加入适量石灰，调节pH至7.5左右。建堆时宽度可继续缩小。

5）第五次翻堆。第四次翻堆后3 d进行。培养料含水量65%左右，pH值7.2~7.5。

5. 培养料发酵质量评定　双孢蘑菇培养料的腐熟度以6~7成为好，过生的培养料不容易被双孢蘑菇菌丝吸收利用，且发菌期菌床易产生高温而出现"烧菌"现象；过熟则菌丝生长稀疏、线状菌丝多，结菇少，产量低。目前主要从培养料的外表、气味、触觉和颜色等几方面对发酵质量进行评价。

（1）闻。发酵适宜的优质培养料，应有浓郁料香味，闻不到氨味和粪臭味。凡是能闻到氨味的培养料，说明游离氨的浓度太高。

（2）捏。发酵良好、含水量适中的优质培养料，手感好，质地松软，没有黏滑的感觉。用力一捏，不会有水流出，但在手掌留有水印。

（3）拉。适熟的培养料，草料的原形尚在，但是纤维的强度已经很小了，这时拿出几根稻草（或麦秸）轻轻一拉就断。如果稻草（或麦秸）强度还很大，说明发酵程度不够。

（4）看。料堆体积缩小很多，只有初建堆时的60%左右，料内无明显的害虫或病菌，但有点"白化"现象。色泽由金黄色或青黄色变为棕褐色，当然这和培养料的种类及配方组分有关。但是，呈现黑色或蓝黑色的培养料，一般都是发酵不良的培养料。料中有金黄色稻草，常是发酵分解不彻底。还要观察料中有无病虫害。

（5）测。培养料 pH 值为 7.2~7.5，含水量 60%~65%，碳氮比（17~18）∶1。

6. 培养料发酵常见问题及对策　发酵时堆温不上升是堆制过程中经常出现的问题，如果堆温一直在 60 ℃ 以下，会使培养料养分转化不良、物理性状得不到改善，且不能杀死病虫害，对生产造成为害。因此，发现堆温迟迟不上升，要及时查找原因，进行补救。

首先应采用正确的堆制技术。正确选择堆制季节，如果堆制过晚、气温低，不易保温，可用塑料薄膜覆盖；建堆过小也不易保温，可适当加大堆形。

其次应采用优质培养料。如果培养料质地较差，如麦草已发霉、粪肥不新鲜或混有杂质，则建堆后堆温也不易上升。如果出现这种情况，要在翻堆时补充一些优质粪草。

另外，培养料水分要适中。堆料前期培养料易偏干，堆内微生物不能正常分解物质，堆温不能上升。因此要注意培养料建堆前充分预湿，建堆时加足水。翻堆后要覆盖好料堆，以免水分过量蒸发。如果培养料偏湿，则料内通气不好，缺乏氧气，料发黏、发酸、发臭，粪肥是蓝黑色，草料呈浅黄色，还易生蛆虫，料温也不能上升。此时要及时翻堆摊晒，或添加适当干粪草以吸收水分。也可缩小堆形，在堆内打孔通气，增加水分蒸发面积，使含水量尽快下降。

7. 培养料进房后的处理　常规发酵料进房采取"热进房"方式。如果常规发酵后培养料腐熟程度不够或不均匀时，可以采取"发汗"（常规发酵结束，培养料进房后，料内微生物活动还在继续，产生的热量使水汽在料表面凝结成水珠的现象）方式进行补救。常规发酵后培养料进房后，不要急于翻格、播种，而要关闭门窗，适度增温，让培养料在床架上升温至 55~60 ℃，保持 24 h 后再翻格（翻格即在双孢蘑菇播种前，把发酵好的培养料翻拌 1~2 次，再按菌床所需铺好，又叫翻拌）降温。如培养料已腐熟，进房后不宜再"发汗"。

（二）二次发酵法

二次发酵即将双孢蘑菇培养料的堆制发酵分两次完成的发酵方法，是双孢蘑菇生产的主要方式。二次发酵分为前发酵和后发酵两个阶段。

1. 二次发酵　二次发酵是双孢蘑菇标准化规范栽培的重要步骤，是双孢蘑菇高产栽培不可缺少的技术措施。其优点是节约时间。二次发酵比常规发酵培养料堆制时间缩短，降低了堆制的劳动强度，减少了病虫害。后发酵阶段通过"巴氏消毒"杀死了大量有害微生物及料中的虫卵、幼虫等。同时还对菇房环境进行了一次彻底消毒，有效地控制了栽培过程中的病虫害。可提早出菇，增产 20% 左右。经过后发酵，培养料腐熟均匀、质地松软，消除了料内氨味，通气性好，使菌丝定植快，而且在二次发酵过程中，培养料得到进一步分解，可溶性养分和菌体蛋白明显增多，菌丝生长旺盛、出菇早、产量高、质量好；经过二次发酵，栽培用药量明显减少，降低了环境污染和菇体中农药的残留量。

2. 室内床架式二次发酵　其操作分为室外前发酵和室内后发酵两步。先进行室外前发酵，其具体操作同一次发酵法，包括预湿、建堆、翻堆等程序。前发酵一般翻堆 3 次，间隔时间为 5 d、4 d、3 d。第三次翻堆后 2 d 料含水量在 65%、pH 值 8 左右、堆温 70 ℃时趁热拆堆进房。

后发酵是在前发酵的基础上进行的，又分为两个阶段：

第一阶段为巴氏消毒阶段。方法是前发酵培养料第三次翻堆后的第二天，堆温上升到最高温度（70 ℃左右）时，选择晴天午后赶快拆堆进房。此过程中既要抖松堆料使废气排除，又要避免过多散失热量。培养料进房后相对集中放在床架的中间几层（30~50 cm 厚），平铺或条垄式堆放。

进料后要立即关闭门窗，不要马上加温，依靠培养料内微生物的活动，让培养料自身升温，生产上称为"发汗"。经过 5~6 h，或料温不再继续上升时，再开始加温。要在短时间内使料温上升至 60 ℃，并维持 20~24 h。此阶段即通过巴氏消毒将料内有害病虫杀死，应注意此时温度不宜过高，以免抑制或杀死一些有益微生物。然后把菇房门窗、墙角、屋顶等所有缝隙用塑料薄膜密封，用蒸汽加温，进行后发酵。有些菇农在墙角喷洒菊酯类农药，在沸水内加入菊酯类农药和甲醛，蒸发杀虫杀菌（每立方米用甲醛 5 mL、菊酯类农药 2 mL），使菇房消毒、杀虫更为彻底。当料温升到 60 ℃时开始计时，保持 8~10 h，这样既可使培养料进一步分解，又可杀死料中有害微生物和害虫，达到巴氏灭菌的效果。在这一阶段，一方面保持菇房和料温稳定在 60 ℃左右，不能太低。另一方面防止料温过高。如果料温超过 65 ℃，会使培养料中有益微生物受到抑制，使下一阶段的发酵不能正常进行。

第二阶段为营养转化阶段。菇房随后适当通风使堆温逐渐降至 48~52 ℃，保持 5~7 d 进行后发酵。其主要目的是使放线菌、腐质霉菌等有益微生物在适宜的温度和通风条件下充分生长繁殖，使料中的游离氨、硫化氢等气体挥发或被微生物利用，使培养料进一步得到分解和转化。因此这一阶段也是后发酵的最主要阶段，在保证温度适宜的同时，每天通风 2 次以上，保证料内有较多的新鲜空气。控温阶段结束后，停止加温，使料内温度慢慢降至 45~50 ℃。再逐步打开门、窗和拔风筒等，将料摊开使料温逐渐降至 25~26 ℃时进行播种。

温度控制是二次发酵成功的关键，整个过程温度应分三个阶段来控制：

（1）巴氏消毒阶段。培养料进房后，经"发汗"后，开始加温，使料温升至 60~62 ℃，维持 8~10 h。

（2）营养转化阶段。升温之后菇房适当通风，使料温降至 48~52 ℃，保持 5~7 d，这一阶段是二次发酵的主要阶段。在此阶段有益蘑菇生长的放线菌、腐殖菌等微生物类群大量繁殖，使培养料充分分解和转化。在控温阶段应注意菇房的通风换气，每天应在 2 次以上，每次 10~20 min。

（3）降温阶段。控温阶段后，将料温逐渐降至 45~50 ℃，自上而下逐步打开门窗，使料温降至常温。这样，二次发酵就全部结束了。

3. 二次发酵培养料腐熟标准　培养料应为深棕褐色，无氨味和其他异味，香味浓，看起来油光光的，手摸软软的，有大量的纤维分解菌布满整个料层，料含水量 65% 左右。pH 值 7 左右。

4. 二次发酵注意事项

（1）如果用旧菇房进行二次发酵应对菇房进行彻底清理消毒。发酵结束前 1 d，还应用消毒药剂处理 1 次。

（2）后发酵所用菇房面积不宜过大，以 100~200 m² 为宜，密封程度要好，以确保对室温、料温的控制。

（3）前发酵培养料要达到一定的质量要求。前发酵最后一次翻堆时，应根据情况如后发酵加温方式、菇房结构特点等，调节好料的含水量，进房后不应再调水。

（4）进料时，培养料应堆放在中上层床架，顶层与最下层原则上不放料。因顶层有冷凝水，最下层温度低。各层放料时应尽量堆松，切忌压实，以利于空气交换。

（5）后发酵加温时，不能让热源紧靠培养料，以免部分培养料过干、过湿、过热。同时要注意不要让煤烟等扩散在菇房内。要正确处理好温、湿、气之间的关系。

（6）严格控制后发酵时的料温，前期升温时，温度应维持在 60 ℃ 左右，不应超过 65 ℃，以免大量高温放线菌繁殖，造成营养损耗过多。控温时，要稳定在 48~52 ℃，温度波动不要过大。控温后，料温要缓慢下降，避免大风突然降温，防止室外杂菌侵入。

四、播种

（一）播种前的准备工作

1. 菇房消毒　培养料进菇房前，按 1 m³ 甲醛 10 mL、菊酯类农药 10 mL 进行 1~2 次菇房消毒。菇房消毒后将发酵腐熟好的培养料及时铺放在菇房的床架上。培养料全部进房上床后，要彻底清扫地面杂物，最好紧闭门窗和拔风筒，再次进行熏蒸消毒，以最大限度地减少菇房的病原物。次日打开门窗和拔风筒，进行充分的通风换气。

2. 翻料　在消毒和通风后，还要进行一次翻料，又称翻格。即将在菇床上铺好的培养料再上下、里外翻动，混匀抖松、翻平，排除料内废气，除去土块和各种杂质，使培养料松紧一致、厚薄均匀、床面平整，以免出菇不匀而影响产量。

3. 检查　播种前要对培养料的含水量、pH 值等再检查一次，特别是经过二次发酵处理过的培养料，含水量往往偏低。这时就要边翻、边喷石灰水调节培养料的含水量，使其达到 65% ~ 68%（手握紧培养料，指缝间有水渗出或滴下一滴）。调节 pH 值至 7.5 左右。

4. 工具处理　播种所用工具如面盆等必须用 0.1% 高锰酸钾溶液擦拭消毒。

5. 温度测定　播种前一定要检查室温和料温。室温在 25 ℃ 以下，料温稳定在 28 ℃ 以下，无再升温现象时才可播种。

6. 菌种检查　播种前应对栽培种进行严格检查，选择菌丝粗壮、洁白、无病虫害、菌龄适中的菌种。

（二）铺料厚度

合适的铺料厚度与培养料质量、栽培区域和栽培季节有关。气温高的地区和季节铺料应薄一些，反之则厚一些。气温高的地区铺料厚度以 15 ~ 18 cm 为宜，气温低的地区铺料厚度为 18 ~ 22 cm。近年来，在一些栽培地区，培养料铺料厚度一般在 40 cm 以上，可以明显提高单位面积产量，但生物学效率有所降低。

（三）播种期和播种量

播种时期的选择应视当地气候条件而定，一般当平均温度下降到 27 ~ 28 ℃，并且气温呈下降趋势时即可播种。24 ℃ 左右是最适宜的温度。若温度偏高宁可推迟几天也不能在高温下播种。当然播种时间也不能因求稳而盲目推迟，否则产菇时间缩短，不能获得高产。一般可根据当地秋菇发生的始期或当地旬均气温降至 18 ℃ 以下的始期为准，倒查 35 d 左右即为播种时间。

播种量主要以培养料的投料量为依据，结合培养料质量、菌种类型、播种迟早等灵活掌握。一般来说，每平方米用 750 mL 麦粒菌种 1.5 ~ 2 瓶或粪草种 4 瓶。

（四）播种方法

1. 穴播加撒播　穴播即在料面上按"品"字形打穴，穴深 3 ~ 5 cm，穴距 8 ~ 10 cm，将核桃大的菌种块逐穴填入，然后轻拍使料与种紧贴。应注意种块不可揉搓，轻捏成团放入穴中即可，天气干燥、风大时入穴深度可适当深一点；湿度大可适当浅一点。但要注意种块要有部分露在料面，以利于透气，加快萌发。种块大小及穴间距要均匀，注意不要漏播。

撒播即将菌种均匀播在床面上，再盖一层报纸或一薄层培养料。轻轻拍平料面使种块与料层紧密接触以利于保湿和定植。

实践证明单一的播种方法有局限性，采用混播即穴播和撒播同时进行，效果更好。一般粪草料菌种多采用穴播加撒播。即先进行穴播，再在料面上撒少量种块，再轻拍料面，以利于菌种萌发和定植。此法可以提高种块均匀度，萌发后穿透料层快、封面早、发菌均匀，但费工费时。

2. 混播加撒播　麦粒菌种可采用混播加撒播的方法。即先将种量的60%均匀撒在料面，用手或用叉抓动培养料，使菌种翻入或拌进料层上半部，再将余下的菌种均匀撒在料面，然后轻拍料面，盖一层报纸或一薄层培养料。切忌压实，以保湿定植。此法播种速度快，菌丝封面早，杂菌污染少，发菌整齐，不易发生球菇。但应注意发菌早期加强菇房保湿，且此法用种量较大。

播种后3~5 d要检查发菌情况。如发现个别菌丝不萌发的地方，应及时补种。如果发现杂菌，要注意通风，并在杂菌处撒石灰粉。如成批不萌发、不吃料则应查明原因，采取相应措施。

五、发菌期管理

发菌期管理指播种至覆土这段时间的菇床管理。播种后管理的重点是调节好菇房的温度、湿度和空气，以促进双孢蘑菇菌丝在培养料中萌发定植和迅速生长，控制病虫害的发生。

(一)初期控温保湿

发菌期最初3 d以保湿为主，不通风或微通风，要紧闭门窗及拔风筒。播种后菌丝生长使料温上升，因此要控制温度在28 ℃以下，25 ℃左右较适宜，保持空气相对湿度在75%左右，以促使菌块萌发。若温度超过28 ℃，可在夜间通风降低温度。3 d后，菌种菌丝已定植生长，此时可加大通风，降低料表湿度，并促使菌丝向料内生长。

(二)中期注意通风，湿度以先湿后干为好

播种后7 d左右，菌丝基本封面，菇房内要进行通风换气，促使菌丝向料内生长。菌丝生长最初几天应加强保湿，在播种至菌丝封面的6~7 d内，空气相对湿度控制在75%左右，料面尽量不直接喷水。如料面偏干可用喷有1%~2%石灰水的报纸覆盖，菌丝封面后即去掉。其后菇房空气相对湿度与培养料表面湿度以偏干为好，即菌丝封面后，空气相对湿度控制在70%左右。培养料表面，以手摸料面有刺手感为好。无风天气将窗户及拔风筒全部打开，有风天气，只开背风窗，以保证空气新鲜。

(三)后期打扦通气

当播种后10 d左右菌丝吃料达料层1/2时，用1 cm粗的竹棍或竹签隔12 cm自料面深入料底打扦通气；或从床底向上反打扦，使已开始变硬结块的料松动。这样一方面可以排除料内二氧化碳等有害气体，改善料内通气状况；另一方面可以促使菌丝迅速向料内生长。打扦后一般以开背风窗为主，1~2 d后再加大通风。播种后15 d左右，用细木棍或二齿叉插入料层或料底部向后45°角扳动，依次直至整个床面。由于此法工作量大，现在很多菇农都不再用。

如果培养料和环境条件适合，从播种到菌丝长满培养料大约需要20 d。

六、覆土

一般情况下，尽管培养料中的菌丝长得非常好，如果没有覆上合适的泥土，子实体也不会发生。即使发生，数量也很稀少而且不正常。覆土质量的好坏，与双孢蘑菇的产量和质量有直接的关系。

（一）覆土的作用

关于覆土的作用至今众说不一，许多学者一般认为有下列作用：覆土具有支撑固定子实体的作用；覆土可以满足蘑菇生长发育对水分的需求；覆土层中存在的有益微生物具有刺激子实体发生的作用；覆土后由于菌丝的呼吸作用，使培养料、覆土层和菇房环境中二氧化碳浓度呈梯度变化，从而诱导蘑菇原基的形成；覆土层能稳定菇床的小气候，使覆土后菇床温度、湿度、pH 值等变化幅度变小。

（二）覆土要求及制备

1. 要求　结构疏松、透气性好、有一定的团粒结构；有较高的持水能力。据计算，生产 1 kg 双孢蘑菇需要 2 kg 水，其中的一半是从覆土层中吸收的；含有少量的腐殖质（5%~10%）和矿物质（起缓冲作用），但不肥沃；有适宜的酸碱度，以 pH 值为 7.5~8 为宜，以抑制其他霉菌的生长；无害虫和病菌，而含有必需的有益微生物，如臭味假单孢杆菌等；含盐量低于 0.4%。

2. 选择　覆土材料以泥炭土、砂壤土为好。这样的土壤透气性好、持水力强、干不成块、湿不发黏、喷水不板结、失水不龟裂。草炭土结构疏松，吸水性和持水性强、通气好，是蘑菇栽培最理想的覆土材料。在国外特别是欧美一些国家，几乎都采用草炭土覆盖。砂壤土是我国常用的覆土材料，持水性、透气性均好。国内常用的覆土有砻糠细土、草炭细泥混合土等。

3. 覆土制备

（1）砻糠细土的制备　覆土前在含沙量不高的菜园、农田、林地里先挖去 20 cm 左右的表层耕作土，再挖取土壤打碎成 0.2~1 cm 土粒。注意过筛时要将石块、竹木片等杂物拣出。选择新鲜、无霉变的砻糠，使用前先暴晒 1 d，然后用石灰水喷湿，均匀喷入多菌灵、菊酯类农药等杀虫杀菌剂，用薄膜密闭 12~14 h，待药味散尽后与细土拌匀。砻糠与细土比为 1∶20。每 100 m² 用土 3 000 kg、砻糠 125 kg，覆土当天拌匀使用。如用谷壳或稻壳，则应选新鲜、无霉变的，用 pH 值为 9~10 的石灰水浸泡 24 h 捞出沥干后用 0.5% 菊酯类农药液喷洒均匀，熏蒸消毒 24 h 后在覆土当天与细土拌匀使用。河南常用配方为每 100 m² 用土 3~4 m³、钙镁磷肥或磷酸钙 15 kg、碳酸钙 17.5 kg、麦糠 70.5 kg。有时加入石灰 15 kg。

（2）草炭细泥混合土的制备　工厂化生产企业常用 75% 湿泥炭和 25% 甜菜渣混合覆土。纯草炭持水能力强，但成本较高，每 100 m² 菌床需 4 m³ 左右草炭。

草炭细泥混合覆土，不仅成本低，而且具有显著的增产效果。草炭细泥混合土配制方法是将干草炭调湿至饱和状态，然后按细泥与草炭体积比（1~2.3）：1的比例混合均匀，用石灰水调 pH7.5 即成。

（三）覆土处理

1. 消毒处理　覆土前 7~10 d，按 1 m³ 泥土 0.5 kg 甲醛的用量，将甲醛稀释 50 倍，均匀喷洒在土粒上，用薄膜覆盖 24~48 h，然后去掉薄膜，让甲醛挥发干净，直至土粒上无气味为止，需 3~5 d。

覆土材料消毒时通常结合喷洒 2 000 倍的溴氰菊酯和 1 500 倍克螨特等杀虫杀菌剂。此外，根据需要可拌入 1%~2% 的石灰水，对杀灭线虫有很好的作用。

2. 酸碱度调节　覆土的 pH 值要调至 7.5~8，可以用石灰粉直接拌入干土中或用石灰水上清液调节。

3. 水分调节　不同覆土材料持水率不一样，泥炭土持水率达 80%~90%，砻糠细土持水率 30% 左右。根据覆土材料调节好含水量。

（四）覆土时间

当大部分菌床的菌丝接近培养料底部时开始覆土。有些人认为在菌丝长到 2/3 时进行覆土可以提前出菇，实践证明这种方法是不正确的，因为覆土后透气性明显降低，菌丝生长会减缓，反而推迟了出菇期。在正常的栽培季节，覆土时间一般在播种后 20 d 左右。过早覆土菌丝在培养料内积蓄养分少，影响产量；过迟则菌丝老化，推迟出菇。

（五）覆土方法

在菌床菌丝大部分发到培养料底部时开始覆土。覆土时通风将培养料表层 1 cm 左右吹干。将砻糠细土均匀撒在床面上，用手或木片刮平，不可拍实。

（六）覆土厚度

厚度一般为 3~4 cm。覆土过厚，透气性差、出菇晚、菇少、菇体大；覆土薄，则透气性好，但保湿性差、出菇早、菇密、菇体小、开伞早。

（七）覆土后管理

覆土后重点是水分管理。覆土后调水的原则是先湿后干，让菌丝逐渐蔓延至土层，但要防止菌丝长到覆土层表面。调水要使土层均匀潮湿。调水后要开窗通风，然后紧闭门窗，进行"吊菌丝"，即诱导菌丝向土层生长。此时菇房不要增加湿度，土层表面慢慢干燥，使菌丝在土层下面生长。然后大通风 1~2 d，创造湿差，使菌丝倒伏。见土层有菌丝冒头时可薄薄覆一层土再进行调水。此次调水原则为勤喷轻喷，逐渐增加湿度，同时进行通风，防止冒菌丝，控制好结菇部位在土层内 1 cm 左右，其具体管理方法如下：

砻糠细土覆土后应进行调水，调水以轻喷、勤喷为主，2 d 内喷水 7~8 次，每次 0.7 L 左右。调水量因土层厚度、干湿度及空气相对湿度、菇房保湿性等因素灵活掌握。一般以 5 L/m² 水为宜。调水至土层手捏成团、稍黏手、不板结为宜。调水后早晚通风 1~2 h，然后紧闭门窗，使菌丝蔓延于土层，此时适当小通风，保持菇房温度 28 ℃以下。温度高于 28 ℃时加大通风。

土层菌丝快发到土层表面时及时加覆一层黄豆大小的土粒，只要盖满砻糠细土即可。覆土后，轻调水分至土粒捏得扁即可，以促进菌丝横向生长，防止菌丝过早扭结出菇。

七、出菇期管理

覆土调水后菌丝逐渐扭结成原基，开始出菇。从原基发生到停产清料前这一段时间是出菇期。出菇期的长短与栽培地区的自然气候有关，一般在 120~140 d。

（一）水分管理

出菇管理中最重要的是水分管理。水分管理的原则是"结菇水要狠，出菇水要稳，转潮水要准，维持水要常，同时不打关门水"。

1. 结菇水　双孢蘑菇菌床覆土调水后，当土层内双孢蘑菇菌丝已充分繁殖到一定部位时，要及时喷一次重水，叫结菇水。喷结菇水可以促使菌丝变粗形成线状菌丝，并扭结出菇。

（1）结菇水喷水时间。当菌床菌丝长到粗土之上、细土之间且接近与细土持平时，要大通风，使土层表面干燥，让原来直立生长的菌丝倒伏、增粗，呈线状横向生长。菇房大通风 2 d 后，菌丝交织处出现扭结成球状的小白点，再覆盖一次细土保护原基，此次覆细土后第 2 天即可喷用结菇水。

（2）结菇水喷水量及方法。结菇水用量视覆土材料的持水性、菌株耐水性、菇房保湿条件及气温而定。通常气生型菌株 1 m² 用水 2.25~2.7 kg；贴生型菌株 1 m² 用水 3.15~3.6 kg。喷水方法要灵活掌握，一般气生型菌株要轻喷、勤喷，在 1~2 d 内分数次喷完；贴生型菌株要重喷，在 1~2 d 内分 4 次左右喷完。

2. 出菇水　当菌床原基普遍形成，大部分长至黄豆粒大小时，需再喷一次重水，叫出菇水，以进一步提高土层湿度，使子实体正常出土生长。出菇水又叫保质水。

双孢蘑菇出菇阶段，不论采用什么覆土材料和使用什么类型的菌株，每出一潮菇都要喷一次出菇水。实际生产中，常用重喷出菇水的方法来兼顾结菇水，即下潮菇形成之前不再喷结菇水，因出菇水已将土层的湿度补足（图 4.3）。

（1）出菇水喷水时间。一般在菌床原基普遍发生，且大部分已长至黄豆大小时进行，多数在喷结菇水 3~5 d 后。

（2）出菇水喷水量及方法。出菇水的用量要大、要重。一般气生型菌株的菌床 1 m² 用水 2.5 kg 左右；贴生型菌株的菌床，1 m² 用水 3 kg 左右。喷水方法与喷结菇水相同，要在 1~2 d 内多次喷完。以后喷水随气温下降逐渐减少。菇生长期除

1潮菇喷一次出菇水外，一般不再向土层直接喷水，平时喷空气维持水即可。

3. 转潮水　转潮水是每潮菇快收完或采收完后为使下潮菇加快出菇而喷的水。其喷水时间是在每潮菇落潮时或走向低潮时喷水。

4. 维持水　维持水即在停水期间，床面仍有较多的菇，但因天气干燥等，使床面水分减少而需喷的水。

图 4.3　双孢蘑菇出菇

（二）温度管理

菇房温度要保持在 12~16 ℃，温度高时打开门窗通风降温，温度低时减少通风时间或采取措施加温。

（三）空气相对湿度

菇房的空气相对湿度与覆土层喷水有同样重要的作用。如果相对湿度过低，则菌床水分散失过快，使子实体生长减缓、单菇重减轻、色泽暗而无光，有些贴生型菌株的子实体上还会产生菌盖凹陷和起鳞片现象；过高（长期高于 95%）则影响菌丝活力，会导致红根菇、锈斑菇的发生，长期的闷湿状态还容易诱发病虫害。

空气相对湿度主要靠喷雾水及通风来控制。湿度低时，可每天向菇房空间喷雾 2~3 次，同时在菇房走道及墙壁上也适量洒水。空气相对湿度较高时，要通风降湿。一定要避免菇房处于高温高湿状态。采收完一潮菇后，空气维持水少喷或不喷，空气相对湿度应控制在 85% 左右，以利于养菌及转潮。

（四）通风管理

通风可以调节菇房内温度与湿度，并可以提供氧气、排除二氧化碳等有害气体，促进双孢蘑菇生长。

气温高于 20 ℃，菇体生长快，新陈代谢旺盛，应在保持空气相对湿度 90% 的基础上，在不升高菇房温度的前提下，加强通风，保持空气新鲜，排除二氧化碳等有害气体；在室外温度 16~20 ℃时，背风门窗可全部打开，夜间无风时可把所有门窗打开；室温低于 15 ℃时，通风应以提高室温为主。通风应在气温较高的中午前后，多开朝南门窗等。夜间注意保温，防止昼夜温差过大。

（五）转潮与养菌

每潮菇采收后至下一潮菇发生的间隔称为转潮。

每潮菇采收后，及时剔除菇根和死菇，用 2% 石灰水调节过的土将床面补平。

在转潮过程中不仅要注意清理床面，还应注意养菌。养菌期注意菌床情况，土层水要尽可能在喷出菇水时调足。养菌阶段床面尽量少喷水，应以调节空气相对湿度为主。菌床无菇转潮阶段，应停止用水，加大通风换气，在菌床上打扦透气，尽量改善菌丝生长环境，以利于菌丝复壮和再生，也可以合理追肥或补充营养液，以提高后期产量。

八、采收

（一）采收适期

一般在菌盖直径 4~6 cm，尚未开伞时及时采收。

（二）采收方法

一般采用旋转法：用手指轻轻捏住菌盖先向下轻压，再轻轻摇动，将菇体旋转采下。不可直接将子实体拔起。在采丛生菇时应特别小心，如果菇体大小相差较大，可轻轻按住保留菇体，迅速将要采收的菇体用采收刀割下，尽量不影响到要保留下的菇体。如果菇丛中大部分已达到采收标准则可整丛采下。

双孢蘑菇采收后，要及时切去带泥的菇根。应用清洁的小刀与菌柄成直角切断。切时要迅速，应一刀切下。切口要整齐，避免斜根、裂根。所留菇柄的长度，取决于其与菌盖直径的比例及收购所要求的标准。

第四章　黑木耳栽培技术

第一节　概述

黑木耳〔*Auricularia auricula*（L.）Underw.〕又名木耳、光木耳、细木耳等，属担子菌门、伞菌纲、木耳目、木耳科、木耳属。

黑木耳在我国自然分布非常广泛，遍及 20 多个省（市、区）。湖北、河南、黑龙江、吉林、陕西、湖南、福建、浙江、四川等省为我国黑木耳主产区。中国是世界上最主要的黑木耳生产国。2021 年，我国黑木耳总产达 703 万 t，约占世界总产的 96%。我国出产的黑木耳除满足国内市场外，还远销日本、泰国、印度尼西亚、菲律宾等国，近年来又逐步销售到西欧、北美等地。

黑木耳具有很高的营养价值。不但肉质细腻、脆滑爽口，而且营养丰富。据测定，每 100 g 黑木耳干品中含蛋白质 12.1 g、脂肪 1.5 g、碳水化合物 35.7 g、粗纤维 29.9 g、灰分 5.3 g。黑木耳还含有多种维生素和 18 种氨基酸，其中人体必需的 8 种氨基酸全部具备。黑木耳的营养全面而丰富，因而享有"素中之荤"的美誉。

黑木耳还具有较高的药用价值。黑木耳是一种胶质菌，其胶质成分对纤维素有很强的吸附能力。长期食用黑木耳，能消除胃肠中的杂物，具有润肺和清涤的作用。因此，黑木耳是纺织工、矿工理想的保健食品。黑木耳含有的核苷酸类物质可降低血液中胆固醇的含量，黑木耳多糖具有抗肿瘤活性，黑木耳对防治心脏冠状动脉疾病也有一定效果。

黑木耳栽培在我国具有悠久的历史。据考证，黑木耳栽培始于公元 600 年，距今已有 1 400 多年的历史。至清代，黑木耳在湖北、四川等地开始大面积段木栽培。20 世纪 50 年代，我国科技工作者成功培育了黑木耳菌种，并广泛应用于生产。20 世纪 70 年代，我国开始黑木耳袋料栽培研究，利用木屑、棉籽壳等代用料栽培黑木耳成功，并在全国推广。

第二节　生物学特性

一、形态结构

（一）菌丝体

黑木耳菌丝体无色透明，由许多管状细胞连接而成。菌丝纤细，粗细不匀，常出现根状分枝。双核菌丝具有锁状联合。在 PDA 培养基上菌丝体白色，绒毛状，气生菌丝弱。

（二）子实体

黑木耳子实体胶质，浅圆盘形、耳形或不规则形，宽 2~14 cm、厚 0.1~0.2 cm，新鲜时软，有弹性，干后强烈收缩为角质，硬而脆。子实层生腹凹面，光滑或略有皱纹，红褐色或棕褐色，干后变深褐色或黑褐色，背面有短毛，青褐色。担子柱形，细长，有 3 个横隔，大小为（50~65）μm×（3.5~5.5）μm。孢子无色，光滑，常弯曲，腊肠形，大小为（9~17.5）μm×（5~7.5）μm。

二、生长发育条件

（一）营养条件

1. 碳源　黑木耳生长最好的碳源是能够被菌丝直接吸收利用的葡萄糖和蔗糖等小分子碳水化合物，而培养料中大量存在的木质素、纤维素、半纤维素和淀粉等大分子化合物是其利用的主要碳源。

2. 氮源　氮源主要包括氨基酸、多肽、蛋白质等有机氮和铵盐等无机氮。生产中添加麦麸、米糠、玉米粉等含氮丰富的营养基质来补充氮源，添加量一般不超过 20%。

黑木耳菌丝生长适宜碳氮比是（30~40）：1。

3. 矿质元素　黑木耳对磷、钾、钙、镁、硫等大量元素的需求量较大。一般在培养料中添加 1%~2% 的石膏、0.1%~0.2% 的磷酸二氢钾、0.03% 的硫酸镁等来满足黑木耳对大量元素的需求。此外，还需要少量的铁、铜、锰、锌、钴、钼、硼等微量元素。由于在培养料和水中已含有这些元素，一般不需专门添加。

4. 生长因子　生长因子包括维生素、核苷酸等。麦麸或米糠常含有丰富的生长因子，栽培时不需另外补充。

（二）环境条件

1. 温度　黑木耳属中温型菌类，在不同生长发育阶段对温度的要求有所差异。担孢子在 22~32 ℃ 均能萌发；菌丝在 6~36 ℃ 均能生长，以 22~28 ℃ 最适；

子实体分化和发育的温度范围为 15~27 ℃，以 20~24 ℃ 最适。

黑木耳是恒温结实性菌类，耳基形成不需要温差刺激。

2. 水分和空气相对湿度　培养料含水量应在 60% 左右，空气相对湿度在菌丝生长阶段应保持在 70% 以下；原基分化阶段应保持在80%~85%；子实体生长发育阶段应保持在 85%~90%。生产中水分采用干干湿湿、干湿交替管理，有利于黑木耳的优质高产。

3. 空气　黑木耳是好气性真菌。生产管理时必须加强通风换气。耳场空气不新鲜会影响菌丝体和子实体的生长发育。在出耳期，保持耳场空气清新还可以避免烂耳，减少病虫滋生。

4. 光线　菌丝体在完全黑暗或有微弱散射光的条件下都能正常生长。光线过强，容易过早形成耳基，对提高黑木耳的产量和质量无益。所以发菌时应尽量避光培养。

子实体分化和发育必须有散射光，黑暗环境很难形成子实体。在光线充足的环境中，才能长出色黑肉厚的子实体；在微弱的光照条件下，耳片呈淡褐色甚至白色，又小又薄，产量低，质量差。

5. 酸碱度　黑木耳菌丝适宜在微酸性环境下生活。菌丝体在 pH4~7 范围内都能正常生长，以 5.0~6.5 最适。

第三节　栽培技术

一、栽培季节和生产周期

黑木耳菌种生产周期一般为 100 d 左右。其中母种生产需 15~20 d，原种约需 40 d，栽培种约需 40 d。

黑木耳袋料栽培出耳管理安排在春季较为理想。春季栽培，12 月至翌年 3 月制袋接种，4~6 月出耳。由于春季气温较低，污染率较低，可提高制袋成功率。

二、栽培技术

黑木耳生长分菌丝生长和子实体生长两个阶段，由于这两部分所需环境条件不同，黑木耳栽培一般采用两场制，即发菌场和出菇场。发菌场在室内，要求通风良好，避光。出菇场要求靠近水源，通风良好，交通便利，环境整洁。

（一）培养料配方

（1）阔叶树木屑86.5%，大豆粉2%，麦麸10%，石灰0.5%，石膏1%。

（2）阔叶树木屑83.5%，大豆粉2.5%，稻糠12%，石灰1%，石膏1%。

（3）阔叶树木屑86.5%，大豆粉1%，稻糠5.5%，麦麸5.5%，石灰0.5%，石膏1%。

木屑要选用阔叶树硬杂木木屑。要求木屑无霉变，陈的比新的好，经过堆制呈红褐色的木屑效果更好。木屑使用前最好过筛，或拣去大木柴棒，以免装袋时刺破料袋。由于木屑吸水较慢，拌料时可以提前将木屑预湿，至木屑吸透水无白心。

（二）拌料

一般采用机械拌料。按照配方将培养料充分拌匀。培养料含水量以60%左右为宜。手握配好的培养料，指缝中有水渗出但不下滴为宜。调整pH7.0~7.5。

（三）装袋

一般选用（15~17）cm×（33~35）cm×0.004 cm的低压高密度聚乙烯折角袋。料拌好后要及时装袋，培养料要松紧适宜。

（四）灭菌

一般采用常压蒸汽灭菌，保持料温100℃以上，灭菌时做到"攻头、保尾、控中间"，保证培养料灭菌彻底。

（五）接种

灭菌后的料袋要及时搬进冷却室或接种室，待袋温下降到28℃时开始接种。春季栽培黑木耳，由于外界气温较低，料温降至30℃左右时要"抢温"接种。

接种时，要严格按照无菌操作规程操作。接种时，去掉牛皮纸或报纸包扎，拔下棉塞，将菌种接在培养料表面。接种量要大，一般每瓶（袋）栽培种接种20~30袋。

（六）发菌期管理

接种后的菌袋应及时移入发菌室，进行发菌管理。

1. 灵活调节温度　接种后1~5 d，应控制室温28℃左右，使菌丝快速萌发。菌丝占领料面后，保持室温25℃左右，使菌丝健壮生长。

2. 加强通风换气　气温高时，选择早、晚通风；气温低时中午通风。袋堆大而密时多通风，袋温高时多通风。

3. 注意防湿控光　控制发菌室空气相对湿度70%以下。应避光培养，如果光线过强，菌丝生长速度会减缓，发菌后期菌袋会提前出现耳基，使菌丝老化，影响产量。

4. 空间定期消毒　每隔7~10 d要进行空间消毒。可往发菌室内喷洒0.2%多菌灵或0.1%甲醛溶液。

5. 及时翻堆检查，处理杂菌　发菌期间要进行3~4次翻堆。第1次翻堆在接种后5~7 d进行。以后每隔10 d翻堆1次。翻堆时将上下、里外菌袋调换位置，使发菌均匀。翻堆时要认真检查菌袋有无杂菌污染，并及时处理。对微孔污染的用75%酒精和36%甲醛按2：1的比例混合成的药液进行密闭注射处理。对两端或接种穴污染的菌袋应及时挑出，重新灭菌后再接种。菌种不萌发但未被污染的，可重新接种。严重污染的菌袋，要重新灭菌后再接种，防止杂菌扩散。

（七）出耳期管理

当黑木耳菌丝长满菌袋，达到生理成熟就可以进行出耳管理。

1. 菌袋摆放　在平整的出耳场地上垫一层塑料薄膜，将菌袋间距5 cm摆放在其上。在袋底部的薄膜上打直径3 cm的孔，有利于菌袋保湿。

2. 菌袋打孔　摆放菌袋之前，用一块木板上钉有多个铁钉的打孔器在菌袋表面打60~80个孔，孔深0.5 cm。打孔后将菌袋摆放在塑料薄膜上。

出耳场地的大小可根据菌袋的多少确定。一般1 m²场地可放25袋。每667 m²可利用面积可放置木耳菌袋约10 000袋。

3. 出耳期管理　菌袋摆放好后每天下午打开水泵利用喷水带喷雾状水10 min左右，经过7 d左右耳基即可大量形成。黑木耳生长期控制温度20~24 ℃，不可高于30 ℃；每天傍晚喷雾状水10 min左右，白天保持干燥，形成"干干湿湿、干湿交替"的环境；保持空气新鲜，使木耳正常生长（图4.4）。

图4.4　黑木耳出耳

（八）采收

当耳片充分舒展，耳基开始收缩，子实体腹凹面略见白色孢子粉时应立即采收。采收时，用手指捏住耳蒂，旋转摘下。

（九）后期管理

采取打穴出耳，每个穴只出一潮耳。因此，黑木耳潮次不明显。一般将一袋上达到采收标准的木耳采下，剩余的木耳继续进行出耳管理，直至出耳结束。

第五章　毛木耳栽培技术

第一节　概述

毛木耳〔*Auricularia polytricha*（Mont.）Sacc.〕又名黄背木耳、白背木耳、粗木耳，是黑木耳的近缘种，属于担子菌门、伞菌纲、木耳目、木耳科、木耳属。

我国野生毛木耳分布非常广泛，全国各省区均有毛木耳生长。

毛木耳是世界上主要栽培的食用菌品种之一，主产国有中国、印度、印度尼西亚、日本、菲律宾等。我国毛木耳生产遍布全国，约占全世界毛木耳总产量的98%，产量和质量稳居世界第一。毛木耳也是我国重要的出口商品之一，在国际市场上享有盛誉。

毛木耳质地脆嫩，清新爽口，素有"木头上的海蜇皮"之称，具有较高的食用价值。毛木耳与黑木耳相比，栽培容易，其蛋白质、氨基酸含量与黑木耳接近。据测定，每100 g毛木耳干品含水分9.3 g、粗蛋白9.1 g、粗脂肪0.6 g、碳水化合物69.2 g、粗纤维9.7 g、灰分2.1 g。在灰分中含钙145 mg、磷181.1 mg、铁52 mg。在蛋白质中含有17种氨基酸，包括人体必需的8种氨基酸。还含有硫胺素、核黄素、胡萝卜素等。人体红细胞中血色素的结构物——铁，毛木耳中的含量比肉类高30多倍。钙是人体骨骼的重要组成成分，毛木耳中钙的含量是肉类的25倍。

毛木耳还具有较高的药用价值，经常食用可降血脂和胆固醇，连续以毛木耳喂大白鼠，可降低其血浆胆固醇20%左右。毛木耳有抑制血小板凝集的作用，对心血管病患者有特殊的疗效；毛木耳含有的多糖类物质具有抗肿瘤活性，对小白鼠肉瘤180的抑制率为90%，对艾氏癌的抑制率为80%。毛木耳是一种胶质菌，含有胶质和磷脂物质，长期食用，在人体消化系统内对不溶性纤维、尘粒等具有较强的吸附力，能消除胃肠中的杂物，具有润肺的作用。因此，毛木耳也是纺织、采矿等行业职工理想的保健食品。

第二节　生物学特性

一、形态特征

（一）菌丝体

菌丝体无色透明，由许多管状细胞连接而成，菌丝有间隔，分枝多，纤细，粗细不均，其双核菌丝具有锁状联合。在 PDA 培养基上菌丝体白色，浓密，粗壮，整齐均匀，绒毛状，爬壁能力较强，8~10 d 长满斜面。菌丝长满管后，随着菌龄延长，会分泌色素，在培养基上出现茶褐色斑块。

（二）子实体

成熟子实体胶质，浅圆盘形、耳形或不规则形，宽 2~15 cm 或更大，最大的耳片直径可超过 30 cm，厚 1.2~2.2 mm，新鲜时软，有弹性，干后强烈收缩为角质，硬而脆。耳片有明显基部，无柄，基部稍皱。子实层生腹凹面，光滑或略有皱纹，红褐色或紫褐色，干后变深褐色或黑褐色。背面有较长绒毛，黄褐色或白色，绒毛长 400~1 100 μm、直径 4~4.5 μm，这是毛木耳与黑木耳的最大区别。内面表层着生一层粉红色粉状物，成熟时，内面粉状物逐渐消失，背面绒毛变稀少或脱落，边缘下垂，耳片变软。毛木耳的耳片内面为子实层，上面着生孢子。担子柱形，细长，有 3 个横隔，大小为（52~65）μm×（3.0~3.5）μm。孢子无色，光滑，圆筒形，弯曲，大小为（12~18）μm×（5~6）μm。

二、生长发育条件

（一）营养条件

1. 碳源　毛木耳是木腐菌，能广泛地利用有机物质。最容易吸收的是单糖，其次是双糖，再次是淀粉等可溶性糖类。毛木耳对木质素、纤维素、半纤维素有很强的分解利用能力。棉籽壳、玉米芯、杂木屑、大豆秸秆等都是栽培毛木耳的好原料。

毛木耳菌丝生长阶段优先利用木质素的降解产物，原基形成后则大量利用纤维素和半纤维素。

2. 氮源　毛木耳能够利用的氮源物质有蛋白质、氨基酸、尿素、铵盐等。为满足毛木耳生长对氮素的需要，生产中一般添加麦麸、米糠、黄豆粉、玉米粉等含氮化合物，添加量不超过 20%。

毛木耳菌丝生长时要求的碳氮比为 25∶1，出耳时为（30~40）∶1。

3. 矿质元素　毛木耳在生长过程中，还需要一些无机盐和微量元素。生产中常在培养料中加入1%~2%的石膏粉、1%的石灰等。

4. 生长素类　配料中的麦麸或米糠常含有丰富的维生素，所以栽培时不需另外补充。在培养基中添加低浓度的激素，如α-萘乙酸、吲哚乙酸、吲哚丁酸或赤霉素等对菌丝体和子实体的生长均有促进作用。

（二）环境条件

1. 温度　毛木耳属中高温型菌类。担孢子在15~32℃均能萌发，最适温度为25~30℃；菌丝在5~35℃均能生长，最适为25~28℃，5℃以下、35℃以上菌丝生长受到抑制，40℃以上几小时就会死亡。毛木耳菌丝对于短期的高温或低温都有较强的抵抗力；子实体分化和生长发育温度范围为17~35℃，最适22~30℃，低于15℃生长缓慢，12℃以下停止生长。

毛木耳是恒温结实性菌类，原基形成不需要温差刺激。

2. 水分和空气湿度　培养料含水量因培养料而异，一般含水量应在60%~65%。空气相对湿度，菌丝生长阶段应保持在70%以下；原基形成阶段要保持在80%~85%，子实体生长发育阶段应保持在90%左右。生产中采用"干干湿湿、干湿交替"的方法管理，有利于毛木耳的优质高产。

3. 空气　毛木耳是好气性真菌。管理时必须加强通风换气，保持栽培场所空气清新。如果空气中二氧化碳浓度超过1%，就会阻碍菌丝生长，使子实体畸形；超过5%，就会导致子实体中毒死亡。

4. 光线　毛木耳菌丝在完全黑暗或有散射光的条件下都能正常生长，但在有光的条件下，耳基容易过早形成，对提高毛木耳产量、质量无益，所以，发菌时应尽量避光培养。子实体分化和发育必须有散射光，黑暗的环境中很难形成子实体。毛木耳只有在光照强度为1 000~1 250 lx 时，才有正常的颜色出现。在微弱的光照条件下，耳片颜色较浅，又小又薄，产量低，质量差。但是，强烈的光照也会使子实体干枯致死，生长缓慢，影响产量。出耳棚遮阴度以二分阳八分阴为好。

5. 酸碱度　毛木耳生长的 pH 值范围为5~10，最适 pH 值为7~8。在不影响毛木耳菌丝生长的情况下，尽量把培养料的 pH 值调高一些，这样既不影响毛木耳菌丝生长，又可以降低杂菌污染率，提高成功率。

第三节　栽培技术

毛木耳袋料栽培经过几十年的发展，各地耳农因地制宜，形成了多种独具特色的栽培方法。

一、栽培季节和生产周期

毛木耳子实体生长温度范围在 17~35℃，利用自然温度出耳，栽培一般安排在春季进行。春季栽培 1~3 月制袋，4 月底到 5 月初开口催耳，5 月中旬到 6 月上中旬摆袋，到 8 月下旬出耳结束，出耳时间为 5 月上旬到 8 月下旬。制袋时间由出耳时间向前提 45 d 为宜。毛木耳整个栽培周期需 100~120 d。

二、培养料配方及处理

（一）培养料配方

（1）棉籽壳 41.8%，玉米芯 30%，杂木屑 18%，麦麸 8%，石膏粉 1%，生石灰 1%，磷酸二氢钾 0.2%，水适量。

（2）玉米芯 50.5%，杂木屑 30%，麦麸 10%，玉米粉 7%，磷酸二氢钾 0.2%，尿素 0.3%，生石灰 1%，石膏粉 1%，水适量。

（3）棉籽壳 37.5%，玉米芯 40%，麦麸 20%，石灰 1%，尿素 0.3%，磷酸二氢钾 0.2%，石膏粉 1%，水适量。

（4）玉米芯 32.5%，杂木屑 30%，大豆秆粉 20%，麦麸 15%，石膏粉 1%，尿素 0.3%，磷酸二氢钾 0.2%，生石灰 1%，水适量。

（二）培养料处理

配方不同，拌料也有差异。以配方（1）为例，先将锯木屑过筛，筛去木块及硬尖刺木条。然后将棉籽壳、玉米芯、锯木屑、麦麸加入搅拌机，将生石灰加水熟化后过筛，撒在料堆表面，同时将石膏粉一并加入，用铁锨将几种原料充分混合均匀。将可溶于水的磷酸二氢钾等溶于水中加入干料拌匀。料拌好后用手抓少量料紧握，指缝中有水溢出而不下滴就比较合适。

三、装袋

选用规格为（17~20）cm×（45~55）cm×0.004 cm 的低压聚乙烯折角袋。一般用装袋机装袋，要求松紧适宜。

四、灭菌

袋装好后及时灭菌，料温达到 100℃时保持 12 h 以上，再闷锅数小时后出锅。

五、接种

等到袋温下降到 30℃左右时，将接种室彻底消毒后，严格按无菌操作规程接种。

六、发菌期管理

（一）温度管理

毛木耳的生产季节从冬季到春季，温度变化大。温度管理的关键就是前期保温、升温，后期降温，防止高温"烧菌"。

1. 1~2月制袋 这段时间生产的好处是气温低，空气中杂菌少，污染率低。接种后在培养室发菌。为使室温升高，应尽量将培养室里放满菌袋。同时要抢温接种，袋温30℃时接种，接完种排放培养架后，袋间温度还有25℃左右，下层可在袋垛表面覆盖一些干净的麻袋、编织袋保温。当菌丝吃料5~8 cm后，菌丝在生长过程中自身会产生热量，自动升温，这时要严密监视温度变化。因室内垛满菌袋，垛温很容易升高，虽然外界气温较低，也会出现"烧菌"现象。

2. 3月以后制袋 3月上旬至4月中旬是利用自然温度生产毛木耳菌袋的最佳时间。此阶段气温一般在10~20℃，前期稍低，后期稍高。

3月上中旬，气温变化大，接种后室内排垛顺门窗方向，垛高7~8层，垛间距20 cm，中间留60 cm通道以便管理，使袋间温度在8~10 d内保持在24℃以上。当菌种萌发吃料后，菌袋本身就会产生热量。垛温超过28℃及时揭去覆盖物。袋温超过30℃就会影响菌丝生长甚至烧坏菌丝，35℃以上会使菌丝受到严重伤害。

3月下旬到4月上旬气温已经回升，前期温度管理比较容易，后期要防高温"烧菌"。当室内温度超过25℃，就要昼夜通风、降低堆垛层数、疏散菌袋。受过高温的菌袋，轻者降温后虽可生长，但产量会降低，木耳长不大并容易烂耳；重者菌丝死亡，自溶，失去出耳能力。

（二）通风管理

结合温度管理，适当通风。气温高时，早、晚通风；气温低时中午通风。袋堆大而密时多通风，袋温高时多通风。以进入培养室后不感到气闷，没有异味为宜。

（三）防湿控光

发菌期应控制空气相对湿度在70%以下，还要避光培养。

（四）空间定期消毒

为降低污染率，培养期每隔1周要对培养室进行空间消毒。可喷洒0.2%的多菌灵。

（五）及时翻堆检查

发菌期一般为40~50 d，期间要进行3~4次翻堆。第一次在接种后5~7 d。以后每隔10 d翻堆1次。翻堆时做到上下、里外相互对调，使发菌均匀。

七、出耳期管理

经过40 d左右，毛木耳菌丝即可长满料袋，进入出耳管理阶段，多采用吊挂出耳（图4.5）和菌墙立体出耳法。吊挂出耳的割口催蕾后再吊袋。菌墙出耳的，菌袋摆好后割口出耳。

毛木耳子实体生长阶段的管理主要是要在耳棚内为其营造一个适宜生长的小气候。而这一阶段的主要工作也就是进行合理的水分管理，要采取干湿交替的办法，干的程度是以耳背泛白、耳边卷缩为原则，同时也要注意通风微光。

图4.5　毛木耳出耳

（一）温度管理

保持棚内温度18~30 ℃，以22~28 ℃最适。

（二）水分管理

水分管理的原则是每当耳片背面绒毛呈白色，耳片边缘稍有卷曲时开始喷水。一般晴天多喷，风天勤喷，阴天少喷，雨天不喷。

湿度太大，耳片呈棕黑色，水分饱和会影响内部组织呼吸，轻的生长缓慢，严重的耳基部组织细胞窒息自溶，造成烂耳，出现这种情况要立即减少喷水次数，耳基烂掉的要及时清除烂耳基，让其重新出耳。

湿度太小，耳片大部分干缩，这时洒1次水后，木耳没有吸足水分，就又被风吹干。此时要停30 min后再喷1次，直至木耳恢复原状，再进行正常管理。

（三）光线与通风管理

光线较强（耳棚光线较明亮），木耳颜色较深；反之颜色浅黄。毛木耳生长要求棚内"二分阳八分阴"，保证耳棚空气新鲜。

八、采收

（一）采收时间

若保证正常温度和水分，一般15 d左右就基本成熟了。成熟后要及时采收。成熟的标志是耳片内面的一层粉状物完全消失，耳片柔软，薄而透明，背面的绒毛稀少，外观色泽变浅，耳片边缘下垂。

（二）采收方法

采摘木耳时，只要将木耳轻轻扭动即可采下。采耳时可以全采，也可以选采。

全采就是将基本成熟的木耳一次性全部采下，这样便于管理。采收后停水3~5 d，让菌丝恢复生长后重新喷水催耳。

选采就是选择成熟的木耳采收，让未成熟的木耳继续生长。选采的木耳质量好，一般不会出现烂耳现象。

第一潮木耳采收时必须摘下耳根。如果有烂耳根现象，采收后要将烂耳根用小刀挖出来，否则二潮木耳耳基长出后还会烂耳。

九、后潮木耳管理

一般情况下毛木耳可以出3~4潮。第一潮耳约占总产量的60%以上，第二潮耳占25%左右，以后几潮产量较低。

保持棚温在22~30 ℃，保持好湿度，7 d左右就会长出耳基。

全采的水分管理：采后停止喷水3~5 d，让菌丝恢复营养。然后照常进行水分管理。喷水时除直接喷洒菌袋外，也要将耳棚周围围盖的草帘或玉米秸秆等喷湿，顶棚也要浇湿，以提高耳棚内湿度。

选采的水分管理：选采时停水就会影响正在生长的木耳，这时可照常进行水分管理，按时喷水。

木耳采收后，袋表光滑，不会存水，水分蒸发较快，只要出耳孔不是太大，一般不会积水，不养菌也会正常出耳。如果出耳孔开得太大，可轻喷、勤喷，养菌时间要稍长一些。

第六章　银耳栽培技术

第一节　概述

银耳（*Tremella fuciformis* Berk.）又名白木耳，属担子菌门、银耳纲、银耳目、银耳科、银耳属。

野生银耳生长在阔叶树朽木倒桩上，是一种木腐菌，主要分布在我国和日本。目前，世界上只有我国进行大面积栽培，产量与质量均占世界首位。

我国的野生银耳，主要分布在四川、云南、贵州、湖北、福建、河南等省。以四川的通江银耳和福建的漳州雪耳最为著名。据有关资料记载，通江银耳发现于清道光十二年（1832年），距今已有190多年。

中国银耳在世界上享有很高的声誉，是我国传统的出口产品之一。我国历代劳动人民与科技工作者，进行了不少观察与研究，经历了许多探索阶段，到目前为止，成功实现了银耳的大面积人工栽培。

我国银耳栽培技术的进步与发展，大致经过天然孢子接种、孢子液菌种接种、银耳菌丝体菌种段木栽培、瓶内开片栽培、瓶外开片栽培、塑料袋栽培几个阶段。到1980年前后，古田县发明了塑料袋栽培银耳技术，才使银耳得到大面积推广。

第二节　生物学特性

一、形态特征

（一）菌丝体

菌丝体纤细，有分枝及分隔，灰白色，双核菌丝具有锁状联合。

在段木栽培银耳的过程中，常常看到接种穴上有一种铜绿色或草绿色的粉末，俗称"香灰"，实际上是香灰菌的孢子。香灰菌的菌丝粗壮，呈羽毛状分枝，并能分泌黑色素。香灰菌属子囊菌，是银耳菌丝的伴生菌。它的生长速度比银耳菌丝快，对木材的分解能力强，银耳菌丝利用其中间产物来进行营养生长与生殖生长，从而完成整个生活史。在自然条件下，银耳担孢子若碰不到香灰菌丝，就很难萌发生长，这就是野生和半人工栽培产量低的主要原因之一。目前人工培育的银耳菌种都包含有银耳与香灰菌两种菌丝，为混合菌种。

（二）子实体

子实体鲜品柔软洁白，晶莹，半透明，胶质而富有弹性，由许多薄而多褶的扁平形瓣片组成，耳基为米黄色。整个子实体状如菊花或鸡冠，直径 3~15 cm 或更大。银耳子实体干燥后强烈收缩成角质，硬而脆，白色或米黄色，基部呈现橘黄色，吸水后又能恢复原状。担孢子无色透明，近球形，大小为（6~8.5）μm×（4~7）μm。孢子印白色。担孢子产生芽管，萌发成菌丝或以出芽方式产生酵母状分生孢子。

二、生长发育条件

（一）营养条件

1. 碳源　银耳能直接吸收利用的是葡萄糖、蔗糖等低分子碳水化合物。而分解纤维素、木质素等大分子物质的能力很弱，需要通过香灰菌丝的分解后才可供其吸收利用。生产中培养基里加入少量的蔗糖，就是为了让菌丝生长初始期利用。

2. 氮源　银耳能利用的也是有机态氮，如蛋白质、氨基酸、麦麸等。

3. 矿质元素　银耳的生长发育还需要一定量的无机盐，如磷酸二氢钾、硫酸钙、硫酸镁等。银耳从这些无机盐中获得磷、钾、钙、镁等元素。

4. 生长素　银耳的生长发育也需要一定量的维生素和核酸等。

（二）环境条件

1. 温度　银耳为中温型菌类。其孢子萌发的温度范围是 18~30 ℃，但以 23~25 ℃最适；菌丝生长温度范围 8~34 ℃，最适 20~28 ℃；子实体形成，最适温度为 20~24 ℃；子实体发育阶段的最适温度，以 22~25 ℃为宜。

2. 水分和空气相对湿度　培养料含水量以 60%~65%为宜。银耳菌丝体生长阶段，空气相对湿度控制在 70%以下。银耳子实体发育期需要增大空气相对湿度到 90%左右。

3. 空气　银耳是好气性菌类。新鲜空气可满足银耳各发育期的氧气需要。但是随着菌丝体的数量增多或子实体的长大，呼吸加强，耗氧量增多。因此，培养室内要注意通风，以排除二氧化碳，保持空气新鲜。

4. 光线　银耳菌丝体生长阶段不需要光线；子实体在散射光下才能发育良好，色白质优。

5. 酸碱度 银耳是喜微酸性真菌。其孢子萌发和菌丝生长的适宜 pH 值为 5.2~5.8。混合菌丝（银耳菌丝和香灰菌丝）在木屑培养基上生长的最适 pH 值在 5~6。pH 值在 4.5 以下或 7.2 以上均不适于孢子萌发和菌丝生长。

第三节 栽培技术

塑料袋栽培简便易行，产量和质量较好，管理方便，经济效益高，是目前银耳栽培的主要方法。

一、袋栽选用菌株的标准

菌龄适中，"白毛团"小，易形成"芽孢"，又易萌发为菌丝，且易胶质化形成原基。香灰菌丝纯，爬壁力强。银耳和香灰菌丝配合好，能协调生长；适应性强，能在不同配方的培养基上生长；产量高，质量好，栽培周期短，耳基再生能力强。

二、培养料及配制

（一）原料选择

能作银耳的原料很多，目前用得最多的是阔叶树木屑和棉籽壳。棉籽壳是目前公认的栽培银耳的最佳原料，它营养丰富，抗杂能力强，栽培产量高，质量好。

（二）培养料配方

（1）棉籽壳 85%，麦麸 13%，石膏粉 1.5%，白糖 0.5%，水适量。

（2）棉籽壳 75%，麦麸 20%，黄豆面 1.5%，白糖 1%，石膏粉 2%，硫酸镁 0.5%，水适量。

（3）棉籽壳 60%，木屑 16%，麦麸 20%，黄豆粉 1.5%，白糖 0.6%，石膏粉 1.5%，硫酸镁 0.4%，水适量。

（三）拌料

把棉籽壳（木屑）、麦麸（米糠）、石膏粉、黄豆粉等加水搅拌均匀。

培养基配好后用手紧握少量培养料，以能滴下 2~3 滴水为度。

三、装袋

培养基配好后要立即装袋、灭菌。

一般使用 12 cm×50 cm×0.004 cm 的低压聚乙烯料袋。装袋采用装袋机装袋。

一个 50 cm 长的袋可装湿料 0.9~1 kg。装袋时必须遵循宁松勿紧的原则，装得过实将影响菌丝发育。

四、灭菌

多采用常压灭菌，100 ℃保持 12 h 以上。灭菌结束后温度降至 80 ℃以下，趁热出锅。

五、接种

接种前要挑选优质菌种。鉴别菌种必须根据菌丝在不同生长期的形态特征进行观察，一般分为三个阶段：前期菌丝色白、纤细；经过适温培养 7 d 后，逐渐浓密，香灰菌丝增粗、前端白色呈羽毛状，瓶内培养基表层的接种块上出现浓白色扭结团，简称"白毛团"；经过 10 d 左右的培养，香灰菌丝开始出现灰色、黑褐色分泌物，瓶内培养基扭结团上端出现金黄色水珠，并有部分黄水吐露；培养 20~25 d，瓶内出现银耳原基，展出小耳片，并迅速发育成子实体，耳片白而大。香灰菌丝颜色转为深褐色、黄水珠收缩。

银耳栽培种分为幼龄、适龄、老龄三个菌龄期。在 23~25 ℃下培养 13~15 d 为幼龄；16~20 d 为适龄；20 d 以后为老龄。栽培时以适龄种最好，只要条件适宜，其出耳快且齐、产量高、质量好。

待袋温降到适宜范围时，要抓紧时间接种。可在接种室内或接种箱中接种。首先在袋上打孔，接种孔穴打在扁平面的中线上。每袋 4~5 孔，孔距要均匀。孔深 1.5 cm、直径 1.5 cm。常规无菌接种。接种时要用无菌接种铲伸进菌种瓶内把菌种表层的黄水珠、小耳芽、老耳基等刮净、倒掉，再将原基附近的培养基挖起 2~3 cm 并搅碎（越碎越好），下面的香灰菌丝弃之不用。菌种要略低于料面 1~2 mm，有利于原基形成。接种后要随即用预先剪好的 3 cm×3 cm 的胶布将接种穴封严。

六、发菌期管理

接种后的菌袋及时移入发菌室内，并整齐地排放在床架上，第一周内，袋之间可以紧靠、重叠，以提高袋温，有利于菌丝生长。一周后，随着菌丝体生长逐步旺盛，袋之间要间隔 2 cm 左右，以利于散热，防止高温为害。

接种后，最先从接种块上长出的菌丝一般是粗壮的香灰菌丝。它分解木质素、纤维素，分泌黑色素，接着银耳菌丝也开始蔓延，并在接种块处逐渐扭结成团——银耳原基。银耳原基开始形成子实体时只是一颗黄褐色的半透明胶粒，后来才逐渐分化，并发育成花朵状的银耳子实体。

银耳的菌丝生长阶段通常为 12 d，其中 1~3 d 是菌丝萌发期，4~12 d 为菌丝生长繁殖期。

（一）接种口的保护

袋栽银耳接种后，接种口周围很容易被感染，接种口密封不严则会给杂菌入侵造成可乘之机。为此，贴口胶布必须严加保护，勿使开裂。

（二）保持适宜温度

前 3 d 应保持 28~30 ℃，后 9 d 应保持 25~26 ℃。温度超过 30 ℃，菌丝生长虽然快，但却细弱无力，不利于高产；如果温度低于 25 ℃，菌丝生长较慢。

（三）保持环境干燥

在密闭培养期间（没揭角前），室内空气相对湿度控制在 70% 以下。

（四）加强通风换气，保持暗光培养

要经常通风换气，以排除二氧化碳、补充新鲜空气。还要保持较暗的光线。

（五）清除杂菌，及时补种

接种后的第 4 天进行第一次检查。此时正常的孔穴都已发菌，菌丝透出贴孔胶布呈圆形、有规则地向周围延伸扩大，菌圈色白而且浓密。如果发现杂菌，只要及时注射甲醛、酒精混合液，均能收到良好效果。

在揭角前的 1~2 d（接种后第 7 天左右），把所有的栽培袋一个个摆开，即"摊袋"。凡杂菌未被彻底根除者，可进行复治（治杂菌一定要狠，药要打够、料要揉透）。

七、子实体形成阶段的管理

子实体形成阶段即出耳阶段。具体时间指接种后的第 13~18 天。一般发育正常的菌袋在这 6 d 之中，幼耳便可出齐。

（一）敞开培养

银耳是好气性真菌，其对新鲜空气的需要量自接种之日起便与日俱增。在发菌期初期之所以要密闭培养，一是因其幼嫩需防杂菌；二是因银耳幼小对氧气的需要量尚少。但随着子实体的形成及发育，袋内空气已不能满足其生长需要。因此，就必须要进入敞开培养阶段。

敞开培养要根据其生长发育的实际情况。具体做法如下：

1. 揭角　揭角即把原来密封孔穴的胶布揭开一角，捏成拱形凸起，约有 3 mm 的缝隙即可。作用有二：一是拱形凸起可以通气供氧，满足菌丝生长发育的需要；二是与继续存在的胶布构成一个小屋状，可对幼嫩子实体起到很好的保护作用。

揭角操作如下：捏紧一个角朝它的对角轻轻平拉过去。不要朝上提揭，以防将孔穴中的菌种粘在胶布上一块拉起，影响菌丝的正常发育，严重的还会破坏正在形成的原基，造成瞎孔。

揭角的具体日期应视菌丝的发育情况而定。一般以 4 个孔穴的菌圈相连为

准。于接种后的第 8 天、第 9 天揭角者占多数，也有 10 d 揭角的。早供氧就能使银耳菌丝长得更快、更壮，更早地布满培养基，为早出耳和长大耳积累营养。

揭角一定要和盖纸喷水紧密结合。一般要求未揭角先喷水，使室内清新湿润，而后再随揭角、随盖报纸、随喷水，务必要确保幼嫩子实体有其最适的环境条件。报纸要经常保持湿润，室内空气相对湿度保持在 80%～85%，温度仍控制在 23～25 ℃。

2. 揭胶布　揭胶布即把原贴孔用的胶布全部撕掉，让整个接种孔穴直接接触空间。时间是在接种后的第 14 天左右。这时是耳芽形成盛期，孔穴中黄水珠晶莹透亮，一簇簇晶莹如玉的小耳芽正竞相形成。

一般情况下，揭胶布要求一次揭完。个别发育迟缓、尚无出耳征兆者，也可迟揭 2 d。

3. 扩孔　扩孔即把原接种孔穴向外扩大一圈（以原孔心为圆心，半径比原来增加 0.5 cm 即可）。扩孔的时间是在接种后第 16 天左右。这时耳芽已基本出齐。扩孔就是为了给幼耳的成长排除障碍，进一步增加其与新鲜空气的接触面，满足其对氧气日益增多的需要，促进其生长发育。

扩孔用的刀片要锋利，下刀要轻，脱圈时要先一处割断而后提着一端扯去，要防止脱整圈，损伤幼耳。

4. 割袋　割袋即将薄膜袋割破以透气增氧，达到促进银耳生长发育的目的。需要进行割袋处理的情况如下：

（1）有的袋袋体（或扎口）不够严密，灭菌时水汽大量进入袋内，形成了"水袋"（这些袋特别沉，一掂即知）。水袋必须割，以排去多余的水，也可透进新鲜空气。处理水袋的时间是在接种后的第 4 天（结合第 1 次检查杂菌进行）。操作如下：用利刀在袋的背面正中顺长割一道通缝，并随即用刷子抹一些甲醛、酒精混合液以防杂菌入侵。这些袋处理后要集中起来，排放在床架的最下层，防止缝中滴水造成污染。

事实证明，水袋经过割袋处理不但不减产，往往还会增产，耳长得特别大。这也进一步说明了敞开培养、进气通氧的重要性。

（2）在接种后的第 14 天（结合揭胶布），如果发现个别孔穴或一部分袋生长发育迟缓，无明显出耳征兆者就应该割袋。其割法可以在孔穴的两边袋侧割缝，也可在孔穴的下方对应面割十字缝或割圆孔。对于部分装得过硬的袋子在割孔后还可用消毒铁钉从背面扎孔致虚。这类穴、袋只要处理及时，同样可以长出鲜亮、硕大的子实体。

（二）温度要适宜

这个时期，银耳对温度很敏感，要保持室温在 22～24 ℃。室温高于 25 ℃，黄水珠明显增多。室温高于 28 ℃时，代谢物变成"黑水团"，原基基部也随之变黑，严重地影响出耳率。

（三）保持适宜的空气相对湿度

室内空气相对湿度以 90% 为宜。湿度适中时，黄水珠晶莹透亮，极易流散；湿度不够时，黄水珠黏稠干涸，影响正常出耳。

要根据天气的差异灵活掌握喷水量。但在出耳期，覆盖的报纸绝不能出现发干的现象，每当报纸稍显发白（还很潮湿、柔软时）就要及时喷水，达到报纸湿透而无水积存的标准。报纸上的水喷够以后，要再进行空间喷雾，使顶棚、四壁挂有水珠，地面也经常湿润。

喷水是从揭角、盖报纸时开始的，但在进入出耳期之前（接种后 13 d 之前）只要报纸经常保持湿润，室内空气相对湿度保持在 80%~85% 即可；从进入出耳期开始，喷水次数要逐渐增加，至接种后第 14 天，室内空气相对湿度要达到 90% 左右。

（四）增加新鲜空气

在出耳期，必须保持室内空气新鲜。增加室内新鲜空气，在冬季容易做到。因为室内外温差大，冷热对流迅速，只要不打关门水就基本上能够满足换气的需要了。

在春季，由于室内外温差不大，空气对流迟缓，因此在出耳期除不打关门水外，在保证温度、湿度的条件下，还要经常打开门窗通风换气。但要严防风直接吹及袋面。

（五）及时排除黄水珠

黄水珠是银耳从菌丝扭结到幼耳形成这个时期的生理排泄物，为幼耳将要出现的征兆。优良菌种的标志之一即为吐黄水快。但其可见而不可存。要及时排除，否则影响出耳率，并能造成烂耳。

排黄水一般结合撕胶布、扩孔，用药棉轻轻吸取 3 遍即可。另外，从撕胶布起（也可从揭角开始）要将袋子轻度斜放让黄水自动排除（斜放袋还有一个作用是可防湿纸贴孔影响出耳或压伤幼耳）。当黄水期过，幼耳出齐后还要将袋平放。如果因为温度、湿度管理不善而造成黄水过多或稠、黏、红、黑等现象就要随时揭纸查看，发现黄水滞留立即排除。

八、幼耳期的管理

接种后第 19~27 天是幼耳的生长发育期。幼耳期管理总的原则是偏干控制，也称为蹲耳。

（一）温度

幼耳期的温度保持在 23~25 ℃为宜。低于 22 ℃或超过 25 ℃时耳薄。超过 28 ℃时，不但耳薄，还会出现萎缩并腐烂的现象。长期低温时，会出现幼耳萎缩、不开片、腐烂等现象。

（二）空气相对湿度

幼耳期室内的适宜空气相对湿度为 80% 左右。如果低于 75%，就会出现幼耳萎缩发黄的现象，而且一旦出现则很难恢复；如果高于 85%，则会出现开片早、大压小的局面，不但影响产量，而且会因为有很多小耳、扁耳夹杂其间，降低商品价值。

（三）通风

幼耳期耳体小，要人为实行蹲耳。只要不打关门水，氧气便够用了。在降温和排湿的情况下，是不宜敞开门窗的。因为过早的足量供氧和不适当的增湿一样会使幼耳发育过快，影响产量和质量。

幼耳期不能随便敞门开窗，因为这一时期要求湿度低，如果通风不慎则很容易出现室内偏干的现象，加之此时耳体幼嫩，因干燥和风力的刺激会很快萎缩变黄，造成难以挽回的损失。

在幼耳期的末 4 d，每天上午 10 时后，在出耳室温湿度均适宜的情况下把覆盖的报纸揭掉 3 h，让幼耳直接与空气接触。这样既可调气供氧，又不与外界对流。报纸揭后摊在外边通过日晒又可以杀菌。重新盖纸后要随即喷一次透水。如果室内有烂耳苗头者，还可在水中加入一支四环素或金霉素。

（四）光线

银耳喜光，此时要给予适宜的散射光。

九、成耳期的管理

银耳从接种后的第 28 天起，直至采收这 10 d 左右的时间是成耳期。这一段的管理和幼耳期的管理相比较，如果说前者是有意控制，那么后者则为放手促进。就像是"蹲苗"后的秋禾，要加紧管理，促其发育。

（一）温度

不低于 24 ℃，也不要高过 26 ℃，以 25 ℃ 为最适。这样的温度子实体发育正常，耳质肥厚。

（二）空气相对湿度

室内空气相对湿度以 95% 为最佳。银耳进入成耳期后，空气相对湿度要大，否则就满足不了子实体迅速生长发育的需要。这期间，只要湿度合适，银耳生长非常迅速。

成耳期的湿度应该宁湿勿干。从第 33 天起，还要揭掉覆盖的报纸，直接喷水于耳上。这样有利于原来被报纸长期盖压的耳心得到充足的氧气和水分，迅速膨胀、展片，使耳形长得更加饱满。

（三）通风

银耳子实体的需氧量与它的个体大小成正比。因此，成耳阶段的需氧量最大。尤其在临近采收的前几日，室内空气相对湿度剧增，若没有流通的空气和充足的氧气相配合，就极易造成室内空气污浊，导致杂菌污染、引起烂耳等。因此，在高温季节应该日夜开门窗通风。寒冬季节也要尽量（在保证室温的情况下）多开门窗，使空气流通。

（四）光线

银耳喜光，又以成耳期对散射光的需要量最大。在成耳期应尽量增加室内的散射光。

总之，适宜的温度、充足的水分、流通的空气、适量的散射光，是银耳成耳期良好发育的四大因素。只有四者的有机配合，才会使银耳子实体发育良好。

十、采收加工

成熟的银耳，耳瓣晶莹透白，耳片全部伸展，形似菊花，子实体稍有弹性（图4.6）。

采收时用锋利的小刀，从耳基部将子实体整朵割下，在清水中漂洗杂质后，随即摊晒在竹筛（或竹帘、苇箔等能透气的席状编织物）上。待耳片微干，不沾染灰尘，并稍具支撑力时要及时翻晒，这时要结合翻晒用利刀尖部把耳基一个个挖去。

图4.6　银耳出耳

目前多采用烘干法干制，将银耳洗净、去蒂，然后排放在烘筛上，起始温度35℃左右，逐渐升至60℃，直至银耳烘干。

银耳干品角质硬脆，容易破碎。因此，在整个干制、贮藏过程中应该轻拿轻放。如果远途转运时，要预先使其适度返潮，才可装运。转运后应及时风干。

十一、再生耳的管理

银耳出一潮后，还会有部分营养没有吸收利用，因而它还会长出一潮再生耳。只要加强管理，培养 15~20 d 就可以采收。

第一潮如果采收适时，则再生率可达 80% 以上，而且产量较高、色泽也白亮。头潮采收后 3 d 内室内不喷水，湿度保持在 85% 左右，温度以 23~25 ℃ 为好，不通风换气（因采收时频繁出进，室内不缺氧），为出耳创造条件。采收前潮时，耳基要尽量留成半球状（如此易再生）。一般在割耳后 3 h 左右原耳基会吐出大量的黄水。此时要把黄水珠放掉，以免沉浸或积存为害。出耳后，保持室温 20~25 ℃、空气相对湿度 85% 左右。湿度不足时可以向地上喷水、空中喷雾作补充，因为这时已覆盖报纸，故不能直接朝床架上喷水。

由于栽培水平的普遍提高，第一潮产量高，一般情况下，很少进行再生耳管理。只有在每年春末栽培，因不再继续栽培下批银耳了，才培养一潮再生耳。

第七章　金针菇栽培技术

第一节　概述

金针菇［*Flammulina velutipes*（Curtis）Singer］又名毛柄金钱菌、冬菇、朴菇、构菌、冻菌等，属担子菌门、伞菌纲、伞菌目、膨瑚菌科、冬菇属。

金针菇在世界各地广为分布，包括中国、日本、韩国、俄罗斯、澳大利亚、北美及非洲等地。在我国各省（区）均有分布。其多在初冬、早春生长在榆、柳、杨、槐等阔叶树根或树干腐朽处。

金针菇含有丰富的蛋白质、维生素、矿物质。金针菇氨基酸齐全，其含有的18种氨基酸中有8种是人体所必需的。必需氨基酸含量占总量的44.5%，高于其他菇类。据分析，每100 g子实体和菌丝体干品中氨基酸含量分别为21.56 g和25.54 g，其中赖氨酸含量分别为1.16~1.63 g和1.10~1.52 g。赖氨酸和精氨酸常被作为添加剂加入儿童食品中，具有增加儿童身高、体重及促进智力发育的功能，所以国内外又将金针菇称为"增智菇"。

金针菇还具有药用价值，其柄中含有丰富的可食性纤维素，能增加肠胃蠕动、促进消化、排除重金属离子和降低胆固醇。其含有的朴菇素是一种分子量为24 000的碱性物质，对小白鼠艾氏腹水瘤 S-180 具有很强的抑制作用。经常食用金针菇有预防高血压和治疗肝病的作用，可明显提高人体免疫能力。

金针菇生产主要集中在中国、日本、韩国。日本、韩国和我国台湾省的金针菇主要是工厂化生产。我国内地金针菇栽培发展迅速，目前各省（区）均有栽培。金针菇工厂化栽培技术非常成熟，我国金针菇工厂化生产发展迅速，已有多家规模较大的生产企业。

第二节　生物学特性

一、形态特征

（一）菌丝体

菌丝体是由许多菌丝交织而成。双核菌丝为白色绒毛状，有锁状联合。菌丝生长过程中，菌丝断裂形成大量粉孢子，使菌丝培养后期具粉质感。

（二）子实体

子实体基部相连，成束丛生，呈假分枝状。菌盖初期为一白色球状体，后逐渐成为半球形，乳黄色至白色。后期菌盖逐渐平展，边缘内卷。菌盖直径 1~7 cm，中央部分颜色深，边缘渐浅。菌盖表面有一层胶质膜，湿润时光滑，具有黏性。菌肉白色，中央厚，边缘薄。菌褶白色或乳白色，较稀疏，长短不等，呈辐射状排列，弯生。菌柄圆柱形，上下等粗或上部稍细，长 3~7 cm、直径 0.2~1 cm。菌柄部颜色较深，为褐色或深褐色，表面密生绒毛，上部逐渐变成浅黄色，最上部几乎为白色，表面脆骨质，内部纤维化，中生，初期内部有髓心，后期变中空。孢子长椭圆形，表面不光滑，具横沟，大小为（6.5~7.8）μm×（3.5~4）μm。孢子印白色。

二、生长发育条件

（一）营养条件

1. 碳源　金针菇菌丝吸收的碳源主要来自有机物，像纤维素、半纤维素、木质素、淀粉、糖类及有机酸和醇类等。菌丝可以直接吸收利用低分子碳源物质，像葡萄糖、有机酸和醇类等，而不能直接吸收像纤维素、半纤维素大分子含碳物质，需由菌丝细胞产生的胞外酶将大分子含碳物质分解成简单糖类后加以利用。金针菇菌丝产生胞外酶分解大分子含碳物质的能力比平菇、香菇弱。因此，在生产中，要在培养料中加入适量的葡萄糖或蔗糖，以诱导胞外酶的产生，提高对纤维素等的分解能力。

2. 氮源　金针菇菌丝主要利用有机氮，只能吸收低浓度的铵盐和硝酸盐。为此，在生产中，配制培养料时常添加麦麸、豆饼、米糠等物质。

菌丝体生长阶段碳氮比以 20：1 为宜，子实体生长阶段以 35：1 为宜。

3. 矿质元素　金针菇生长需要钾、镁、钙、磷等矿质元素，常在培养料中加入 0.1%~0.2% 的磷酸二氢钾、0.03%~0.05% 的硫酸镁、1%~1.5% 过磷酸钙、1%~2% 碳酸钙或 1%~2% 的石膏，补充矿质元素。

4. 生长素　金针菇菌丝除需要维生素 B_1 外，还需要微量的维生素 B_2 等。金针菇自身没有合成维生素 B_1 的能力，在配制培养基时，常添加富含维生素 B_1 的麦麸、米糠。其他激素，像 α-萘乙酸、三十烷醇对菌丝生长和子实体形成均有一定的促进作用。

（二）环境条件

1. 温度　孢子能在 0~24 ℃ 的范围内产生，以 0~15 ℃ 较为适宜；孢子萌发的温度范围为 15~24 ℃，最适温度为 20 ℃；菌丝生长温度范围为 4~35 ℃，最适 22~26 ℃。低于 3 ℃ 时停止生长。菌丝对高温忍耐力差，超过 30 ℃ 时，生长速度明显减慢。34 ℃ 时完全停止生长，时间稍长，菌丝就自溶而死亡。高温时菌丝会产生粉孢子，当温度恢复正常时其菌丝又开始迅速生长。金针菇菌丝有较强的耐寒能力，在 -21 ℃ 的低温下，经 138 d 也不死亡，当温度回升至 4 ℃ 时，菌丝又恢复生长。金针菇为低温结实性菇类，其子实体形成和发育的范围是 5~19 ℃，最适温度为 10~15 ℃，低于 5 ℃ 或超过 20 ℃ 时，原基停止分化。

2. 水分和空气相对湿度　金针菇生长发育要求培养料含水量为 60% 左右。菌丝生长阶段，空气的相对湿度 70% 以下；子实体生长阶段空气相对湿度为 90% 左右。

3. 空气　金针菇是好氧性真菌。金针菇子实体对二氧化碳反应尤为敏感，如氧气不足、二氧化碳浓度过高，其菌盖生长会明显地受到抑制。

优质金针菇的标准是菌盖小、菌柄长且颜色浅。利用二氧化碳有抑制菌盖生长的特点，在管理中，适当提高二氧化碳浓度，可收到良好的效果。具体做法是在金针菇小菇蕾长至瓶（袋）口时，套上用牛皮纸或报纸制成的喇叭状纸筒或塑料袋。由于筒内气流不易流通，二氧化碳不断积累，金针菇菌盖生长受到抑制，但菌柄仍可正常生长，可获得盖小柄长的优质金针菇。

4. 光线　金针菇菌丝生长不需要光线。但在子实体生长时需要适当的散射光，在完全黑暗下金针菇原基形成困难。但散射光过强对子实体生长有影响，表现为柄短、盖大、颜色深。因此，为得到优质的商品菇，栽培环境应保持较暗的光线。

金针菇子实体还具有极强的趋光性，菌盖会明显地朝光源方向生长，如光源方向不断变化，子实体会左右倾斜形成畸形菇。光线影响金针菇颜色，在黑暗条件下形成的子实体色泽浅，菌盖、菌柄为白色或乳白色；散射光过强，菌柄基部色素加深并产生褐色绒毛。

通常情况下，金针菇子实体生长发育时需要的散射光强度为 100 lx 左右。

5. 酸碱度　金针菇菌丝生长适宜的 pH 值为 3.0~8.4，最适宜为 5.0~7.5。

第三节　栽培技术

一、栽培季节及生产周期

（一）栽培季节

华北地区接种时间应安排在 8 月下旬至 10 月上旬，11 月上旬便可上市。南方气温较高，接种应在 10 月下旬至 11 月下旬，12 月金针菇可上市。金针菇的栽培季节不可强求一致，应根据当地气候条件灵活掌握。

（二）生产周期

金针菇主要采用熟料袋栽，从接种到采收为 45~60 d。

二、塑料袋栽培技术

（一）常用培养基配方

（1）棉籽壳 78%，麦麸（米糠）20%，石膏 1%，石灰 1%，水适量。

（2）棉籽壳 44%，玉米芯 34%，麦麸（米糠）20%，石膏 1%，石灰 1%，水适量。

（3）棉籽壳 25%，玉米芯 53%，麦麸（米糠）20%，石膏 1%，石灰 1%，水适量。

（4）棉籽壳 38%，木屑 25%，麦麸或米糠 32%，玉米粉 3%，石膏 1%，石灰 1%，水适量。

（二）拌料

先将所需原料干拌均匀，再将石膏或石灰溶于水后加入料中，加水将培养料拌匀，使料含水量达到 60%~65%。

（三）装袋

栽培金针菇采用低压高密度聚乙烯折角袋，常用规格为（17~18）cm×（35~38）cm×0.004 cm。一般采用装袋机装袋，装料要虚实适中。培养料装至袋的一半，余下的塑料袋空着，以便出菇时撑起代替纸筒。

（四）灭菌

一般采用常压灭菌，维持 100 ℃ 12 h 以上。

（五）接种

培养料温度降至常温时，进行无菌接种。

（六）发菌期管理

接过种的菌袋放在培养室，保持温度 23~25 ℃，让菌种尽快萌发生长，8~10 d

后，将温度降低2~3℃。当料内菌丝发至料深的2/3时，室温降至20℃左右，减慢菌丝生长速度，使菌丝长得健壮旺盛。

菌丝培养时，还要保持室内空气相对湿度在65%~70%、充足的氧气和较弱的光线。

培养过程中还要经常翻堆，将中间的袋换到外边，上层的换到下层，以利于菌丝均匀生长。结合翻堆检查有无杂菌感染，发现有污染的袋子及时挑出。

（七）搔菌

搔菌的目的是除去原来的菌种块及菌丝生长过程中产生的菌膜。旧菌块和新菌膜都会影响子实体的形成，必须除去才有利于子实体生长。搔菌时先把老种块清除，防止菌种块长出小的子实体，同时划破菌膜使菌丝和空气接触，刺激原基形成。

当菌丝发满整个袋并在表面出现浅黄色露珠状分泌物时要立即搔菌，并将上端空余的部分撑直，用搔菌匙将料表面老菌块挖掉，把形成的菌膜划破，增加菌丝和氧气接触，刺激菌蕾迅速形成。如搔菌过迟，菌蕾会在塑料袋的凹处形成，易撑破袋子。搔菌后，用薄膜覆盖菌袋，注意保湿促蕾。

（八）催蕾

搔菌之后，栽培室内的温度要调到10~15℃。经低温刺激，料表面出现淡黄色露珠，接着幼嫩的菇蕾开始形成。此时要将室内空气相对湿度提高到85%~90%；增加通气，每日早、中、晚各通风1次，每次20~30 min；给予散射光照。

幼菇形成初期洒水时要注意，不可一次过多，过多的水会沿着菇柄向下流至基部，易引起基部变褐，甚至引起"根腐病"，造成减产。室内空气相对湿度提高到90%，在洒水时要同时通风。如室内氧气不足，会影响菌盖形成，长时间通风不良只长针状子实体。

（九）抑制

现蕾3~5 d后，菌盖仅有半个绿豆大小，菌柄刚伸长1~2 cm时，应立即进行抑制。抑制是在幼蕾形成后减缓其生产速度，通过调节室内的温度、湿度、通风及光线来进行。通过抑制可使子实体长得粗壮整齐。

抑制的温度为5℃。抑制阶段停止洒水，使室内空气相对湿度降下来。增加通风时间，同时用40 W日光灯进行光抑制。以上抑制措施维持2~3 d，使金针菇生长速度放慢，菇体较大的受抑制明显，菇体小的受抑制不显著，其结果是抑大促小，使小菇赶上大菇，达到均匀生长的目的。

（十）子实体生长期管理

抑制后，保持环境温度10℃左右、空气相对湿度85%~90%，加大通风量，促使金针菇生长。金针菇袋栽有立式和卧式两种出菇形式。

1. 立式出菇　将塑料袋直立于架上或地面上，袋上端空余的塑料袋要撑直。

金针菇在低温下生长正常，在冬季适当地采取调控措施，不需要加温完全就可以满足金针菇子实体生长要求。从 12 月至翌年 3 月，自然气温低，室内空气相对湿度较为稳定，洒 1 次水可保持 3~5 d 较高的空气相对湿度，加上白天开窗进暖空气、晚上关窗保温等措施，可使室内保持 8 ℃左右的温度。金针菇子实体在这样的环境下虽然生长速度稍慢，但菇体长得粗壮均匀、光泽晶莹、品质上乘（图 4.7）。翌年 3 月，平均气温为 10~14 ℃，菇体新陈代谢旺盛，生长速度加快。此时，要加强通风管理，增加洒水次数，使室内既有较高的空气相对湿度，又通风良好，在较高的气温下亦能培养出商品性好的金针菇。

图 4.7　金针菇出菇

　　2. 卧式出菇　卧式出菇是将塑料袋平码在架上或地面上出菇的方式。这种方式空间利用率高，但子实体商品外观较差。它又分为卧式一头出菇和卧式两头出菇。一头出菇的塑料袋长 33 cm，装料长为 17 cm，留出 10 cm，待出菇时撑直代替纸筒。平码时袋底部相对排列，袋口向外；两头出菇的袋长 50 cm，装料长 25 cm，两端各留 10 cm，单排平码，堆高 40~50 cm，堆长视栽培场所而定。排好堆后用塑料薄膜整堆披盖，盖膜前将袋口撑开。披盖的薄膜除将整个料堆盖严外，还要多出 8~10 cm 拖至地面，在薄膜和地面接触的地方浇水，塑料薄膜和地面贴紧，保湿性能好。

　　卧式出菇法管理方便、省工、效率高，初期不需每日洒水，只需定时揭膜通风。待金针菇长至 8~10 cm 时，增加通风次数。

（十一）采收

　　袋栽金针菇从接种到采收需要 45~60 d。当金针菇柄长至 12~15 cm，菌盖为半球状时应立即采收。采收前 2~3 d 停止洒水，适当降低空气相对湿度，让自然通风除去菇体上的凝结水，以获得优质的商品菇。采时先将塑料袋轻轻卷起，靠近菇柄基部将其采下。

(十二) 采后管理

第一潮菇采后要及时进行采后管理。先清理料面，清除死菇及残基，然后补水。鲜菇体内的水分主要来自培养料，加上料中水分的自然蒸发，其含水量由65%降至50%以下，如不及时补水，会明显影响下潮菇的形成和生长。

补水要根据金针菇出菇形式而进行。直立出菇的袋子可直接向袋内灌水，让水浸泡1~2d后将多余的水倒掉；两头出菇的塑料袋可以用薄膜覆盖，增加空气相对湿度。也可将菌袋浸泡到水池中，泡1d后捞出堆放一起让其潮润1d。补水后通风1~2次，因为表面湿度大，会影响到深层菌丝呼吸。菌袋排放之前用搔菌匙将表面菌皮搔破除去，露出新菌丝。经过7~10d的培养，第二潮菇蕾开始形成，常规管理。从现蕾到采收大约10d。

三、瓶栽技术

金针菇工厂化生产主要采用瓶栽模式。其生产是分车间进行的，有菌丝培养室、催蕾室、抑菌室、出菇室等。整个生产采用自动控制，对温度、湿度、通风、光线等进行自动调节，生产效率高、菇质好。生产时用的瓶子为聚丙烯塑料广口瓶，其拌料、装瓶、灭菌、接种、发菌、出菇都为流水作业。

第八章　草菇栽培技术

第一节　概述

草菇［*Volvariella volvacea*（Bull.）Singer］又名苞脚菇、兰花菇、秆菇、麻菇等，属担子菌门、伞菌纲、伞菌目、光柄菇科、草菇属。

草菇在食用菌中以其独特风味为消费者所喜爱，其菌肉肥嫩、口感滑脆、烹炒煲汤、味美爽口。草菇不仅具有独特的风味，而且营养价值很高，据分析，鲜菇卵形期含蛋白质 3.37%、脂肪 2.24%、矿物质（氧化物）0.91%、还原糖 1.66%。草菇蛋白质含量是蔬菜的 3~6 倍，其营养价值介于肉类和蔬菜之间。在食用菌中，草菇蛋白质含量仅次于双孢蘑菇居第二位。草菇含有的脂肪低于肉类。草菇含有人体需要的各种氨基酸，其中 8 种人体必需的氨基酸占氨基酸总量的 38.2%。草菇的独特风味与其含有的丰富氨基酸有关。

草菇还含有多种维生素，包括维生素 B、维生素 C、维生素 D、维生素 K 和烟酸等。尤其是维生素 C 含量极为丰富。据分析，维生素 C 含量为 206.27 mg/100 g，超过各种蔬菜，连富含维生素 C 的辣椒也无可比拟。成人每天食用 100~200 g 鲜草菇，便可满足维生素 C 正常需要量，能明显提高人体免疫功能。草菇还含有 10.4%~11.9% 的纤维素，能增强肠胃蠕动、抑制肠癌的发生。

草菇是一种高温性食用菌，产地主要集中在中国和东南亚地区。据张树庭教授考证，中国是草菇的原产国。广东南华寺为草菇发源地。在 18 世纪初南华寺僧开始栽培，并作为贡菇朝献清廷，后人称草菇为"贡菇"或"南华菇"，距今已有 200 多年的历史。草菇经华侨于 1934 年传入马来西亚、缅甸等国，尔后逐渐在东南亚各国传播。目前菲律宾、泰国、印度尼西亚、新加坡、韩国、日本、尼日利亚、马达加斯加等国均有栽培，这些国家和地区称草菇为"中国蘑菇"。

草菇在我国大规模人工栽培是从 20 世纪 70 年代开始的，目前在南北各省（区）均有栽培，产地多集中在福建、广东、广西、湖南、江西、四川、江苏、河南、河北等省（区）。

我国还是草菇出口的大国，速冻草菇、干草菇及草菇罐头远销我国港澳、东南亚、日本及北美，在国际市场上享有较高的声誉。

第二节　生物学特性

一、形态特征

（一）菌丝体

草菇菌丝体浅白色，半透明，气生菌丝旺盛。老龄菌丝常形成疏松菌丝团，略带黄色。大多数次生菌丝能形成红褐色厚垣孢子。

（二）子实体

草菇子实体菌盖直径 5~19 cm，菌盖初期钟状，成熟时平展，边缘整齐，中央稍突起，颜色灰白，边缘色渐浅，中央突起处颜色较深，表面具有暗灰色纤毛形成的辐射状条纹。菌褶浅红色或红褐色，长短不等，直而边缘整齐，离生。菌褶两侧面着生子实层。菌柄圆柱形，上细下粗，基部膨大，长 5~18 cm、直径 0.8~1.5 cm。在菇蕾期，柄藏于包被内，粗而短，质地脆嫩，菌柄白色，刚开伞时中心实，随菌龄增加，柄逐渐变中空，质地变粗硬。菌托位于柄的下端，与菌柄基部相连。它是子实体外包被的残留物，幼期起着保护菌盖和菌柄的作用，是一层柔软的膜状物，随菌盖的生长和菌柄的伸长而被顶破，残留在菌柄基部，像一个杯状物托着子实体，其"苞脚菇"的名字由此而来。菌托上部灰黑色，向下颜色渐浅，接近白色。菌托下有根状菌索，着生于培养料内。每个担子着生 4 个担孢子。担孢子椭圆形或卵圆形，幼期为白色，成熟后为浅红色，表面光滑。孢子印粉红色。

商品草菇是外菌幕破裂前的草菇，开伞后失去商品价值。

二、生长发育条件

（一）营养条件

1. 碳源　草菇属于典型的草腐菌，分解纤维素和半纤维素能力强，分解木质素能力差。葡萄糖可直接被草菇菌丝吸收，多糖和纤维素等含碳化合物可被草菇菌丝产生的胞外酶将其降解为单糖后吸收。所以，含有纤维素的各种原料都可用于栽培草菇，像棉籽壳、废棉、稻草、麦秸、玉米秸、玉米芯、糠醛渣、甘蔗渣等。

2. 氮源　草菇菌丝只能吸收低分子的氨基酸等，料中所加入的畜禽粪便、豆饼粉、麦麸等含氮物质，是被菌丝分泌的蛋白酶分解为氨基酸后加以利用的。草菇利用硝态氮的能力弱，若将这些物质拌入料中会有害于菌丝生长。这类含氮物掺入料中经过发酵后，能促使菌丝生长。如添加尿素补充氮源时，一般用量不超过 0.5%，用量过多会在料中产生游离氨，抑制菌丝生长，有利于鬼伞生长。用稻草、麦秸为原料栽培草菇时，常常加入适量的豆饼粉、麦麸等物质，不会产生氨为害，能明显加快菌丝生长速度、提前出菇、提高产量。

3. 矿质元素　草菇生长发育除了需要丰富的碳素和氮素营养外，还需要适量的矿物质。所以料中常加入适量的石灰、石膏、硫酸镁等。

4. 生长素　一些生长素对草菇生长也有一定影响，如使用 0.03×10^{-6} 的赤霉素、0.33×10^{-6} 的激动素对草菇生长有明显促进作用。料中加入米糠等能起到补充生长素的效果。

（二）环境条件

1. 温度　草菇原产于热带和亚热带地区，是适于夏季生产的食用菌之一。草菇担孢子萌发温度范围为 25~45 ℃，适宜的温度是 40 ℃，低于 25 ℃或高于 45 ℃孢子不萌发。草菇菌丝生长温度范围为 15~42 ℃，适宜温度为 35~38 ℃。气温低于 15 ℃停止生长，低于 5 ℃时被冻死。气温超过 42 ℃时，菌丝长势缓慢，气温超过 45 ℃时，菌丝会死亡。草菇子实体形成和发育的温度范围为 26~34 ℃，最适温度 30~32 ℃，温度低于 28 ℃子实体形成速度放慢，高于 45 ℃形成小菇蕾很快变软死亡。

2. 水分和空气相对湿度　草菇生长要求培养料含水量为 60%~65%。菌丝生长阶段要求空气相对湿度为 70%左右；子实体生长阶段要将空气相对湿度提高至 90%左右。

3. 空气　草菇是好氧性真菌。如果二氧化碳浓度达到 1%时，草菇生长发育明显受抑制。在草菇整个栽培过程中都要保持良好通风。

4. 光线　草菇菌丝在黑暗的环境中能正常生长。子实体形成过程需要适当的散射光刺激。另外光对草菇颜色有影响，如光线过强子实体颜色加深；光线不足颜色变浅。光线充足时，子实体组织致密；光线不足时其组织疏松，产量不高。

5. 酸碱度　草菇喜欢生长在中性偏碱的环境中，其孢子萌发需要的 pH 值为 6~7.5，在 pH 值为 7.5 时，萌发率最高，超过 8 时孢子不萌发。菌丝在 pH 值为 4~10.3 的范围内均能生长，适宜 pH 值为 7.5~8。子实体生长的适宜 pH 值为 8。

在生产中培养料的 pH 值要调得稍高些，一般为 10~12，随着菌丝的不断生长，产生的有机酸会使料中的 pH 值下降至 7.5~8。待菌丝生长达到高峰时期，料中 pH 值便达到适宜的生长范围。在子实体生长阶段，要适量地喷洒石灰上清液，中和料中产生的有机酸，既有利于子实体生长，又能抑制杂菌的发生。

第三节　栽培技术

一、栽培季节

草菇生长在高温高湿季节，当自然气温稳定在 30 ℃左右时可开始生产。我国南方各省（区），如福建、广东、广西等地可在 4~9 月栽培，能连续栽培 3~5 次。黄河以北地区可以从 6 月上旬至 8 月中旬栽培，连续栽培 2~3 次。如果栽培设施条件好，可以实现周年栽培。

二、培养料配方及处理

（一）培养料配方

（1）棉籽壳 97%，生石灰 3%，水适量。
（2）稻草 82%，干牛粪 15%，生石灰 3%，水适量。
（3）稻草 49%，棉籽壳 48%，生石灰 3%，水适量。
（4）麦秸 80%，干牛粪 17%，生石灰 3%，水适量。
（5）稻草 35%，麦秸 62%，生石灰 3%，水适量。
（6）甘蔗渣 67%，碎稻草 30%，生石灰 3%，水适量。
（7）玉米秸 97%，生石灰 3%，水适量。

（二）培养料处理

草菇培养料处理有生料和发酵料两种。生料栽培时，稻草、麦秸在石灰水中浸泡，棉籽壳等加水拌匀；发酵料栽培时，常规建堆发酵，翻堆 2~3 次，发酵 7 d 左右即可铺床播种。近年来，也有借鉴双孢蘑菇二次发酵法进行培养料处理的，可以减轻病虫害、提高产量。

三、床架栽培技术

（一）床架设计

为充分利用菇房（棚）空间，床架层数和宽窄要视房子（棚）高低和面积大小而定，一般为 4~5 层。床架长 4 m 左右、宽 1~1.5 m，层间距 0.6 m，最下层离地面 0.3 m，最顶层离房顶 1~1.5 m。床架之间留 0.8 m 通道。床架走向和房屋走向垂直，床架为竹木结构或水泥预制结构。

（二）堆料接种

参照上述配方，调培养料含水量 65%左右。堆料时先在畦床上铺上用 2%的石灰水浸泡过的稻草作垫，厚约 1.6 cm。在草垫上堆料，每铺 5 cm 料播一层菌种，共铺三层料，撒播三层菌种。表面一层菌种量稍大，将料面盖严，畦床堆料厚 12~15 cm。草菇播种量为 15%左右。畦面用木板拍成龟背形。

波浪式栽培法多以棉籽壳等颗粒状原料为主。波浪式栽培在堆料时有厚有薄，厚的地方产生较高的温度以适宜菌丝生长，薄的地方产热少，通风好，适宜子实体形成。堆料时先在床面覆上塑料薄膜，然后将料堆成有高有低的波浪式料面，波峰处料厚 20 cm，波谷料厚 12 cm，波峰到波谷长 25 cm。播种可采用层播法，播量为 10%~15%。播种后用木板将料面拍平，用 2%的石灰水浸泡过的稻草覆盖。

发酵后的培养料可按照上述播种方法播种。播种方法有穴播法和撒播法，接种量为 10%~15%。

（三）发菌期管理

播种结束后立即用塑料薄膜覆盖，保湿、保温培养菌丝。菌丝生长阶段光线要暗，定时通风，保持空气相对湿度 70%左右。如料温低于 30 ℃，要关闭门窗（塞通风孔）提高室（棚）内温度；如料温超过 40 ℃时，要掀去覆盖的薄膜，打开门窗（开通风孔）通风降温。在通风时为保证栽培场所湿度不下降，要适当增加洒水量和洒水次数。向地面、空中及墙壁喷雾洒水。这样既起到保湿的效果，又有降温的作用。如接种后条件适宜，1 d 后草菇菌丝开始吃料，3~5 d 后菌丝布满料面，6~8 d 草菇原基便能形成，10~12 d 草菇子实体便能采收。

波浪式栽培发菌时要注意料温的变化，波峰料温在 38~40 ℃属正常。超过40 ℃要揭开薄膜通风，低于 30 ℃要覆膜保温。播种后 5 d 左右菌丝发满料面，要加强通风管理，应揭开薄膜，在覆盖的稻草上喷雾洒水，保持稻草湿润。每次洒水不可太多，防止水通过稻草渗入料面，影响菌丝生长。同时增大空气相对湿度，8 d 后草菇原基开始形成。

生产中可以在料面覆土进行栽培。一般播种后 2~3 d 即可覆土。覆土用地表20 cm 以下土即可。覆土按照双孢蘑菇覆土处理方法处理。覆土厚 1 cm。

（四）出菇期管理

草菇自原基形成到子实体成熟只有 4 d 左右。在子实体刚形成时要将薄膜掀去，控制栽培场所温度在 30~35 ℃，白天气温稍高些，晚上进行通风、适当降温，形成一定的温差，有利于子实体营养积累；适当增加散射光照射，促使子实体生长；勤洒水，雾滴要细，把空气相对湿度提高至 90%左右。不可一次洒水太多，尤其不应直接向菇体上大量洒水。否则幼菇会被水形成的膜隔绝空气而闷死。生长中常见的幼菇变软死亡，多为洒水不科学引起。

温度适宜时，草菇菌丝生长旺盛，产生有机酸使培养料 pH 值下降。为恢复原有的 pH 值，在洒水时，要喷一些 2%的石灰水上清液。同时配合防治菇蝇和螨类，每隔 2~3 d 空中喷洒 0.1%的杀灭菊酯，防止虫害。草菇可收 2~3 潮，第一潮产量占总产的70%左右（图4.8）。

图4.8　草菇出菇

第一潮的管理尤为重要。为增加二、三潮的产量，在采完第一潮后向料中补充营养液，能明显提高下潮菇的产量。

（五）采收

草菇的采收标准因用途和市场需要而不同。蛋形期的菇肉厚、鲜嫩，可贮存较长时间而不开伞，商品价值高。其时以手触菇体，有坚实而弹性的感觉；伸长期的草菇蛋白质和氨基酸的含量也相对较高，口感较好。此时外形为椭圆形至卵圆形，尚未破膜，用手触菇体已变松，包膜也收缩。草菇应在伸长期前采收。

菇床上正在生长的草菇，一经采摘时的触碰和摇动，会很快萎缩以至死亡。因此采收时，一手要按住子实体周围的培养基，另一手将成熟的草菇轻轻旋转拔出。对于成簇的菇，尽量等到大部分可采摘时一齐采下，以免因采收时的摇动而死亡。不得已时才用锋利的小刀将成熟的草菇切下。

一般每天早、晚两次采收。如晚上不采收，隔夜到第2天会有大量的草菇开伞。

四、地面畦栽技术

（一）畦床制作

用肥沃的沙质壤土在菇棚内就地作畦床，为增加畦床的蓄水能力及透气性，可在土中掺入 10% ~ 15% 的稻糠，加水搅拌使含水量为 20% 左右。畦宽 1 ~ 1.2 m，畦间留 0.3 ~ 0.4 m 的走道以利于管理。畦床走向和菇棚走向垂直。

（二）堆料播种

铺料之前床面上撒一层经石灰水浸泡过的稻草，在草上铺 5 cm 厚的培养料，播一层草菇菌种，共铺三层料播三层菌种，料厚 15 cm，播种量为 10% ~ 15%。然后用薄膜将整个畦床盖好，保证畦床的温度、湿度，促使菌丝定植和蔓延。

（三）出菇管理

菌丝发满培养料、菇蕾在料面形成时要立即揭开薄膜，每日洒水 2 ~ 3 次，提高棚内湿度。洒水时不应直接向幼蕾上洒水，向空中及地面洒水，使空气相对湿度达到 90% 左右；加强通风换气，将室内氨气、二氧化碳等废气排出棚外，保证菇棚有充足的氧气；增加散射光照，促进子实体健壮生长，待菇体长至采收期便可采收。

第九章　鸡腿菇栽培技术

第一节　概述

鸡腿菇 [*Coprinus comatus* (O. F. Müell.) Pers.] 又名毛头鬼伞、鸡腿蘑，属担子菌门、伞菌纲、伞菌目、蘑菇科、鬼伞属。因其形如鸡腿，味似鸡丝，故名"鸡腿菇"。

鸡腿菇是一种土生草腐菌，一般在春末、夏秋生于田野、果园中。鸡腿菇是一种世界性分布的食用菌，我国各地都有分布。

鸡腿菇营养丰富，味道鲜美，是一种色、香、味俱佳的食用菌。据分析每100 g 干菇中含粗蛋白 25.4 g、脂肪 3.3 g、总糖 58.8 g、纤维 7.3 g、灰分 12.5 g。其蛋白质中含有 17 种氨基酸，其中人体必需的 8 种氨基酸全部具备。

鸡腿菇也是一种药用菌。中医认为其性平、味甘，有益脾胃、清神、助消化、增食欲、治痔疮之效，其提取物有与香菇相似的抗性。据《中国药用真菌图鉴》记载，鸡腿菇的热水提取物对小白鼠艾氏癌和肉瘤 180 的抑制率分别为 90%和 100%。另据国外资料报道，鸡腿菇的菌丝体和子实体中含有治疗糖尿病的有效成分，以每千克体重用 2 g 鸡腿菇的浓缩物喂食小白鼠，1.5 h 后血糖浓度有明显降低，可见鸡腿菇对糖尿病患者有明显疗效。

鸡腿菇及其同属的其他种类的子实体与酒精同时食用时，会发生轻微中毒现象，造成呕吐、腹泻等不适症状，应引起栽培者及消费者的重视。

第二节　生物学特性

一、形态特征

（一）菌丝体

灰白色、平展、浓密，多气生菌丝，双核菌丝有锁状联合。在 PDA 培养基上培养时会分泌色素使培养基着色。

（二）子实体

单生或丛生。初期为圆柱形、桶形或腰鼓形，后钟形，最后平展。子实体一般高6~15 cm。菌盖初期为圆柱状、卵形、钟形等，紧贴菌柄，一般3~9 cm，伸展后可达9~11 cm。菌盖白色，初期表面光滑，中期出现鳞片，后期表皮开裂。鳞片初期为白色，中期淡锈色，后期色泽渐渐加深，成熟时鳞片上翘翻卷。菌肉白色，极薄。菌柄圆柱形，基部稍膨大，向上渐变细，着生在菌盖下面正中央处，一般长7~25 cm、直径1~2 cm。菌柄白色、平滑或稍带有纵向条纹，有丝状光泽。菌柄生长前期中实，后期逐渐膨松，中空，但基部仍然坚实。菌环白色，能上下移动，子实体前期菌环黏附在菌盖下缘。菌盖稍开伞，菌环易脱落。菌褶着生在菌盖下面，稠密，早期为白色，随着成熟度增加，先从下部边缘出现粉红色、褐色，最后从下到上变成黑色，并溶解呈墨汁色滴下。菌褶离生，不等长，上面附着有孢子。孢子黑色、光滑、椭圆形，大小为（12.5~16）μm×（7.5~9）μm。囊状体棍棒状或柱状，顶端钝圆，略弯曲，稀疏。

二、生长发育条件

（一）营养条件

鸡腿菇是典型的粪草型土生菌，在新鲜的培养基上生长不良，而在经过一定程度腐熟的培养料上生长旺盛。鸡腿菇最适碳源是葡萄糖和果糖，对木质素利用较差；对无机氮吸收利用较慢，对有机氮如蛋白胨、牛肉浸膏、豆饼、麦麸、米糠、畜禽粪等利用率高。据报道鸡腿菇有一定的固氮能力。

人工栽培时，一般选用棉籽壳、稻草、玉米芯、菌糠等为主料，适当加入含氮丰富的麦麸、米糠或饼肥等作为辅料。

（二）环境条件

1. 温度　鸡腿菇属中低温型菌类。孢子萌发的适宜温度为22~26 ℃；菌丝生长的温度范围为3~35 ℃，最适温度为20~28 ℃。鸡腿菇菌丝的抗寒能力特别强，-30 ℃时，土中的菌丝依然可以安全越冬，0 ℃左右菌丝生长微弱或停止生长，45 ℃左右菌丝自溶；子实体发育的温度范围为8~26 ℃，最适温度12~22 ℃。子实体形成需要低温刺激，当温度降到20 ℃以下、9 ℃以上时，鸡腿菇的菇蕾就会形成，低于8 ℃和高于30 ℃时子实体难以形成。

2. 水分和湿度　菌丝生长阶段培养料含水量以60%~70%为宜。菌丝生长阶段空气相对湿度要求在70%以下；子实体发育时期空气相对湿度为85%~90%。

3. 空气　鸡腿菇属于好氧性菌类。在菌丝生长阶段，对空气要求不十分严格，空气中适宜的含氧量能明显提高鸡腿菇菌丝分解基质的能力。在子实体生长阶段需氧量大，要保持出菇场所空气新鲜。

4. 光线　在完全黑暗的条件下鸡腿菇菌丝可以生长。子实体分化和生长阶段需要一定的散射光，无光子实体不分化或出现极少瘦弱的子实体。

5. 酸碱度　鸡腿菇菌丝生长的 pH 值范围为 2~10，最适 pH 值为 6.5~7。

6. 覆土　子实体形成需要覆土。长满鸡腿菇菌丝的培养料，如不覆土很难形成子实体。

第三节　栽培技术

一、栽培季节和生产周期

（一）栽培季节

北方栽培鸡腿菇可安排在 3~6 月和 9~11 月出菇。夏季温度高，子实体难以生长和保存，不宜栽培。如果制袋，可以用熟料也可用发酵料栽培。等菌丝发好后，贮于干燥阴凉处，待温度适宜时出菇；冬季温度较低，子实体不易产生，如采取加温措施，也可以栽培。南方地区春季至夏初和初秋至翌年春季只要温度适宜都可以栽培。

（二）生产周期

环境温度在 25 ℃左右时，母种 8~10 d 可满管，麦粒原种 15~20 d 可满瓶，栽培种满袋需 25~35 d。接种后 20~30 d 发满菌袋，覆土后 15~20 d 出菇，子实体生长 5~7 d 采收，一般可收 3~4 潮菇，每潮间隔 5~7 d，整个生长周期约 5 个月。

二、熟料袋栽技术

熟料栽培采用塑料袋进行栽培，具有场地利用率高、出菇时间和场地可灵活掌握等优点。熟料袋栽可防止污染，提高成功率。

（一）栽培原料

利用富含纤维素、半纤维素的原料栽培鸡腿菇，均能获得良好的栽培效果。目前生产中经常采用的主料有棉籽壳、玉米芯、各种作物秸秆、粪肥、饼肥及菌糠等，辅料有麦麸、米糠、玉米粉、石膏粉、生石灰粉等。

（二）培养料配方

（1）棉籽壳 18%，玉米芯 29.5%，菌糠 35%，麦麸（米糠）11%，饼肥 3%，石膏粉 1.5%，石灰 2%，水适量。

（2）玉米芯 92.5%，钙镁磷肥 4%，石灰 3%，尿素 0.5%，水适量。

（3）玉米芯 41.5%，作物秸秆 39%，麸皮 10%，玉米面 5%，石膏粉 1.5%，饼肥 1%，石灰 2%，水适量。

（4）玉米芯 43.5%，菌糠 35%，畜禽粪 7%，麸皮 8%，饼肥 3%，石膏粉 1.5%，石灰 2%，水适量。

（5）菌糠 59%，玉米芯 20%，饼肥 5%，麸皮 5%，畜禽粪 5%，过磷酸钙或钙镁磷肥 2.5%，石膏粉 1.5%，石灰 2%，水适量。

（6）菌糠 40%，棉籽壳 38%，麸皮 20%，糖 1%，石膏粉 1%，水适量。

（三）培养料配制

按配方进行配料，将培养料拌匀，含水量掌握在用手握少量培养料有水渗出而不下滴为宜。也可将培养料堆积发酵后再装袋，发酵料的制备见本节"发酵料栽培技术"。

（四）装袋

选用规格为（20~24）cm×（40~45）cm×0.004 cm 的低压聚乙烯塑料袋。

机器装袋。装袋应松紧适中。紧实度以手指按下去，手压处能恢复原状为宜。

（五）灭菌

袋装好后进行常压灭菌，袋温 100 ℃保持 16 h 以上，待料温降至 60 ℃左右时趁热搬入接种室（帐）。

（六）接种

待培养料温度降至 30 ℃以下时，常规无菌抢温接种。将接过种的菌袋放入已消毒的培养室或菇棚内进行培养。

（七）发菌期管理

1. 控制适宜温度　控制袋内温度 24~26 ℃，最高不超过 30 ℃。环境温度偏高时，把菌袋排成单排，袋与袋之间相隔 3~5 cm，以利于通气散热，防止烧菌；环境温度低时，可把菌袋排成排，每排 4~6 层菌袋，袋与袋、排与排之间靠紧，利用菌丝自身产生的热量来提高堆温，保证菌丝正常生长。

2. 定期翻堆　每周翻堆 1 次，翻堆时把上下层的菌袋进行掉位，使之受热均匀、生长一致。结合翻堆拣出受杂菌污染的菌袋，污染较轻的注射 0.2%甲醛防止进一步扩散，污染严重的移出深埋。同时用 500 倍的菊酯类农药和 0.1%消毒剂喷洒室（棚）内的地面、墙壁及顶部，用于防止虫害、杂菌的发生。

3. 注意通风换气　环境温度高，早晚通风；环境温度低，在上午 10 时至下午 3 时通风。

在环境适宜的情况下，一般 25~35 d 菌丝便可长满袋。此时如温度适宜，产品价格高，便可脱袋覆土出菇。若温度不适宜或产品价格低，也可暂时放在阴凉处，待时机适宜再覆土出菇。

（八）覆土材料与处理

1. 土壤选择　覆土选用具有良好透气性的肥沃壤土（稻田土、河泥土、菜园土）。不能使用沙土。沙土易使料面板结，土壤保水性和透气性差。覆土中掺入15%的过筛煤渣效果更好。

2. 土壤处理　选好的覆土加入2%~3%的生石灰粉，用500倍菊酯类农药和200倍甲醛溶液喷洒，拌好后堆成1.5 m宽的条形堆，覆盖薄膜闷堆24 h，以杀死覆土中的杂菌和各种害虫、卵、幼虫。覆土pH值调整为8最好。散堆后放置一段时间，待药味散去后即可使用。覆土的湿度以手握成团、落地即散为宜。

（九）出菇前期管理

1. 菇棚畦栽出菇

（1）整畦消毒。把棚内地面整平，再做成宽100~120 cm、深20~25 cm、长适度的地畦，喷洒500倍菊酯类农药和0.2%高锰酸钾溶液，对场地进行杀虫、杀菌，畦底及四周均匀地撒一层石灰粉。

（2）摆袋覆土。将发满菌的菌袋的塑料袋剥去。菌棒可采取卧式和断面立式两种摆放方式。卧式是将脱袋后的菌棒水平摆放在畦内；断面立式将脱袋的菌棒从中间截成两段，截面朝下竖排在畦中。立式摆放出菇产量高、菇体肥大而且开伞也慢。菌棒间隙2~3 cm，用挖出的土或消毒过的覆土填满袋缝，浇透水后在菌棒表面覆盖已消毒好的土3~5 cm，整平料面，覆膜保温、保湿。目前生产中也采用二次覆土法，即摆袋后先覆3 cm土，待菇蕾长至1.5 cm时再覆2 cm土，这样菇体大、产量高、菇形好。

2. 室外阳畦出菇　选择地势稍高、排水方便、土壤松软肥沃、遮阴度较大的林荫地段，沿东西走向做畦，畦宽0.8~1 m、深0.3 m，长可根据场地自然条件而定，一般不超过30 m。畦南高0.4 m，北高0.6 m。在畦的四周整理好排水沟，把畦清理干净。用水渗湿畦底、畦帮，喷洒菊酯类农药治虫，24 h后畦内撒石灰粉，然后摆放菌棒并覆土。

3. 床架式出菇　在室内或菇棚内建床架，床架层高50 cm、宽1 m，长度根据实际情况而定。架与架间留60 cm工作道。栽培之前将室内及床架分别用0.2%除虫菊酯和0.5%甲醛喷1次，关闭门窗，密封24 h消毒杀虫。在床架上垫一层薄膜，将脱袋后的菌棒均匀平放床架上，间距3 cm，然后覆3~5 cm厚的消毒土，再覆盖薄膜保湿。这种方法可提高空间利用率。

（十）出菇期管理

菌袋覆土7~10 d菌丝可重新长透料面，逐渐进入分化期。此时，需要加强管理，创造鸡腿菇生长发育的理想环境。

1. 适当加强通风　采用勤开门窗或掀动薄膜的方法排除不良气体，保证空气新鲜。

2. 增加散射光照　要避免直射光照射。强烈的直射光会使覆土干燥、空气相对湿度降低，温度也难以控制。菌丝受强光直射会消退死亡。若没有光照或光线过暗，子实体也难以形成。因此，要给予散射光照，促进菇蕾形成。

3. 控制温度15~24℃　高温季节要加厚覆盖遮阴物，加强通风，夜间大通风，白天在覆盖物上喷水降温；冬季应采用日光棚升温、双膜覆盖、棚内吊遮阳网吸光等措施增温。

4. 提高空气相对湿度并保持覆土的适宜湿度　采用阴沟浇水、插洞合灌、墙体喷水、空间喷雾（雾水不能落在菇蕾上）等措施，使空气相对湿度达到85%~90%。畦床面上严禁浇水。否则，床面板结，影响出菇。覆土湿度以手握成团、落地即散为宜。若湿度过大，出菇过密过瘦，幼嫩菇体会软腐死亡；覆土干燥时，菇蕾形不成，勉强形成的菇蕾也会干缩枯萎。

（十一）子实体生长期管理

在适宜的温湿度、明亮的散射光照和氧气充足的环境中，覆土后经过20 d左右，菇蕾就会破土而出，鼓起一个个土堆。菇蕾出现后，管理上应注意以下几点：

1. 温度　控制温度12~22℃。若温度过高，可以掀开薄膜通风降温；温度过低，需采取增温措施。

2. 空气相对湿度　湿度保持85%~90%，湿度偏低时，可以采取向地面灌水或空中喷雾的方法补充水分。在出菇期补水，主要是加大棚内湿度，保持棚内空气相对湿度85%~90%，也可以在畦床旁边的空地浇水，使水渗进畦床内部。不能向畦面浇水和喷水。子实体生长期间，不能向菇体上喷水。否则，菇体顶部易发黄、发黏、水化。若空气相对湿度过大，易造成菇盖鳞片反卷、瘦小干枯，严重影响产量和质量；如空气相对湿度过小，则子实体易出现鳞片，且菇体生长慢、菇体小、易开伞，影响产量和质量。

3. 加强通风换气　使培养空间内有足够的氧气，防止二氧化碳积累过多。此时若通风不良、二氧化碳浓度过高，易出现畸形菇，表现为柄短粗、盖微小，严重者盖萎缩或窒息死亡。通风要注意与保温和保湿协调一致，不能顾此失彼。

4. 光线　子实体对光线要求不严，光线对鸡腿菇的颜色、形状没有显著影响，一般的散射光线即可满足要求（图4.9）。

（十二）采收

从出菇到采摘结束需10~15 d。鸡腿菇成熟后，极易开伞，菌盖自溶为黑色溶液，仅留菌柄，失去商品价值。

在菌环尚未松动脱落、菌盖未开伞，用手指轻捏菌盖，中部有变松空的感觉时，表示已经成熟，即可采收。由于鸡腿菇生长参差不齐，可采大留小。采摘方法是一手按住子实体一侧覆土层，一手捏住子实体左右转动轻轻摘下，也可用刀

图4.9　鸡腿菇出菇

从子实体基部切除。采摘后用小刀削去基部泥土和杂质。

（十三）采后管理

头潮菇采完后，首先要清除畦内的菇根、死菇、菌索和杂物，因菌索量大，尽量除去覆盖的老土，浇一次透水。结合浇水向菌床补充2%的石灰溶液和1%的复合肥溶液。床面如果有虫害发生，可喷施800倍的菊酯类农药药液。3~4 d以后，用铁耙将床面耙松，再将畦床上覆土补至5 cm，保温保湿、加强通风和光照，促其继续出菇。

三、发酵料栽培技术

发酵料栽培具有简便易行、成本低等特点。常用的栽培方法有袋栽、畦栽两种。

（一）袋栽技术

1. 配料　栽培原料同熟料栽培。但为了降低杂菌污染，提高菌袋成品率，在配料时可适当减少麦麸、米糠等的添加量。料发酵好后喷洒0.1%~0.2%多菌灵可有效抑制霉菌生长。

2. 堆积发酵　把料堆成高1 m、宽1.2~1.5 m、长度不限的料堆，也可堆成方堆。料堆上每隔30 cm用直径5 cm的木棒打孔至料底。为保温保湿可覆盖草帘。不要盖塑料膜，以免引起厌氧发酵，导致培养料发酵异常。当堆温升到60 ℃时，保持24 h后翻堆。翻堆时将料内外、上下调换位置，要翻均匀。共翻堆 3~4 次、堆积 7~10 d。培养料发酵好后喷洒 500 倍菊酯类农药和 0.1% 的多菌灵溶液杀灭料中的害虫及虫卵。发酵好的培养料质地疏松，呈深棕色，有弹性和酱香味，无酸臭味，料内有大量放线菌菌丝，含水量为 60% 左右，用手紧握料有水渗出而不下滴为宜。

3. 装袋接种

（1）塑料袋选择。选用规格为（24~28）cm×（50~55）cm×0.001 5 cm 的低压高密度聚乙烯塑料袋。

（2）菌种准备。选择无污染、菌丝粗壮、整齐致密、菌龄约 30 d 的优质菌种。把菌种掰成玉米粒大小的菌块，切忌用手搓菌种。

（3）装袋。装袋时，采用分层装料播种的办法。一头用线系好，然后放一层菌种，装培养料，装实压紧后再放一层菌种。可以采用四层菌种三层培养料，也可采用五层菌种四层培养料。菌种的用量为干料的 15% 左右。为了促进袋内氧气供应，用打眼器（一块小木板上钉数个圆钉）在装好的袋子两头各拍打一下，进行增氧发菌。

菌袋要求松紧适宜，一般以菌袋有弹性，轻压有凹陷、菌袋不变形为好。

接种后把菌袋堆放在清洁干净的场所发菌，袋温控制在 25 ℃ 左右。一般 25 d 左右菌丝便可长满袋。菌丝发满后，即可进行脱袋覆土出菇。覆土、出菇管理方法与熟料袋栽方法相同。

（二）畦栽技术

1. 整畦　在棚内建 1~1.2 m 宽、0.2 m 深、长度视场地而定的地畦。拍实整平，每畦撒一层石灰粉消毒，并喷洒杀虫剂，周围开排水沟。

2. 铺料播种　将发酵好的培养料平铺在畦面上，采用层播、穴播、混播的方式播种。以层播较为普遍，一般三层料、三层种，料厚 10~15 cm，播种量为干料重的 10%~15%。下层用种少、上层用种多，以保证菌丝尽早封住料面，防止杂菌侵入。

播种完毕后，在料面上覆盖 2~3 cm 厚的消过毒的覆土，并在培养料表面覆盖一层刺有微孔的薄膜，以利于发菌阶段的保湿、透气和保温；也可以在播种后不覆土，只轻轻拍平料面，料面盖上塑料薄膜保温、保湿，菌丝发好后再覆土。

播种后 2~3 d 菌丝开始吃料，此时薄膜内温度如有上升，可以将两头薄膜打开通风。

3. 覆土　待菌丝发满培养料之后，去掉塑料薄膜覆上消毒土。覆土总厚度 3~4 cm。覆土后保温、保湿、控光、通气，15 d 左右开始大量形成菇蕾，再经 7~8 d 便可采收。

第十章　猴头菇栽培技术

第一节　概述

猴头〔*Hericium erinaceum*（Bull.）Pers.〕俗称猴头蘑、猴头菇、刺猬菌、菜花菌等，属担子菌门、伞菌纲、红菇目、猴头科、猴头属。

野生猴头主要分布在阔叶林或针叶、阔叶混交林中。我国的黑龙江、吉林、内蒙古、河北、河南、福建等多个省、自治区都有野生猴头分布。

猴头为木腐菌。野生猴头多生在阔叶树的腐朽处，树种多为壳斗科树木，有麻栎、栓皮栎、青冈栎等，也有少数生在针叶树上。

在东北大、小兴安岭的原始森林中的野生猴头，当发现在树干的一面长一只，在树干的另一面也一定会生第二只，因此，当地人称"阴阳蘑""鸳鸯蘑"或"对脸蘑"。

自古以来，猴头就是有名的庖厨之珍，它和熊掌、燕窝、海参并称为四大名菜，被誉为"海味燕窝""山珍猴头"。猴头与燕窝齐名，是食用菌中珍贵的品种之一。

猴头肉质柔软，营养丰富，鲜嫩味美，口感极佳。据测定，每 100 g 干猴头中含有 26.3 g 蛋白质、4.2 g 脂肪、44.9 g 碳水化合物、6.4 g 粗纤维、3.68 g 灰分，含钙 2 mg、磷 856 mg、铁 18 mg，含胡萝卜素 0.01 mg、硫胺素 0.69 mg、核黄素 1.86 mg、尼克酸 16.2 mg。

猴头子实体氨基酸种类齐全，含量丰富。据测定，其所含 16 种氨基酸中有 8 种为人体必需氨基酸。猴头特有的鲜味是其蛋白质中含有的呈鲜氨基酸——谷氨酸的缘故，且含量丰富。

猴头是治疗消化道疾病的良药，具有治疗十二指肠溃疡、胃窦炎、慢性胃炎、胃痛、胃闷胀等多种疾病的功能。对上腹饱胀、肠炎、胃泛酸、大便隐血、食欲不振、消化道肿瘤有一定疗效；鲜猴头具有恢复肝功能的作用，对慢性乙型肝炎也有一定疗效。中医认为猴头具扶正固本的作用，常服用猴头制剂，能起到促进食欲、改善睡眠、减轻病痛的作用；猴头还是一种良好的人体免疫增加剂，常食猴头能增强人体对各种疾病的抵御能力。

猴头的人工驯化起始于 20 世纪 60 年代初，首先由上海农业科学院陈梅朋先生用组织分离法得到纯菌丝并进行人工栽培获得成功。20 世纪 70 年代，当猴头的医疗效果被确认后，其人工栽培规模逐渐增大。

第二节 生物学特性

一、生物学特性

（一）菌丝体

猴头菌丝体由许多分枝状菌丝组成。在琼脂培养基上匍匐生长，基内菌丝发达，由一个接一个的管状细胞组成，直径 $10 \sim 20~\mu m$。细胞壁薄，有横隔膜和分枝。双核菌丝有锁状联合，也会产生白色厚垣孢子。表面菌丝分布不均。菌丝白色，有时呈灰白色或较暗。气生菌丝不明显。在不同的培养条件下，菌丝表现不一，在含氮丰富的培养基上，通风良好，长出的菌丝细而密，稍有气生菌丝出现。

（二）子实体

猴头子实体球状或半球形，不分枝，直径 $5 \sim 10~cm$。野生猴头长得特别大的，直径可达 $30~cm$。鲜嫩时为白色、肉质、柔软、有清香味，干后变为淡黄色至黄褐色。基部狭窄。栽培时，基部常呈现软柄状。除其基部外，周身着生柔软肉质菌刺。菌刺下垂似猴头毛发。菌刺一般长 $1 \sim 5~cm$，针状，粗 $1 \sim 2~mm$，下端尖细，稍弯曲。担子长 $20~\mu m$、宽 $6~\mu m$。担孢子无色透明，光滑，球形或近球形，大小为 $(5.1 \sim 7.6)~\mu m \times (5 \sim 7.6)~\mu m$，内含一油滴。孢子印白色。

二、生长发育条件

（一）营养条件

1. 碳源　猴头只能利用有机碳。猴头菌丝能直接吸收葡萄糖、蔗糖和有机酸等小分子含碳化合物。而大分子含碳化合物，必须由菌丝分泌的胞外酶将其分解成葡萄糖、果糖等单糖后才能被利用。木屑、棉籽壳、玉米芯、高粱壳、甘蔗渣等农副产品下脚料均可用来栽培猴头。在配制培养料时，加入适量的蔗糖，用来诱导胞外酶的产生，以加速对高分子含碳化合物的分解利用。

2. 氮源　培养基中的含氮量会直接影响猴头菌丝的生长。经试验，菌丝在纯马铃薯葡萄糖培养基上生长稀疏，子实体形成慢。如在以上培养基上添加 0.5% 的蛋白胨，菌丝生长浓密，基内菌丝粗壮。

猴头菌丝生长阶段碳氮比以 20∶1 为好；子实体生长阶段碳氮比以（30~40）∶1 为好。

3. 矿质元素　猴头还需要适量的磷、钾、钙、镁、钼、铁等矿质元素。

4. 维生素　猴头生长发育过程中还需维生素 B_1、维生素 B_2、维生素 B_6 等。培养基中缺少维生素 B_1，菌丝生长缓慢，子实体生长受抑制。在培养基中添加适量的麦麸或米糠便可提供足量的维生素 B_1。

（二）环境条件

1. 温度　猴头是一种中温型菌类。菌丝生长温度范围 6~32 ℃，适宜温度 22~25 ℃，超过 35 ℃时，菌丝停止生长并逐渐衰老而死亡。猴头菌丝具有较强的耐低温性，能在 -20 ℃下越冬。猴头子实体形成的温度范围在 15~24 ℃，最适 18~20 ℃。低于 6 ℃或超过 25 ℃时，子实体停止分化。

2. 水分和空气相对湿度　适宜猴头菌丝生长的培养料含水量为 65% 左右。菌丝生长期间，空气相对湿度应保持在 70% 以下。子实体生长期间适宜的空气相对湿度为 90%~95%。如空气中的相对湿度低于 70%，子实体生长变缓、菌刺变短、品质变劣、产量下降；相对湿度超过 95%，子实体呈分枝状、菌刺变粗，严重时形成畸形菇，抗逆能力下降。

3. 空气　猴头属好氧性真菌，不论是菌丝生长阶段还是子实体膨大期，都需要保持充足的新鲜空气。猴头子实体生长期对二氧化碳浓度较为敏感，室内通气不良、二氧化碳浓度超过 0.1% 时，子实体会畸形。

4. 光线　猴头菌丝可在完全黑暗下正常生长。猴头子实体分化和生长需要一定的散射光。适宜原基分化的散射光强为 50 lx。猴头子实体生长期需要较强的散射光，光照强度一般在 200~400 lx。在这种散射光下，子实体膨大顺利、菌刺较长、个体硕大而洁白。如光强超过 1 000 lx，子实体会受抑制而膨大变缓、颜色变成红褐色、品质变劣。猴头生长期，其菌刺有明显的趋光性。

5. 酸碱度　猴头喜偏酸的环境，菌丝生长的 pH 值范围为 2.4~8.5，最适 pH 值在 4.5~5.5。pH 值在 4 以下和 7 以上时，菌丝生长不良。当 pH 值在 2 以下和 9 以上时，菌丝完全停止生长。

猴头菌丝对石灰非常敏感，绝对不能用石灰调整酸碱度。

第三节　栽培技术

一、栽培季节与生产周期

（一）栽培季节

猴头是中温型菌类，其菌丝生长时的环境温度应保持 25 ℃左右，出菇温度应保持在 15~24 ℃。我国地域广阔，南北气温差异较大，栽培季节的安排要因地制宜。

猴头菌丝经过 20~30 d 的培养才能由营养生长转入生殖生长。因此，可由当地气温达到出菇最适温度时向前推 25~30 d 制作菌袋。

（二）生产周期

目前猴头的主要栽培模式为袋栽，从接种到采收结束，需要 90 d 左右。

二、培养料配方及处理

（一）培养料配方

（1）棉籽壳 86%，麦麸 12%，石膏粉 1%，过磷酸钙 1%，水适量。

（2）棉籽壳 78%，麦麸 20%，石膏粉 1%，过磷酸钙 1%，水适量。

（3）棉籽壳 73%，木屑 10%，麦麸 15%，石膏粉 1%，过磷酸钙 1%，水适量。

（4）棉籽壳 52%，杂木屑 12%，麦麸 10%，米糠 10%，棉籽饼粉 8%，玉米粉 5%，过磷酸钙 2%，石膏粉 1%，水适量。

（5）玉米芯 72%，木屑 20%，豆秸粉 5%，石膏粉 1%，过磷酸钙 1%，蔗糖 1%，水适量。

（6）甘蔗渣 76%，米糠 20%，蔗糖 1%，黄豆粉 1%，石膏粉 1%，过磷酸钙 1%，水适量。

（二）培养料处理

按配方将干料混合拌匀后，加水搅拌，使料的含水量达到 60%~65%。

三、装袋

常用的料袋规格是（17~19）cm×（45~55）cm×0.004 cm 的低压高密度聚乙烯塑料袋。每袋装干料 1 kg 左右。

装袋一般用装袋机。装料要松紧适宜。袋装好后在料中部打一接种孔，孔直径 1.5 cm 左右。

四、灭菌

一般采用常压灭菌法灭菌，保持 100 ℃ 12 h 以上。待料温降至 60 ℃时趁热搬入接种室。

五、接种

待料温降到常温后，在袋的一面打 3~5 个接种穴，穴深 1.5 cm，常规无菌接种。接种后袋外再套一个直径比袋大 1 cm 的袋。也可用胶布封穴。

六、发菌期管理

接过种的菌袋放在发菌场所"井"字形堆放发菌，堆叠层数根据气温而定，一般不超过 10 层。

在菌丝培养阶段，保证发菌场所温度在 22~23 ℃，空气相对湿度在 70%以下，给予较暗的光线和新鲜的空气。

七、出菇期管理

菌丝长满袋后，气温稳定在 15~20 ℃，且昼夜温差小于 5 ℃时进行催蕾。将接种穴的老菌块挖掉，穴口朝下摆放在架子上，等穴口干燥后进行喷水。幼菇期保持空气相对湿度 90%左右，但不能直接向菇蕾喷水。菇蕾长至乒乓球大小时，生长速度加快，空气相对湿度仍维持在 90%左右，控制温度 15~24 ℃，给予 200~300 lx 的散射光，保持空气新鲜（图 4.10）。

图 4.10　猴头出菇

八、采收

当菌刺长至 0.5 cm 左右、子实体膨大基本停止、生长量不再增加时为采收适期。此时采收，猴头菇的商品性好。如不及时采收，子实体将有大量的担孢子弹射，不仅生物量减少，而且担孢子会使菇体产生苦味而影响食用。

采收时要一手按着袋子，一手握着子实体，左右旋转几下，然后轻轻向上拔出，放入筐内。防止用力向上拔，这样会将基部的菌丝带出，影响第二潮菇的形成。

九、采后管理

第一潮菇采收之后，要立即清除残留在基部的碎片或菌膜，停止洒水 4~5 d，让菌丝休养生息积累营养。当采菇穴处菌丝发白时，立即增加洒水量，提高空气相对湿度。经过 7~10 d 培养，第二潮菇开始形成，温度、湿度、光线和通风等管理和第一潮菇一样。

第十一章 巴氏蘑菇栽培技术

第一节 概述

巴氏蘑菇（*Agaricus blazei* Murrill）又名姬松茸、小松菇、柏氏蘑菇等，属担子菌门、伞菌纲、伞菌目、蘑菇科、蘑菇属。

巴氏蘑菇原产于美国的加利福尼亚、佛罗里达以及南美的巴西、秘鲁等地，主要分布于海岸地带草场及巴西东南部的皮世拿大山地，当地人自古就有采食野生菇的习惯。

1965年夏，日裔巴西人古本隆寿在巴西圣保罗市郊农场的草地上采到巴氏蘑菇后，进行分离获得菌种，并将菌种带回日本赠送给三重大学的岩出亥之助，二人分别在巴西和日本进行栽培试验。古本隆寿于1972年采用园地栽培首先获得成功，岩出亥之助于1975年在室内进行高垄栽培获得成功，以后不断进行技术改良，于1976年确立了以经济效益为目的的生产，随后在日本的三重、爱知、岐阜三县推广栽培，产品在东京、名古屋等地上市，深受消费者欢迎。

巴氏蘑菇具有浓郁的杏仁香味、美味可口，而且营养丰富、食药两用。每100 g干巴氏蘑菇中含粗蛋白43.19 g、粗脂肪3.73 g、粗纤维6.01 g、可溶性糖41.56 g、灰分5.54 g、麦角甾醇0.14 g。巴氏蘑菇17种氨基酸总含量为19.22%，其中人体必需氨基酸含量为9.65%，占氨基酸总量的50.18%，均高于一般食用菌。此外，还含有多种矿质元素，每克干品中含钾26 460 μg、钙21.4 μg、镁546.6 μg、铁116.5 μg、锰7.4 μg、锌139.8 μg、磷1 020 μg。除此之外，还含有丰富的维生素和抗癌、降血糖的多种多糖。这些多糖主要是β-（1-3）葡聚糖、β-（1-6）D葡聚糖-蛋白质复合体、酸性异多糖、木糖葡聚糖、不消化性的β-D葡聚糖、异多糖等。前5种多糖有抗肿瘤活性，后两种多糖则能吸收排泄致癌物质。β-D葡聚糖、多糖-蛋白质复合体可降低血糖、血脂、血压，改善动脉硬化。

巴氏蘑菇的菌丝体、子实体及其提取物中含有多种具有生物活性的成分，能够提高人体免疫力，还有抑癌抗癌，降低血糖、血压及胆固醇的功效，且无毒副作用。日本东京大学等的抗癌试验表明，巴氏蘑菇提取物对癌细胞的治愈率达

90.1%、抑制率达 99.4%，其抗癌活性居于猪苓、松茸、滑菇、香菇、金针菇、灵芝、云芝、平菇、树舌、桦革裥菌等抗癌真菌之首，口服及注射使用效果俱佳。以巴氏蘑菇提取物为主要原料制造的贵茸液、贵茸露、巴氏蘑菇冲剂、胶囊等制品，琳琅满目，风靡日本市场。

第二节　生物学特性

一、形态特征

（一）菌丝体

菌丝体在 PDA 培养基上，白色、绒毛状、致密纤细，气生菌丝旺盛，爬壁能力强。在粪草培养基上，菌丝呈匍匐状，生长粗壮整齐，生长速度较同属的双孢蘑菇快，随着菌龄增加，常形成菌丝束，并在培养基表面形成白色菇蕾。在麦粒培养基上洁白、浓密，有菌丝束。在显微镜下观察，菌丝有间隔和分枝，但无锁状联合。

（二）子实体

子实体中等大，菌盖扁圆形至半球形，长大后呈馒头形，成熟后平展。菌盖直径 6~11 cm，中央平坦，表面被有淡褐色或栗褐色的纤维状鳞片，盖缘有内菌幕的残片。菌肉厚，白色，四周较薄，受伤后橙黄色，老熟时暗黑色。菌褶离生，较密集，宽 8~10 mm，初白色，后渐变为肉色至黑褐色。菌柄圆柱形，中实，上下等粗或基部稍膨大，长 6~13 cm、粗 1~2 cm，菌环以上白色，菌环以下有栗褐色纤维状鳞片，后变光滑。菌环上位，膜质，白色，后褐色，膜下有褐色的棉屑状附属物。孢子暗褐色，光滑，宽椭圆形至球形，大小为（5.5~6.6）μm×（3.7~4.4）μm。孢子印黑褐色。

二、生长发育条件

（一）营养条件

巴氏蘑菇属于草腐菌，最适宜碳源为蔗糖，在 1%~7% 的浓度范围内随添加浓度升高，菌丝生长速度加快。巴氏蘑菇不能利用淀粉。其菌丝能分解利用麦秸、稻草、玉米秸、畜禽粪、饼肥等物质供自身生长发育需要；巴氏蘑菇最适宜的氮源为各种有机氮；在配料中添加少量石膏、过磷酸钙等物质来补充矿质元素，添加石灰来调节酸碱度。

（二）环境条件

1. 温度　巴氏蘑菇属于中温恒温结实性菇类。菌丝生长的温度范围是 10~

37 ℃，最适温度 23~27 ℃。10 ℃以下菌丝生长速度极慢。超过 37 ℃菌丝干枯死亡。巴氏蘑菇子实体生长温度范围 16~32 ℃，最适温度 22~28 ℃。巴氏蘑菇出菇不需要温差刺激。

2. 水分和空气相对湿度　在菌丝生长阶段培养料适宜的含水量为 60%~65%。子实体发生和生长阶段培养料的含水量以 65%~70%为宜。覆土的含水量应维持在 20%左右。

发菌期要求空气相对湿度 70%左右，出菇期以 85%~90%为宜。

3. 空气　巴氏蘑菇是好氧性真菌，菌丝生长和子实体发育都需要新鲜的空气。若通气不良，菌丝生长缓慢，甚至死亡，菇蕾变黄枯萎。空气新鲜时菇色亮，菇体硬，生长健壮。

4. 光线　菌丝生长阶段不需要光线，黑暗有利于菌丝的生长发育。子实体的生长发育需要一定的散射光。光线过强，菇体瘦小，菌盖上鳞片上卷。光照强度还会影响子实体的颜色。

5. 酸碱度　巴氏蘑菇菌丝在 pH 值为 5~9 的培养基上均可生长，但最适 pH 值为 6.5~8。

第三节　栽培技术

一、栽培季节和栽培周期

巴氏蘑菇是中温型菇类，适宜出菇的温度为 22~28 ℃，从播种到出菇需要 40~50 d。巴氏蘑菇可以进行春、秋两季栽培，但以秋栽为好。春栽 3~4 月播种，5~6 月出菇；秋栽当气温稳定在 28 ℃左右播种，一般在 8 月下旬至 9 月上旬播种，9 月下旬开始出菇。各地气候条件不同，播种期应灵活掌握。

栽培时应提前 22~23 d 建堆发酵，前发酵 14~15 d，后发酵 6~8 d，播种后发菌 20~25 d，当菌丝基本长满后进行覆土。覆土后 20 d 出菇，一般每 10 d 左右可采收一潮菇，共收 4~5 潮菇。播种后整个生长周期为 100~120 d。

二、培养料配方及处理

（一）培养料配方

（1）稻草 68%，干牛粪 25%，石膏粉 2%，过磷酸钙 2%，尿素 1%，石灰 2%，水适量。

（2）稻草 78%，麸皮（米糠）12%，干鸡粪 3%，石膏粉 2%，过磷酸钙 2%，尿素 1%，石灰 2%，水适量。

（3）稻草 92.5%，尿素 1.5%，石膏粉 2%，过磷酸钙 2%，石灰 2%，水适量。

（4）麦秸 58%，稻草 20%，干牛粪 15%，麸皮 3%，石膏粉 1%，过磷酸钙 1%，石灰 2%，水适量。

（5）玉米秸 41%，棉籽壳 36%，干牛粪 15%，碳酸钙 1.5%，尿素 0.5%，石膏 2%，石灰 2%，过磷酸钙 2%，水适量。

（6）麦秸 70%，棉籽壳 12%，干牛粪 15%，石膏粉 1.5%，过磷酸钙 1%，尿素 0.5%，水适量。

（7）稻草 41%，棉籽壳 41%，牛粪 7%，麸皮 6.5%，钙镁磷肥 1%，碳酸钙 1%，尿素 0.5%，石灰 2%，水适量。

（8）菌糠 50%，麦秸 17%，饼肥 18%，麸皮 10%，石膏 1%，过磷酸钙 2%，石灰 2%，水适量。

生产中应用的配方较多，各地可以结合资源灵活调整配方。培养料用量以 $20\ kg/m^2$ 左右为宜。

（二）培养料处理

1. 一次发酵　巴氏蘑菇栽培以发酵料栽培为主。发酵方法可参考本书双孢蘑菇培养料发酵方法。

一次发酵结束后优质培养料的标准：深咖啡色，不酸、不臭、不黏。生熟适中，草柔软而有弹性，有韧性。含水量在 65% 左右，切忌过湿。总氮为 1.5%～1.8%，pH 值为 8.0～8.5。

2. 二次发酵　二次发酵又称为后发酵。二次发酵培养料经过一次发酵和二次发酵两个阶段。发酵方法可参考本书双孢蘑菇培养料二次发酵方法。

后发酵结束后优质培养料的标准是：培养料褐色。手握培养料柔软而有弹性，有韧性而不沾手。有香味而无氨味、臭味。含水量 65% 左右，手指捏有 2~3 滴水下落。pH 值为 7.0 左右。

三、铺料播种

菇房进料前搞好菇房消毒，特别是采用一次发酵的方法，进料后还要喷洒消毒剂进行空间消毒。

目前我国栽培的巴氏蘑菇使用的菌种主要是麦粒种。要选用生长旺盛、无病虫害的优质菌种。

铺料要厚薄一致，料厚 20~25 cm。床面平整，要等料温降至 30 ℃以下时再播种。

麦粒菌种用混播加撒播比较好。撒播时先将菌种的 2/3 撒于料面，然后用手或叉将料抖动，使菌种落入培养料混合均匀，重新将料面整平，将余下的菌种撒于培养料表面，并立即覆盖一层发酵好的培养料，用木板轻轻拍平，以利于菌丝定植。1m² 用麦粒种 2 瓶。

四、发菌

发菌期管理是指从播种到覆土前这一段时间的管理，主要目的是促使菌丝尽快萌发定植，并在料层中迅速生长。具体管理措施为：播种后菇房的温度保持在 24~26 ℃、空气相对湿度 70% 左右。在适宜条件下，播种后 24 h 菌种开始萌发，2~3 d 开始吃料。为保温保湿，在播种后的 3~5 d 要密闭发菌，防止菌种块和料面干燥，促使菌丝恢复和吃料。如棚内温度超过 28 ℃，要加强通风，料温严禁超过 30 ℃。5 d 后当菌种块萌发，菌种块上的菌丝发白，有绒毛状菌丝长出，并向料内生长时，可开背风窗进行小通风，促使料表干燥，使菌丝向料内蔓延。播种后 7~10 d 菌丝基本封面后，可以大通风。一般在无风时，南北窗可昼夜开启；有风时，开背风窗，适当吹干料面，防止菌丝徒长，促进菌丝向料内生长。发菌期应避光，保持空气新鲜。

在发菌期间，要经常检查病虫害发生情况，一旦发现，及时防治。

一般播种后 15~20 d，当菌丝布满料面，并基本长满时，就要及时覆土。

五、覆土

覆土是栽培巴氏蘑菇的一项重要工作，不覆土就难以出菇。覆土直接影响到巴氏蘑菇的产量和质量。

（一）覆土要求

覆土一般采用砻糠细土法。制备方法参考双孢蘑菇栽培的相关内容。土壤含水量以 20%~22% 为宜。

覆土经过严格消毒才能使用。用 500 倍的菊酯类农药和 1% 的甲醛混合液喷洒覆土，然后用薄膜盖严，密闭 24~48 h，摊开散去药味后即可进行覆土。一般 100 m² 床面需用覆土 3~4 m³。

（二）覆土时间和方法

覆土时间以播种后 15~20 d 为宜，当菌丝长满整个培养料时及时覆土。覆土多采用一次性覆土，覆土厚度 3 cm 左右。

（三）覆土后的管理

1. 水分管理　覆土后的管理主要是土壤的水分管理，即始终保持土壤湿润状态，以土粒捏得扁、无白心为度。当土壤表面干燥变白时，就要及时喷水保湿，7~10 d 喷水 1 次。喷水要做到轻喷勤喷，每次喷水量不要过多，避免出现通气不良，妨碍菌丝向土层生长。为了减少土壤中水分的蒸发，可覆盖草帘或薄膜使土壤保湿。但要定时掀开薄膜通风换气，防止菌丝大量在土壤表面生长而形成一层致密的菌丝层。

2. 温度管理　覆土后应保持温度在 22~25 ℃。覆土后一般不通风，只在温度高时适量通风。

六、出菇期管理

覆土后 20 d 左右，当菌丝爬上土层，并形成粗壮菌丝束、出现米粒大小的白色原基时，开始进行出菇管理。

（一）温度控制

巴氏蘑菇为中温恒温结实性菇类，出菇的适宜温度为 20~25 ℃，如果温度超过 28 ℃时，要采取通风、洒水等措施使温度降下来。温度过高，形成的子实体柄长、盖薄，商品性差；温度低于 15 ℃，出菇期推迟，可通过覆盖薄膜、停止洒水和减少通风等措施来提高温度。温度在 18~22 ℃时，长出的子实体柄粗、盖厚、不易开伞（图 4.11）。

图 4.11　巴氏蘑菇出菇

秋菇后期，气温下降，菌丝代谢减缓，应逐渐减少菇房的通风，减少遮阴物，以提高室温；冬季气候寒冷，应密闭菇棚，保温养菌，为出好春菇打下良好的基础；春季气温高时，主要采取降温措施，延长出菇期，提高巴氏蘑菇产量。春、秋季日夜温差较大，又常出现突然高温或突然降温的情况。因此，应精心管理，注意降温与增温，防止幼小子实体因冷热剧变萎缩、腐烂。

（二）湿度调节

主要是通过调节土壤的含水量和空气相对湿度来满足子实体生长所需要的水分。在湿度的管理上有两种方法，一种是轻喷勤喷法，另一种是重喷法。

1. 喷轻水　当土壤表面干燥变白时，就要及时喷水保湿。每次的喷水量不要太多，保持空气相对湿度在85%～90%。特别在原基形成期和幼菇初期，不能喷大水，否则原基和幼菇就会死亡。菇多时多喷，菇少时少喷。喷水时，主要向地面和空间喷水，以保持子实体生长所需的湿度。每次喷水后要立即通风10～20 min。如果气温高于28℃，喷水应在早晚进行。阴雨天不喷水，只通风；晴天多喷水，保持空气相对湿度90%左右。采用轻喷管理，出菇的潮次不明显，经常在床面上有菇可采。喷水要细心，忌关门喷水和高温喷水。冬季出菇少时，少喷水，每周喷1～2次，保持细土不发白、稍湿润即可；春季气温回升后，要勤喷轻喷，忌用重水。

2. 喷重水　当覆土面上出现少量白色粒状菇蕾时，喷结菇重水，1 m² 用水2～3 kg，分两天多次调入，保持土壤湿润，提高空气相对湿度到90%左右。按一潮菇喷一次重水的原则进行水分管理。菇体直径达3 cm时应停止喷水，否则会形成畸形菇，这是巴氏蘑菇水分管理的关键。

（三）通风换气

出菇期要经常通风换气，保持棚内空气新鲜。如果通风不良、二氧化碳浓度过高，便会抑制子实体的形成和生长。不仅会长成畸形菇，而且还会使环境湿度增大，容易出现病害。一般在喷水时，要进行通风换气，俗称"不打开门水"。

（四）增加光照

巴氏蘑菇子实体的形成和生长发育，均需要散射光。在完全黑暗的条件下，很难出菇。即使长出了菇，也易形成畸形菇。出菇期间的光照强度，以能看书写字的光亮为宜。

七、采收

当菌盖边缘将要离开而又未离开菌柄之前，仍然包裹成球形时，用手轻捏子实体发软时即可采收。在高温期间，子实体生长快，易开伞，应每天早晚各采收一次。

采菇时要轻捏菌盖，旋转摘下。采后切去带泥菌柄，切口要平，轻轻放入筐中，以免碰伤变色。

八、采后管理

每次采菇后，应及时挑出遗留在床面上干瘪、变黄的老根和死菇。挑根后留下的坑穴应及时用湿润的覆土填平，保持畦面平整，防止喷水后穴内积水，影响菌丝生长。第一、二潮菇后，如发现土层板结，应及时用小铲松动土层，将土层内的菌丝撬断，可促进转潮和结菇。第三潮菇后，为了增加培养料的透气性，散发菇生长过程中产生的废气，还应及时在培养料反面戳洞，以促进料内的气体交换，使之持续不断地出菇。一般秋季栽培可收4~5潮菇。

第十二章　茶树菇栽培技术

第一节　概述

茶树菇（*Agrocybe aegerita* Huang.）又名茶薪菇、茶菇、杨树菇、油茶菇、柳环菌、柳松茸等，属担子菌门、伞菌纲、伞菌目、球盖菇科、田头菇属。

茶树菇是温带及亚热带地区发生的一种木腐菌，主要于春季至秋季生长在油茶树、杨树、柳树、榆树、二球悬铃木、榕树、枫树等阔叶树的树干或树桩的腐朽部分和根部。子实体发生的温度范围较广，夏天或冬天也发现有野生的茶树菇。茶树菇是一种世界性分布的食用菌，广泛分布于亚洲、欧洲及北美洲的温带地区。在我国分布于福建、贵州、云南、浙江、江西、台湾、西藏、四川、江苏、湖南等省区。

茶树菇味道鲜美，香气浓郁，菌柄脆嫩，菌盖肥厚，鲜嫩可口。干品的泡发性强，泡发后清脆如鲜。100 g 干茶树菇含蛋白质 19.55 g，脂肪 2.05 g，碳水化合物 30.28 g。茶树菇含有 18 种氨基酸，其中人体必需的 8 种氨基酸均具备，还含有丰富的 B 族维生素及矿质元素。

茶树菇性平、甘温、无毒，有清热、平肝、明目的功效，可以补肾壮阳、利尿、渗湿、健脾、止泻，民间常用于治疗腰酸痛、胃冷、肾炎水肿、头晕、腹痛、呕吐、头痛等症，还具有降血压、抗衰老和抗癌等功效。

我国学者于 1972 年在福建分离到第一株野生茶树菇纯种。自 20 世纪 80 年代以来，我国开始了茶树菇的生物学特性及栽培技术研究，并开始零星栽培。目前，茶树菇规模栽培已非常大。

第二节　生物学特性

一、形态特征

（一）菌丝体

茶树菇菌丝体纤细、有分枝，直径 2~4 μm，绒毛状，双核菌丝有锁状联合。

（二）子实体

子实体单生、双生或丛生。菌盖直径 2~9.5 cm，表面光滑，初为半球形，暗红褐色，后渐变为扁平，淡褐色或土黄色，边缘淡褐色，有浅皱纹，成熟后，菌盖常上卷，边缘破裂。菌肉污白色，略有韧性，中部较厚，边缘较薄。菌褶片状、细密、几乎直生，初白色，成熟后咖啡色。菌柄长 3~9 cm、直径 4~10 mm，中实，纤维质，脆嫩，表面有纤维状条纹，近白色，基部常污褐色。内菌幕膜质，淡白色，上表面有细条纹，开伞后常留于菌柄上部或自动脱落或黏附于菌盖边缘。菌环膜质，生于菌柄上部。孢子椭圆形，淡黄褐色，表面光滑，大小为（8~10.4）μm×（5.2~6.4）μm，芽孔不明显。孢子印褐色。

二、生长发育条件

（一）营养条件

茶树菇利用纤维素能力较强，利用木质素能力较弱。人工栽培时可选用一些富含纤维素的原料如棉籽壳、杨柳木屑、蔗渣、玉米芯等作为主料。培养料在装袋前先经过发酵，使纤维素得到有效的降解，更有利于茶树菇菌丝的分解利用，能提高发菌速度和产量。

茶树菇对有机氮的利用较好，对大分子有机氮原料的利用能力较强。在人工栽培时，在培养基中加入米糠、麦麸、玉米粉、大豆饼粉、花生饼粉、茶籽饼粉等富含蛋白质的原料，有利于菌丝生长、缩短发菌周期。

（二）环境条件

1. 温度　茶树菇菌丝体在 3~35 ℃下均能生长，最适温度 23~28 ℃。子实体形成和生长的温度范围为 16~32 ℃，18~24 ℃最适。茶树菇是一种中温结实性菇类，在较低温度处理一段时间，再转入 18~24 ℃培养，可使出菇整齐、子实体的商品性能提高。

2. 水分和湿度　茶树菇菌丝在培养料含水量 65%~70% 时生长较快。在菌丝生长期间，空气相对湿度保持 70% 以下。出菇期间，要求菇房空气相对湿度 85%~95%。

3. 空气　茶树菇是一种好气性真菌。发菌期和出菇期均应有充足的氧气。子实体生长时，如果环境二氧化碳浓度大于 0.3%，会使菌柄加长、菌盖变小。利用这一点及它的趋光性，在栽培中，可以采用塑料袋做套筒的办法，使光线均匀一致，局部二氧化碳浓度增高，获得菌盖小、菌柄长的产品。

4. 光线　茶树菇菌丝生长不需要光线；原基形成和子实体发育需要 500～1 000 lx 的光照。茶树菇子实体有明显的趋光性。栽培时不可随意改变光源方向，以免发生畸形菇。

5. 酸碱度　茶树菇菌丝体在 pH 值为 4～11 时均可生长，最适为 5.0～6.5。原基分化及子实体生长发育所需的 pH 值为 5.0～6.0。

第三节　栽培技术

一、栽培季节

茶树菇可以春秋两季栽培。各地情况不同，栽培的具体时间也不尽相同。当气温达到 20～25 ℃，即是出菇的适宜季节。一般来说，华南地区春栽可在 2 月下旬至 4 月上旬接种，4 月中旬至 6 月中旬出菇；秋栽在 8～9 月接种，10～11 月出菇。长江中下游地区春栽可在 2～3 月接种，4～5 月出菇；秋栽在 7～8 月接种，9～10 月出菇。华北地区，春栽可在 3 月中旬至 4 月底接种，5～6 月出菇；秋栽可在 7～8 月接种，8 月下旬至 10 月中旬出菇。

二、培养料配方及处理

（一）培养料配方

（1）阔叶树木屑 36%，棉籽壳 36%，麦麸 20%，茶籽饼粉或豆饼粉 1%，玉米粉 5%，石膏粉 1%，蔗糖 1%，水适量。

（2）棉籽壳 84%，麦麸或米糠 10%，玉米粉或豆饼粉 5%，石膏粉 1%，水适量。

（3）棉籽壳 39%，蔗渣 39%，麦麸 20%，石膏粉 2%，水适量。

（4）阔叶树木屑 73%，麦麸或米糠 20%，玉米粉 5%，白糖 1%，石膏粉 1%，水适量。

（5）棉籽壳 30%，玉米芯 50%，麦麸 17%，石膏粉 2%，糖 1%，水适量。

以上配方，主料以棉籽壳最好。阔叶树木屑以泡桐、杨树等速生木材为好，其他阔叶树木屑也可选用。有条件的，往培养料中添加适量（5%～15%）茶籽饼粉，效果较好。如果没有茶籽饼粉，可加入豆饼粉等饼肥，并适当加大麦麸或米糠的用量。

（二）培养料处理

拌料时，要将培养料搅拌均匀。调节培养料 pH 值为 6.0~6.5。含水量以手紧握少量培养料，指缝间有水渗出而不下滴为宜。

拌料后可直接装袋。但培养料经发酵处理对栽培更为合适。培养料拌好后，制成宽 1.5 m、高 1.0 m 的长方形料堆，覆盖草苫保温。堆温升至 60 ℃后，保持 12 h 后翻堆。复堆后再发酵 3 d，散堆。堆温下降至 30 ℃以下即可装袋。

三、装袋

选用规格为（15~18）cm×（33~40）cm×0.004 cm 的低压聚乙烯塑料袋。

一般用装袋机装袋。采用折角袋，一端装料，用线绳捆扎，或采取套环+棉塞+报纸（或牛皮纸）封口，灭菌后一端接种。装料要松紧适度，料面平整，松紧一致，以免周身出菇。装料至料袋 1/2~2/3 即可，空余的料袋便于出菇期管理。袋装好后，在料中央打一个深 10 cm 左右的洞穴。

四、灭菌

常压蒸汽灭菌 100 ℃保持 12 h 以上；高压蒸汽灭菌 0.14 MPa 维持 2.0~2.5 h。

五、接种

料袋温度降至 30 ℃左右时即可接种。接种可在接种室、接种帐内进行，严格按照无菌操作规程接种。茶树菇菌丝生长稍慢，要增大接种量。每瓶（袋）（750 mL）接 10~15 袋。菌种要布满料袋表面，并使菌种通过接种洞穴达到培养料下半部。

六、发菌期管理

菌袋接种后，移入发菌室发菌。根据发菌室温度决定堆码层数。发菌期保持温度 22~26 ℃，空气相对湿度 70%以下，较暗的光线，新鲜的空气。

接种后 7 d 翻堆。翻堆要将菌袋内外、上下对调，促进发菌均匀一致。翻堆时进行检查，不萌发的菌袋集中在一起，统一进行重新接种；对杂菌污染较轻的菌袋，可封闭注射消毒药液治疗；杂菌污染较重或因菌种带杂而引起污染的菌袋，可埋掉或烧掉。检查后向室内喷 0.5%甲醛等消毒药液，并喷洒 500 倍的菊酯类农药防虫。以后每隔 7~10 d 翻堆一次。每次翻堆后，均需要向室内喷雾消毒药液和杀虫杀螨药液。

如果发菌期间遇到了较长时间的低温天气，而菌丝也已经吃料较多，可采取刺孔增氧的方法刺激菌丝生长。刺孔可采用 6.6 cm 铁钉、针锥等工具进行，孔要刺在离菌丝边缘 1.5~2.0 cm 的菌丝生长区域，铁钉或针锥与菌袋成 45°角向接种块方向斜刺。菌丝未发到的地方、杂菌污染的区域不能刺孔。刺孔后 1~2 d 菌丝体生长旺盛，释放出大量热量，使菌袋温度和发菌室温度剧烈上升，一定要注意采取相应的降温措施，比如加强通风换气、及时翻堆等，以免造成烧菌。

七、出菇期管理

（一）子实体发生期管理

茶树菇菌丝发满后要经过 7~15 d 的后熟培养。这一时期要增加散射光照，保持温度 22~26 ℃。料面分泌黄色至深褐色的分泌物，进而出现深色斑块，是现蕾的先兆。

1. 催蕾 将发满菌丝的菌袋打开，将其余的料筒拉直，料面的种块和老菌皮刮掉，覆盖薄膜。然后控制温度 18~24 ℃，并制造 10 ℃ 的温差，保持空气相对湿度 90% 左右，给予一定的散射光照，加强通风换气，保持空气新鲜进行催蕾。一般经过 5~10 d，小菇蕾即大量发生。

2. 子实体生长期管理 保持温度 22~26 ℃。如果室内温度较高，应将袋口套袋放松，以免幼菇腐烂或萎缩；保持空气相对湿度在 85%~95%。室内空气相对湿度主要靠保持地面积水、空气中喷雾等方法维持。洒水时，要防止水珠溅落在子实体上，造成腐烂或影响品质；加大通风换气力度，但室内空气流动不可过于强烈。茶树菇与金针菇相似，在一定浓度的二氧化碳下，能够达到抑制菌盖开张、加速菌柄生长、提高商品品质的目的。调节散射光照在 500~1 000 lx。适量的散射光照可使子实体粗壮、色泽加深、商品质量提高（图 4.12）。

八、采收

当孢子尚未大量散发，菌膜即将破裂，菌盖转白，菌盖即将展开、直径 2~3 cm 时为适宜采收期。过了采收适期，菌膜破裂，孢子成熟，菌褶变成褐色，散发的孢子落在菌盖上，商品价值降低。

茶树菇子实体易脱落，柄易折断，盖易碰碎，而且潮次不太明显，采收时要轻。采收时用手轻握菌柄，旋转菌袋，单朵或整丛采下，不损伤菌盖和菌柄，也不要损伤未成熟的幼菇。

九、采后管理

去除菌袋上残留的老菌柄和萎缩的菇蕾及幼菇，搔去老菌皮。一般搔菌厚度为 0.2~0.3 cm。然后将袋口捏拢，保持温度 24~28 ℃、停止喷水 3~5 d，让菌丝恢复生长。待料面见到气生菌丝时，进行补水。

图 4.12　茶树菇出菇

　　补水是茶树菇采后管理的重要环节，常用的有灌水法和注水法。灌水法是指往菌袋灌入一层水（约 100 mL），放置 12~24 h 后将余水倒去。注水法是指采用注水器将水注入菌袋。可结合补水往菌袋补充营养。如可补充葡萄糖 100 g、三十烷醇 0.05 g、复合肥 50 g、尿素 20 g、水 10 L 的营养液。补水后进行常规出菇管理。袋栽出菇周期一般为 3 个月，可采 3~4 潮菇。

第十三章 白灵菇栽培技术

第一节 概述

白灵菇 ［*Pleurotus nebrodensis*（Inzenga）Quél］是白阿魏侧耳的商品名，又称翅鲍菇。杏鲍菇、阿魏蘑和白阿魏蘑三种食用菌的亲缘关系较近，均属于担子菌门、伞菌纲、伞菌目、侧耳科、侧耳属。杏鲍菇又名刺芹侧耳；阿魏蘑是刺芹侧耳阿魏变种；白阿魏蘑是刺芹侧耳白色变种，商品名为白灵菇。

野生白灵菇是生活在干旱荒漠上的一种菇类，它寄生或腐生在阿魏植物上，也寄生和腐生在刺芹、阔叶拉瑟草等植物上。子实体多单生，也丛生。野生的在我国西北也有分布。春末至夏初发生。其分布范围是南欧、北非和中亚（印度、巴基斯坦、我国新疆等）等地区。

白灵菇子实体不仅洁白清亮，菌肉肥厚，质地细腻，脆嫩，口感好，而且营养丰富，每 100 g 干白灵菇含蛋白质 14.7～22.95 g、碳水化合物 43.2 g、脂肪 4.31 g、粗纤维 15.4 g、灰分 4.8 g。蛋白质含有 17 种氨基酸，其中包括 7 种人体必需氨基酸，占氨基酸总量的 35%。

白灵菇还具有一定的药用价值，《中国药用真菌图鉴》记载，白灵菇可治胃病，其药效类似阿魏。阿魏消积、杀虫，用于腹部肿块、肝脾肿大等。白灵菇还有提高人体免疫力的作用。

1983 年，新疆生物土壤沙漠研究所的研究人员进行阿魏蘑的采集、分离培养和驯化栽培研究，采用云杉木屑、棉籽壳和麦麸为培养基驯化栽培成功。在菌种选育过程中，又发现白灵菇优良菌株，并栽培成功。经过广大食用菌工作者的工作，白灵菇迅速在河南、河北、甘肃、新疆等地大面积推广。

第二节　生物学特性

一、形态结构

（一）菌丝体

白灵菇菌丝体在试管斜面上比平菇菌丝体浓密洁白，菌苔厚且较韧，但生长速度比平菇慢、气生菌丝旺盛。在显微镜下观察，菌丝较粗，有分枝，锁状联合明显。

（二）子实体

白灵菇菌盖初凸出形，后平展，中央逐渐下凹呈歪漏斗状，白色，直径6~13 cm或更大。菌盖边缘初内卷。菌肉白色肥厚，中部厚1~6 cm，最厚可达8 cm，向边缘渐薄。菌褶刀片状，密集，长短不一，近延生，奶油色至淡黄色。菌柄长6~14 cm、粗1.5~4 cm，上下等粗或上粗下细，表面光滑，白色，中实，细嫩可食。孢子长椭圆形至椭圆形，大小为（14.7~16.0）μm×（5.3~7.8）μm，表面光滑，无色，有内含物。孢子印白色。

二、生长发育条件

（一）营养条件

白灵菇在自然界主要发生于伞形科大型多年生草本植物，如刺芹、阿魏、拉瑟草等的茎根上。主要营腐生生活，有时也兼有寄生性。

人工栽培白灵菇主要原料有棉籽壳、玉米芯、阔叶树木屑、甘蔗渣、麦麸、玉米粉、石膏、过磷酸钙、碳酸钙、石灰等。

（二）环境条件

1. 温度　白灵菇是一种低温变温结实性菇类，菌丝生长温度为5~32 ℃，最适25~28 ℃，在35 ℃以上停止生长；原基形成分化温度为0~13 ℃；子实体在6 ℃以上均能生长，最适温度为12~15 ℃。白灵菇原基形成需要10 ℃左右的温差刺激。

2. 水分和空气相对湿度　培养料含水量以65%为宜。发菌时空气相对湿度要低于70%。子实体在85%~95%的空气相对湿度下生长良好。

3. 空气　白灵菇是好氧性菌类，菌丝体生长和子实体发育均要求有足够的氧气。尤其是子实体生长阶段对氧气更加敏感，氧气不足，直接影响菇体形态。因此，发菌室和出菇场均要求空气新鲜。

4. 光线　白灵菇菌丝生长不需要光线，在黑暗条件下生长良好。菇蕾分化需要散射光，在 200~500 lx 光照下子实体发育正常。光线弱时，易形成柄细长、菌盖小的畸形菇。在直射光和完全黑暗时均不易形成子实体。

5. 酸碱度　白灵菇菌丝生长的 pH 值范围为 5~11，最适为 5.5~6.5。

第三节　栽培技术

一、栽培季节

白灵菇子实体在 12~15 ℃生长较快。因此，当地气温降至 12~15 ℃前 50~60 d 制袋接种最适。制袋接种时日最高气温稳定在 30 ℃以下为最适。一般于 8 月底至 9 月初开始接种。提前接种，气温高于 30 ℃易染杂菌，而且容易形成菌皮，影响出菇；接种太迟，低温来临后，对菌丝生长不利。因此，在适温期要抓紧接种制袋。

二、培养料配方及处理

（一）培养料配方

（1）棉籽壳 87%，麦麸 10%，石膏 1%，石灰 2%，水适量。

（2）棉籽壳 28%，玉米芯 48%，木屑 10%，麦麸 10%，石膏 2%，石灰 2%，水适量。

（3）棉籽壳 38%，玉米芯 28%，木屑 20%，麦麸 10%，石膏 2%，石灰 2%，水适量。

（4）甘蔗渣 80%，麦麸 12%，玉米粉 5%，石膏 1%，石灰 2%，水适量。

（5）棉籽壳 46.5%，玉米芯 40%，麦麸 10%，石膏 1.5%，石灰 2%，水适量。

（6）木屑 78%，麦麸 20%，石膏 1%，石灰 1%，水适量。

（二）培养料处理

可以直接将培养料加水拌匀后装袋。将培养料先堆制发酵再装袋栽培效果更好。培养料发酵方法同平菇培养料发酵方法。

装袋前使培养料含水量达60%~65%，掌握"宁干勿湿"的原则，以手紧握少量培养料有水渗出而不下滴为宜，pH 值以 7.5~8.5 为适。

三、装袋

选用低压聚乙烯筒料，规格为（15~17）cm×（33~35）cm×0.004 cm。袋要装得圆实饱满，松紧一致，装满后扎口。每袋装湿料 1 kg 左右，袋长 20 cm 左右。

四、灭菌

一般采用常压灭菌，保持 100 ℃ 12 h 以上。

五、接种

当袋温降至 30 ℃ 时，严格按照无菌操作规程无菌接种。每瓶（袋）菌种接 20~30 袋。菌种块大小以红枣大为宜。

六、发菌期管理

接过种的菌袋，运到发菌室发菌。根据季节和气温高低决定摆放层数，一般 4~6 层，气温高时层与层之间要放上两根细竹竿以利于通风降温。菌袋放入发菌场所后，要喷 0.1% 克霉灵溶液进行空气消毒，每周喷雾一次。整个发菌期间控制温度在 22~25 ℃、空气相对湿度 70% 以下，空气新鲜，暗光。

发菌期间要严格控制温度，袋温不能超过 30 ℃。如果袋温长时间过高，使菌丝受热，将严重影响出菇。

菌袋菌丝封头后（10~15 d），要进行第一次翻堆，检查菌丝长势和有无杂菌。杂菌呈点状或小片状时，可用甲醛、酒精等涂擦处理。第一次翻堆后，要每隔 10 d 翻堆检查一次。发现杂菌轻则按上法处理，污染严重时要拿出发菌场所，集中灭菌后晒干备用。

经过 35~40 d，白灵菇菌丝可长满袋。白灵菇菌丝发满后，菌袋较松软，菌丝稀疏，应控制袋温 20 ℃ 左右继续培养 35~45 d（品种不同生理成熟的天数也不同）。当菌丝浓白、菌袋坚实、料表面出现少量菌皮时，即达到生理成熟，才能进行出菇管理。

七、出菇期管理

（一）出菇方式

白灵菇菌丝需经 10 d 左右的低温处理，再进行出菇管理。菌袋的出菇方式多种多样，既可平放地面或床架上一端出菇，又可垛式堆放两端出菇，还可将菌袋下部薄膜脱去覆土出菇等。

双排菌墙法具有管理方便、产量高、菇形好的特点。将菌袋的薄膜脱去 2/3、出菇端留 1/3，将每两袋脱袋一端间距 10~15 cm 砌成双排菌墙，袋间距 2~3 cm，每层菌袋上覆土 2~4 cm，菌墙底宽 0.85~1.0 m，顶宽 0.65~0.85 m。墙中间填土。墙顶部做成水槽，便于灌水。袋与袋之间、层与层之间要有 2 cm 间距，否则容易起高温。菌墙高 6~8 层菌袋。菌墙垒好后，要用塑料薄膜覆盖，以保持湿度，促使出菇。如果不覆薄膜，菌袋表面容易干燥，致使出菇困难。

菌墙环割单排菌袋出菇也是生产中常用的方法之一。将菌袋中间塑料膜环割6~8 cm，然后垒菌墙，泥隔的稍厚，上部垒成水槽，然后将菌袋两头料袋拉开，用薄膜搭上，进行出菇管理。

也可进行立体墙式出菇。在菇棚地面上垫一层砖土等，将菌袋一层一层摆放在其上，高8~10层，打开两端袋口出菇。

还可以采用埋袋出菇法：将菌袋下部薄膜脱去埋入畦内，直立摆放，间距2 cm，袋中间填砂土，袋上部1 cm薄膜不脱、不覆土。覆土后，浇一次水，从上部出菇。

（二）出菇期管理

菌丝达到生理成熟后即进入出菇期。成熟的菌袋要想及早整齐出菇，须经催蕾。催蕾主要是通过搔菌、温差刺激、光照刺激、干湿刺激、让菌丝体接触新鲜空气等措施，促使菌丝扭结出菇。

1. 搔菌育绒　揭开袋口，用勺子刮去接种块或轻轻搔去料面中央的表面的菌皮。搔菌的面积不能过大。搔菌后把袋口向外拉一下，然后覆盖薄膜，防止料面干燥，待搔菌处菌丝发白后即可进行出菇管理。

2. 低温和温差刺激　白灵菇是低温变温结实性菇类。控制菇房内温度在1~15 ℃。据试验和生产实践证明，以8 ℃为中心、上下10 ℃的温差是催蕾的合适条件。为了拉大温差，可以晚上将覆盖在塑料大棚上的薄膜或草苫掀去，白天盖上，白天保持15 ℃左右，夜间维持0 ℃以上，保持10 ℃以上的温差，才能使其整齐现蕾。

温度高时要加厚覆盖遮阴物，加强通风，夜间大通风，白天在覆盖物上喷水降温。冬季白天应采用日光棚升温、双膜覆盖、棚内吊遮阳网吸光等措施增温，晚上揭开薄膜和草苫给以冷刺激等措施创造温差。

3. 补水和提高空气相对湿度　采用菌墙出菇的要定期向菌墙上部的水槽内灌水，补充菌袋内水分。灌水次数视情况而定。

菌墙出菇的，要在菌墙上边搭薄膜保湿。如果有个别菇先长出，可以在薄膜上的相应部位打孔，使菇蕾露到外面，进行常规管理，而薄膜内部仍可保湿催菇。出菇期要保持空气相对湿度85%~90%，采用墙体喷水、空间喷雾（雾水不能落在子实体上）等措施增加湿度。

4. 加强通风，保持空气新鲜　经常通风换气，排除不良气体，保持空气新鲜，满足出菇对氧气的需求。

5. 给予散射光照　给予散射光照，促使菌丝扭结。要避免直射光照射，强烈的直射光对出菇不利。若没有光照或光线过暗，子实体也难以形成。

在适宜的温湿度、较大的温差、散射光照和氧气充足的环境中，经过15 d左右，菌丝即开始扭结，整齐地形成大量白色米粒状原基。原基形成后，去掉薄膜进行菇期管理。

（三）子实体生长期管理

1. 及时疏蕾　当原基长至蚕豆大小时，要及时疏蕾。一般每袋每端只留 1 个菇蕾，用小刀将多余的菇蕾削掉。疏蕾时要避免摇动所留菇蕾。

2. 控制温度 5～15 ℃，使子实体正常生长　12～15 ℃的温度最适合白灵菇子实体生长，菇长得快，且菇厚、产量高。若温度过高（超过 16 ℃），子实体易变黄，要进行通风降温；温度过低，子实体生长慢，需采取增温措施。

3. 保持空气相对湿度 80%～90%　湿度偏小时，采取向地面喷水或空中喷雾的方法补充。子实体生长期间，不能向菇体上喷水，否则，菇体顶部易发黄、发黏。若空气相对湿度过大，易造成菌盖鳞片反卷，严重影响产量和质量；如湿度过小，则子实体易出现鳞片，且菇体生长慢、菇体小，影响产量和质量。

4. 保证空气新鲜　加强通风，使栽培场有足够的氧气，防止二氧化碳积累过多，影响菇体正常生长。此期若通风不良、二氧化碳浓度过大，会使菇体生长缓慢或变黄。但要避免大风干风直吹原基。通风时要注意与保温和保湿协调一致，不能顾此失彼。

5. 给予散射光照　白灵菇生长需要散射光，一般的散射光线即可满足要求（图 4.13）。

图 4.13　白灵菇出菇

八、采收

低温季节白灵菇从幼菇到采收需 10~15 d。当菇体七八分成熟，菌盖边缘尚内卷，尚未散发孢子时要及时采收。

采收时可手捏菌柄左右轻轻转动扭下或用小刀齐根切下。白灵菇采收后要削去基部杂物。采下的鲜菇不可漂洗或浸泡，否则极易发黄变质。

第十四章　滑菇栽培技术

第一节　概述

滑菇［*Pholiota nameko*（T. Itô）S. Ito & S. Imai］又名光帽鳞伞、滑子蘑、珍珠菇，属担子菌门、伞菌纲、伞菌目、球盖菇科、鳞伞属。因菇盖表面黏滑而得名。

滑菇自然发生在春、秋两季，主要分布于中国和日本。日本栽培的历史较长，我国20世纪80年代以来有较大规模栽培，主要是在吉林、黑龙江、辽宁、河北等地。

滑菇营养丰富，味道鲜美。据分析，每100 g干菇含粗蛋白33.76 g、脂肪4.05 g、总糖38.99 g、纤维素14.23 g、灰分8.99 g，还含有维生素C、维生素D、B族维生素等，还含有多糖类物质，对肿瘤有一定的抑制作用。

滑菇具有朵形小、生长旺盛、耐寒性强等特点，适合于我国北方地区栽培。由于菇体圆整，色泽艳丽，商品形态好，风味独特，深受市场欢迎。

第二节　生物学特性

一、形态特征

（一）菌丝体

菌丝绒毛状，初呈白色，逐渐变为奶黄色或淡黄色。在PDA培养基上，培养温度稍高易产生分生孢子。

（二）子实体

滑菇子实体丛生。菌盖初半球形，黄褐色或红褐色，直径3~10 cm，随着子实体的生长，中央凹陷呈扁平，色泽较深，边缘较浅。菌盖表面光滑，边缘呈波浪状。菌盖上有黏液，其黏度随温度增加而加大，干燥时略有光泽，无鳞片。菌褶延生或弯生、密集，初期白色或乳黄色，成熟后浅褐色或赭石色。菌柄中生，呈圆柱形，长2.5~8 cm、直径0.4~1.5 cm，有时基部略黏。菌柄上部有膜质的环，易消失。菌柄上部呈乳黄色，下部为浅褐色，覆有黄褐色绒毛。孢子椭圆形或卵形，肉桂色，大小为（5~6）μm×（2.5~3）μm。

二、生长发育条件

（一）营养条件

滑菇属腐生菌类。可利用的碳源主要是单糖、双糖、多糖、木质素和纤维素等。人工栽培常用富含纤维素、木质素的棉籽壳、玉米芯、阔叶树木屑、秸秆等做培养料。栽培上常加入麦麸、米糠、玉米粉等补充培养料中的氮源。

（二）环境条件

1. 温度　滑菇属低温变温结实性菇类。菌丝生长温度为4~32 ℃，以22~28 ℃最适。子实体形成温度在5~20 ℃，以15 ℃左右最适。7~12 ℃的温差，有利于原基形成。子实体生长温度范围6~20 ℃，在7~12 ℃下子实体商品品质最好。温度高于20 ℃子实体发生少、菇盖小，开伞早甚至不出菇；温度低于7 ℃，生长慢。

2. 水分和空气相对湿度　滑菇为喜湿性菌类。培养料含水量60%~65%、空气相对湿度70%左右时，菌丝生长良好；子实体生长阶段，空气相对湿度控制在85%~95%，在较高的湿度下菌盖表面形成一种特有的黏性物质，有利于提高产品的质量。

3. 空气　滑菇属好氧性菌类。特别在子实体发育阶段，需要充足的氧气。如果在静止而潮湿的空气中，或在二氧化碳浓度较高的空气中，则易形成畸形菇。

4. 光线　菌丝体生长不需要光线。在菌丝培养后期，给予弱散射光，有利于原基的形成。子实体形成和发育，要有一定强度的散射光，适宜的光照强度为300~800 lx，如光照不足，菇少、色淡、盖小、柄长，且易开伞，质量差。

5. 酸碱度　菌丝在pH值为4.5~7时均能生长，以pH值5.5~6.5最适。

第三节　栽培技术

一、栽培季节

栽培季节因各地气候条件、栽培品种和栽培方式不同而不同。春种秋收是辽宁、河北等滑菇主产区的主要栽培模式。适宜播种期为2~3月，4~8月为发菌期，9 月气温降到 20 ℃以下时开始出菇，11 月下旬结束，出菇期 2~3 个月。

二、培养料配方及配制

（一）培养料配方

（1）阔叶树木屑 84%，麦麸 15%，石膏 1%，水适量。

（2）棉籽壳 88%，麦麸 10%，糖 1%，石膏 1%，水适量。

（3）阔叶树木屑 49%，玉米芯 40%，麦麸 10%，石膏 1%，水适量。

（二）培养料配制

根据配方准备培养料，加水将培养料搅拌均匀，含水量以手紧握少量培养料有水渗出而不下滴为宜。

三、装袋

通常采用规格为（17~20）cm×（33~35）cm×0.004 cm 的低压高密度聚乙烯塑料袋。装袋要求松紧适宜，稍压实，装袋后在料中央打一透气孔，然后将袋口扎成活结。

四、灭菌

一般采用常压灭菌法灭菌。袋装好后及时放入常压灭菌锅内，温度升到 100 ℃保持 12 h 以上。将闷锅后的料袋及时搬入接种室。

五、接种

袋温降至 20 ℃以下时，严格按照操作规程两端接种。

六、菌袋培养期管理

菌袋培养期间保持发菌室温度 18~20 ℃、空气相对湿度 70%以下、较暗的光线和良好的通风，使菌丝健壮生长。当袋表菌丝转为黄褐色时，控制发菌室温度 23~26 ℃。

七、出菇期管理

菌丝长满袋后，解开两端的塑料袋口，促进菌丝转色形成蜡质层。当菌袋表面出现淡黄色蜡质层、用手拍打有嘭嘭声时，说明菌丝已经达到生理成熟，就可以进行出菇管理。等菇房温度稳定在 25 ℃以下时，将菌丝生理成熟的菌袋袋口处的薄膜外翻，露出培养料，立放或卧放于出菇架或地面上，袋上覆盖塑料薄膜，待蜡质层完全形成后，将裸露的菌块料面进行划面处理。划面后控制菇房温度 10~15 ℃，空气相对湿度 90%左右，增加散射光照，保持空气新鲜，保持原基形成和子实体生长（图4.14）。

图4.14　袋栽滑菇出菇

1. 水分管理。当菌盖长至0.3~0.5 cm时喷雾状水，喷水次数根据棚内湿度和子实体生长情况而定，保持空气相对湿度在85%~95%。

2. 温度控制。10~15 ℃最适滑菇子实体生长。应控制好菇房的温度，若高于20 ℃，子实体色淡、黏液少、盖小、易开伞、柄细长；若温度低于7 ℃，子实体生长缓慢，易出畸形菇，盖表皱褶、色深、黏液厚、柄短而粗，基部相连，并有明显肥大。

3. 通风管理。随菇蕾发育，应及时通风换气，否则易出现畸形菇。气温高时多通风；气温低时，通风量减少。通风时，前后通风孔相对错开，以免过堂风强，导致菇蕾失水。

4. 光线。子实体生长需300~800 lx散射光。若光线不足，菇体色淡、开伞早、盖小；光照过强，子实体色深、菌柄粗短。

（六）后潮菇管理

采收一潮后，停止喷水，用塑料薄膜覆盖菌袋养菌，7 d后又出现原基，继续进行出菇管理。

五、采收

滑菇应在未开伞前采收。当菌盖直径2~3 cm，边缘即将离开菌柄、菌膜未开裂、菇体呈半球状时及时采收。此时菇质鲜嫩，油润光滑，品质最佳。

采收时，用左手的中指、食指按住菇根部培养料，右手捏住菇柄轻轻向上拔。

第十五章　姬菇栽培技术

第一节　概述

姬菇 ［*Pleurotus cornucopiae*（Paulet）Rolland］又名小平菇，属担子菌门、伞菌纲、伞菌目、侧耳科、侧耳属。

野生姬菇春秋季生于阔叶树枯枝上，在我国分布较广，黑龙江、吉林、河北、河南、陕西、山东、江苏、浙江、安徽、江西、广西、海南、云南、新疆等地均有野生姬菇的报道。

姬菇营养丰富，口感脆嫩，味道鲜美，其与同一菌株长成的常规平菇相比较，蛋白质、氨基酸、粗纤维、磷和钙含量都比较高。

第二节　生物学特性

一、形态特征

（一）菌丝体

姬菇的菌丝体白色，密集，粗状有力，前期有的匍匐生长，有的高低起伏向前延伸。后期气生菌丝旺盛，爬壁力强，偶尔在菌丝尖端形成淡黄色油滴状分泌物，但无色素沉着。双核菌丝具有大而明显的锁状联合。

（二）子实体

姬菇具有与平菇相似的子实体形态，但柄长，菌盖较小，商品菇的菌盖直径0.8~2.5 cm，菌柄长4 cm左右。姬菇体态较小，但已非平菇菌株自然发生时的幼小子实体，是由特殊菌株在特定条件下塑形而成。孢子无色透明，光滑，长椭圆形，大小为（7~11）μm×（3.5~4.5）μm。孢子印淡紫色。

二、生长发育条件

(一) 营养条件

人工栽培主要用棉籽壳、阔叶树木屑、蔗渣、玉米芯等作为碳源；添加麦麸、米糠、玉米粉等作为氮源。还需要石膏粉、过磷酸钙、磷酸氢二钾、硫酸钙等矿物质营养。

(二) 环境条件

1. 温度　姬菇属中低温型菇类。菌丝生长温度为5~30 ℃，最适温度为22~25 ℃；出菇温度5~24 ℃，最佳出菇温度8~15 ℃，不同的菌株有差异。超过22 ℃原基难以分化。姬菇属变温结实性菇类，8~10 ℃的温差有利于原基形成。没有温差刺激，很难形成子实体；子实体生长温度8~24 ℃，最适温度因种而异，中温品种为14~22 ℃，中温偏低品种为12~16 ℃，低温品种为8~14 ℃。

2. 水分和空气相对湿度　菌丝生长阶段培养基含水量在60%~65%，空气相对湿度在70%以下。子实体生长期空气相对湿度为85%~95%。

3. 空气　姬菇为好氧菌，菌丝生长和子实体发育都需要新鲜空气，幼菇发育期需氧量大，要加强通风换气。子实体进入生长期，则需要保持一定的二氧化碳浓度，以促进菇柄生长，但室内空气仍需要流通。

4. 光线　姬菇菌丝生长不需要光线。子实体生长需要一定的散射光，光强以20~100 lx为宜。成熟期，适当减弱光强度，对控制菇盖生长有利。

5. 酸碱度　姬菇菌丝生长的pH值为5.5~8.0，最适pH值为6.0~6.5。

第三节　栽培技术

一、栽培季节

由于姬菇的每潮子实体生长阶段很短，营养消耗相对较少，而转潮次数较多。因此，姬菇整个栽培周期拉得较长，最短要6个月，气温低的地区最长可达10个月。为了充分利用自然条件栽培，北方制袋时间在8~9月，适宜出菇时间为10月到翌年4月中旬，最佳出菇期为10月下旬到翌年3月。

一般30~40 d菌丝长满袋。其制袋时间从最适出菇温度前推30~40 d即可。

二、培养料配方及配制

(一) 培养料配方

(1) 棉籽壳91.5%，麸皮5%，石膏1%，石灰2%，磷酸二铵0.5%，水适量。该配方为姬菇产区常用配方。

（2）棉籽壳 80%，麦麸 10%，玉米粉 5%，过磷酸钙 1%，石灰 2%，石膏粉 1%，蔗糖 1%，水适量。

（3）玉米芯 79%，麦麸 10%，玉米粉 5%，豆饼粉 1%，过磷酸钙 1%，石灰 2%，石膏粉 1%，蔗糖 1%，水适量。

（4）阔叶树木屑 74%，麦麸 15%，玉米粉 3%，石膏 2%，黄豆粉 3%，蔗糖 1%，石灰 2%，水适量。

（5）棉籽壳 62.8%，玉米芯 30%，麸皮 5%，尿素 0.2%，石灰 2%，水适量。

（二）培养料配制

姬菇培养料处理有熟料和发酵料两种方法。为了缩短菇的转潮期，最好采用熟料栽培。常用的栽培方法为袋式栽培。常规拌料，控制含水量 60%~65%。

三、装袋接种

发酵料栽培采用规格为（20~22）cm×（45~53）cm×0.001 5 cm 的低压高密度聚乙烯袋，常规发酵、装袋，一般 3 层料 4 层菌种或 2 层料 3 层菌种。

熟料栽培采用规格为（15~17）cm×（45~53）cm×0.004 cm 的塑料袋，参考平菇熟料栽培常规拌料、装料，常压灭菌，冷却，接种。

四、发菌期管理

接种后将菌袋分层堆放，一般可堆放 8~10 层，气温高时降低堆放层数。两堆间要留 60 cm 宽走道。发菌期控制温度在 25 ℃左右，空气相对湿度 70% 以下，空气新鲜，较暗的光线，使菌丝体旺盛生长。发菌期间 10 d 左右翻堆 1 次，使菌袋发育均匀。一般 20~30 d 菌丝发满菌袋。菌丝发满后再置 7 d 左右达到生理成熟时移入菇棚出菇。

五、出菇期管理

（一）出菇方式

1. 立体袋堆积出菇　将达到生理成熟的菌袋立体摆放于菇棚内地面的砖块或土垤上，一般堆叠 7~9 层，温度高时降低堆叠层数。应用袖口式开袋出菇法，即解开袋口两端扎绳，向外拉袋，使袋膜与料面留出空间。

2. 墙式立体栽培　具体方法参考平菇墙式栽培法。

（二）出菇管理

1. 原基分化期　控制环境温度在 8~15 ℃，拉大昼夜温差 10 ℃左右，保持空气相对湿度 85% 左右，给予散射光照和充足的氧气，促使料面菌丝扭结，分化出大量子实体原基。

2. 菇蕾分化期　姬菇在菇蕾分化期，对环境条件的适应性较差。所以在这阶段尽量减少温差和湿差，控制温度8~22℃、空气相对湿度稳定在85%~90%。

3. 子实体生长期　当菇蕾长到红枣大小时，对环境适应性开始增强，这时的温度可在10~15℃、湿度在90%左右。

姬菇以长菌柄、小菌盖为好，所以此期要保持一定浓度的二氧化碳，以抑制菌盖生长、促进菌柄生长（图4.15）。

图4.15　姬菇出菇

六、采收

姬菇在菌盖边缘内卷、孢子尚未弹射、菇盖直径1~2 cm时应及时采收。一级菇菌盖直径0.8~1.5 cm，菌柄长3~3.5 cm。小平菇多为丛生，一丛菇必须一次采收完。采收时用手掐住一束菇，稍用力往下掰即可采下。

七、后潮菇管理

当一潮菇采收后，要进行养菌。姬菇转潮只有3~4 d。因此，转潮期及时清除料面死菇、菇根，但不可搔掉老菌皮。一般能出6~10潮菇，产量主要集中在1~3潮。

第十六章　秀珍菇栽培技术

第一节　概述

秀珍菇是肺形侧耳 ［*Pleurotus pulmonarius*（Fr.）Quél.］未成熟子实体的商品名称，以其个体小、风味佳、口感好而得名，属于担子菌门、伞菌纲、伞菌目、侧耳科、侧耳属。秀珍菇的名称源于台湾。

秀珍菇是近年来发展较快的食用菌品种，由于其属于中高温型品种，所以在食用菌周年生产中扮演着重要角色。

秀珍菇原产于热带、亚热带地区阔叶树枯木或立木上，自然分布于热带、亚热带地区。在我国主要分布于海南、广西、云南等潮湿多雨地区。1974 年由印度人进行人工驯化并获得成功。我国内地 1978 年从台湾引种进行试验性栽培。

秀珍菇鲜菇中含水量 89.5%，粗蛋白 3.8%，粗纤维 0.69%，灰分 0.75%。秀珍菇含有丰富的氨基酸，其中以鲜味氨基酸谷氨酸含量最高。

第二节　生物学特性

一、形态特征

（一）菌丝体

秀珍菇菌丝体呈绒毛状，菌丝生长速度快，爬壁能力强，气生菌丝旺盛，抗逆性强。菌丝体有锁状联合。母种培养基上容易扭结形成子实体。

（二）子实体

子实体单生或丛生。菌盖半球形至椭圆形，浅灰色至灰色。菌肉白色，中等厚度，边缘较薄。菌褶延生，狭长，密集，不等长。菌柄白色，多为侧生，上粗下细，长 3~10 cm、直径 1.5~3 cm。担子长柱形，顶端宽 44.7 μm×6.8 μm。囊状体长柱形，顶端圆，较基部宽，大小为 44 μm×6.88 μm。孢子长椭圆形或肾形，表面光滑，大小为（8.6~10）μm×4 μm，在显微镜下观察无色透明，内有一细胞核。孢子印白色。

二、生长发育条件

（一）营养条件

秀珍菇属木腐菌。其菌丝具有较强分解木质素、纤维素的能力，可用阔叶树木屑、棉籽壳、稻草、玉米芯等农副产品下脚料作原料。栽培时，还要添加一些含氮丰富的物质，如麦麸、米糠、黄豆粉等。菌丝生长适宜的碳氮比为30∶1。

（二）环境条件

1. 温度　秀珍菇为中高温型食用菌，菌丝生长温度为5~32 ℃，最适温度22~27 ℃；子实体分化温度10~22 ℃，最适温度15~22 ℃；子实体生长温度在15~30 ℃，最适温度18~24 ℃。秀珍菇为变温结实性菇类。高温季节栽培秀珍菇出菇时需要进行10~20 ℃的温差刺激。正常时期温差10 ℃处理即可。经温差刺激处理后2 d可出现大量的原基。

2. 水分和空气相对湿度　培养料含水量为60%~65%较适宜秀珍菇生长。菌丝体生长阶段要求空气相对湿度保持在70%以下。秀珍菇子实体生长期需要有较高的空气相对湿度，适宜的空气相对湿度为90%左右。

3. 空气　秀珍菇属好氧性真菌。无论是菌丝生长期还是子实体形成期，都应保持栽培环境空气新鲜。菇蕾进入生长期后，又需要保持一定的二氧化碳浓度，以促进菌柄长、抑制菇盖过快扩展，从而形成优质商品菇。

4. 光线　秀珍菇菌丝生长阶段不需要光线，在较暗的条件下能正常生长。但原基形成和子实体生长阶段，需要一定的散射光，在完全黑暗的条件下原基难以形成。子实体膨大期要有充足的散射光，如散射光不足，幼菇形成迟缓，产量降低，形成的菇体常常是菌柄细长、菌盖较小的畸形菇。秀珍菇正常生长所需的散射光强为600~800 lx。

5. 酸碱度　秀珍菇喜欢在中性稍偏酸的培养料中生长，培养料pH值为4.0~8.0，菌丝均能生长，以pH值6.0~6.5为宜。

第三节　栽培技术

一、栽培季节

秀珍菇栽培，应根据当地的自然气候安排生产。由于我国南北气温差异大，南北方生产时间亦应有所区别。春季安排在3~4月，菌丝发满菌袋需要50~

60 d，后熟时间为 23～30 d，一般 6 月上旬至下旬开袋出菇，出菇时间 80～90 d；秋季安排在 9～10 月，菌丝发满菌袋需 30～35 d，后熟时间大约 20 d，一般 10 月下旬至 11 月下旬开袋出菇，到翌年 2 月结束。

二、培养料配方及配制

（一）培养料配方

（1）棉籽壳 30%，甘蔗渣 20%，木屑 20%，麸皮 20%，豆粕 3%，玉米粉 5%，石灰 1%，轻质碳酸钙 1%，水适量。

（2）棉籽壳 30%，木屑 46%，麸皮 20%，石灰 1.5%，轻质碳酸钙 1.5%，红糖 1%，水适量。

（3）棉籽壳 16%，木屑 60%，麸皮 20%，石灰 1.5%，轻质碳酸钙 1.5%，红糖 1%，水适量。

（4）棉籽壳 80%，麦糠 18%，石灰 1.5%，过磷酸钙 0.5%，水适量。

（5）玉米芯 58%，棉籽壳 20%，麦糠 20%，石灰 1%，过磷酸钙 1%，水适量。

（6）木屑 63%，棉籽壳 20%，麦麸 12%，玉米粉 2%，石灰 2.5%，过磷酸钙 0.5%，水适量。

（二）培养料配制

根据配方，将培养料加水拌匀，使培养料的含水量达到 60%～65%。用手抓少量培养料用力紧握，指缝中有水渗出又不下滴，即达到标准。

三、装袋

通常采用规格为 17 cm×（38～40）cm×0.004 cm 的低压高密度聚乙烯袋。采用装袋机装袋，装袋要求紧实适中，菌袋有弹性。

四、灭菌

装袋后要及时灭菌，一般采用常压灭菌，当温度升至 100 ℃后保持 12 h 以上。

五、接种

将冷却后的栽培袋移入接种室，常规无菌接种。

六、发菌期管理

接种后的菌袋可立即搬入消毒杀虫处理过的培养室发菌管理。春季生产的菌袋，环境气温较低，菌种萌发慢、吃料慢。为了提高菌袋周围小环境的温度，菌袋应进行墙式堆叠，叠高 8～10 层，墙间距 10 cm，外覆盖塑料薄膜保温，每天午时通风透气30 min，每间隔10 d翻堆，拣出被污染的菌袋。若气温较适宜，可以将菌袋直接上架排袋发菌。保持袋温不高于28 ℃，空气相对湿度70%以下，充足的氧气和较暗的光线，使菌丝健壮生长。

七、出菇期管理

（一）温差刺激

秀珍菇原基的形成需要温差刺激。经温差刺激后出菇集中整齐，便于管理和生产安排。在菌丝达生理成熟，要拉大温差到10 ℃左右，并给予适量的散射光，促料面菌丝充分扭结，可分化出大量原基，以实现群体增产。菌丝满袋后，经10~20 d的后熟培养，70%~80%的菌袋吐黄水时便可割袋开口，进行降温刺激。具体操作是：低温刺激前1 d用锋利刀片将菌袋的塑料袋以略长于菌料2 cm的规格环割剔除，摆放在架子上，下下层反向开口。开制冷机降温，至4 ℃后保持12小时。有条件的可在冷库降温刺激。冬季气温低，利用蒸汽、热风或太阳光在白天加热，夜间自然降温，达到温差刺激效果。温差处理后2~3 d可形成大量原基，该期一般不喷水，仅在地面或空间喷水，保持空气相对湿度在85%~90%；过热或过闷时可适当通风，一般气温低在午间通风、气温高在早晚通风，通风时间不宜过长。

（二）原基分化期管理

菌袋排放好后，用薄膜覆盖栽培小区，密闭覆盖2~3 d，控制空间相对湿度85%~95%、温度20~25 ℃，每天视外界温度将垂地的薄膜掀高30 cm通风透气30 min，增加区内二氧化碳浓度，诱导原基分化形成。

（三）子实体生长期管理

待秀珍菇原基长至2 cm长左右，薄膜掀高1 m左右适当通风，注意避免风直吹菇面，控制温度18~24 ℃、空气相对湿度80%~90%、光照强度600~800 lx，前期多通风，后期适当减少通风，促进菌柄伸长，形成优质商品菇（图4.16）。

总之，秀珍菇出菇期管理要抓好三个环节，即前期促原基大量分化，以实现群体增产；中期保原基都能分化成菇蕾，以提高成菇率；后期保子实体发育的形状，以提高单朵重量为重点，多产优质菇。

八、采收

当菌盖直径3 cm左右，菌柄长5~6 cm时及时采收。采收时用剪刀自原基基部剪采，注意轻拿轻放，以免造成机械损伤。

九、后潮菇管理

每次采收后，清理菌袋表面的死菇和菇根，保温降湿培养7~10 d，让菌丝

图 4.16 秀珍菇出菇

恢复生长，为下潮菇发生积累更多营养。如果菌袋含水量偏低要补水，然后通过温差刺激进行后潮菇管理。秀珍菇子实体每次发生数量多，但总重量较轻，所以需要多次出菇才能达到较高产量。一般可出6~7潮菇。

第十七章　灰树花栽培技术

第一节　概述

灰树花［*Grifola frondosa*（Dicks.）Gray］又名贝叶多孔菌、栗蘑、栗子蘑、千佛菌、云蕈、莲花菌、舞茸等，属担子菌门、伞菌纲、多孔菌目、亚灰树花菌科、灰树花属。

灰树花是我国和日本推广栽培的一种食、药兼用菌。其形态婀娜，层叠似菊，食之脆嫩可口、味如鸡丝，而且具有丰富的营养。据测定，100 g 灰树花干品含粗蛋白 31.5 g、粗脂肪 1.7 g、粗纤维 10.7 g、可溶性碳水化合物 49.69 g、灰分 6.41 g，并富含钾、磷、铁、锌、钙等矿质元素及多种维生素。

灰树花还具有多种医疗功效，其所含的灰树花多糖能增加人体 T 细胞的数量，增强机体免疫力，具有明显的抗肿瘤、抗艾滋病病毒的效果。还用于治疗水肿、肝硬化及糖尿病等。

灰树花是一种木腐菌，野生时一般生长在阔叶树木桩周围。灰树花于 1975 年首先在日本栽培成功，我国灰树花的驯化始于 1980 年前后，主要产区是河北省迁西县和浙江省庆元县。近年来栽培量不断增加。

第二节　生物学特性

一、形态结构

（一）菌丝体
菌丝体白色、绒毛状，气生菌丝弱。菌丝有间隔、有分枝，无锁状联合。

（二）子实体
子实体大或特大，肉质。子实体呈珊瑚状分枝，分枝末端生扇形或匙形菌盖，重叠成丛，丛径可达 40~60 cm，重 2~4 kg。人工栽培的最大单丛重可达

5 kg。菌盖直径 2~8 cm，表面灰色至浅褐色，有绒毛，老后光滑，有放射性条纹，边缘薄，内卷。菌肉白色，厚 2~7 cm。菌管延生，长 1~4 mm，孔面白色至淡黄色，管口多角形，平均每毫米 1~3 个。担子棒状，具 4 小梗。孢子无色，光滑，卵圆形至椭圆形，大小为（5~7.5）μm×（3~3.5）μm。孢子印白色。

二、生长发育条件

（一）营养条件

灰树花为木腐菌，分解木质素能力较强，主要采用壳斗科栎属的树种如麻栎、板栗、蒙古栎等的木屑为主料进行栽培，也可利用棉籽壳、玉米芯、甘蔗渣等农副产品下脚料栽培。

（二）环境条件

1. 温度 灰树花菌丝生长的温度范围为 5~35 ℃，最适温度 21~26 ℃；原基形成和分化的最适温度是 10~16 ℃；子实体生长发育温度为 13~28 ℃，最适温度 18~22 ℃。

2. 水分和空气相对湿度 菌丝体生长时培养基含水量以 60%~65% 为宜。发菌环境空气相对湿度 70% 以下，出菇期的空气相对湿度为 90% 左右。

3. 空气 灰树花属好氧性真菌，是需氧量较多的食用菌，发菌期及子实体生长期都要求有充足的新鲜空气。

4. 光线 灰树花菌丝生长不需要光，但原基形成及子实体生长需要有充足的散射光和一定的直射光。光照不足，子实体色泽浅、风味淡、菇质差，并影响产量。原基形成阶段，要求光照强度在 50 lx 左右，子实体生长阶段光照强度以 200~500 lx 为宜。

5. 酸碱度 灰树花菌丝生长的 pH 值为 4.5~7，最适 pH 值为 5.5~6.5。

第三节　栽培技术

一、栽培季节

根据灰树花的生物学特性，特别是对温度的要求，合理安排生产季节。灰树花以春季栽培最好。2~3 月制栽培袋，在 25 ℃ 左右的温度下发菌 35~40 d，4~5 月出菇，可持续到 9 月，其中夏季温度高时不出菇。整个生产周期 5~7 个月。灰树花也可在秋季栽培，8~9 月培育菌袋，10~12 月出菇。

二、培养料配方及处理

（一）培养料配方

（1）阔叶树木屑 78%，麦麸 20%，糖 1%，石膏 1%，水适量。

（2）阔叶树木屑 55%，棉籽壳 25%，麦麸 18%，糖 1%，石膏 1%，水适量。

（3）阔叶树木屑 45%，棉籽壳 33%，麦麸 15%，黄豆粉 5%，石膏 1%，糖 1%，水适量。

（4）阔叶树木屑 42%，棉籽壳 36%，麦麸 7%，玉米粉 13%，石膏 1%，糖 1%，水适量。

（二）培养料处理

将原料加水搅拌均匀，含水量以手紧握少量培养料有 1~2 滴水滴下为宜。

三、装袋

一般选用规格为（15~17）cm×（33~35）cm×0.004 cm 的低压高密度聚乙烯塑料袋。常规装袋，料要虚实均匀。

四、灭菌

装袋后尽快灭菌，常压灭菌保持 100 ℃ 12 h 以上。

五、接种

灭菌结束后，当袋温降至 60~70 ℃时趁热取出，放置在清洁卫生的房间内冷却，当温度降至 30 ℃时严格按照无菌操作规程进行无菌接种。

六、发菌期管理

接种后及时将菌袋移入培养室进行培养。发菌初期控制温度 25~27 ℃，中期控制温度 23~25 ℃，后期控制温度 21~22 ℃。同时控制空气相对湿度不超过 70%，保持黑暗和空气新鲜。

培养过程中每隔 10 d 翻堆 1 次，调整菌袋的位置，以利于发菌均匀。翻堆时发现有杂菌污染的菌袋应及时处理。

如果条件适宜，一般 35~40 d 菌丝即可长满菌袋。开始在培养料表面形成菌皮，并逐渐隆起。这时必须增加培养室内的光照强度，适当把菌袋摆放得稀疏一些，以免相互遮挡光线。经过 15~20 d 的后熟培养和光线刺激以后，培养基表面的隆起开始变成灰黑色，表面有皱褶状凹凸，还会分泌出淡黄色的水珠。这时开袋比较适宜。开袋太早或太迟都会影响子实体的形成和产量。

七、出菇期管理

（一）墙式出菇

将成熟的菌袋移入出菇室，齐扎绳处剪去外端薄膜，按高 80 cm、墙距 80 cm 的间距码好菌袋。保持温度 20 ℃左右、空气相对湿度 90%左右、光照强度 200~500 lx，加强通风，大约 1 周后袋口即可形成原基。

原基形成后，保持温度在 18~22 ℃、空气相对湿度 85%~95%、200~500 lx 的光照、充足的氧气，使菇体健壮生长。20~25 d 后，子实体成熟，即可采摘。采后养菌 5~7 d，补水后重新摆好，可出二潮菇。为提高产量，可以在采完头潮菇后再进行覆土出菇。

（二）覆土出菇

覆土出菇是我国现阶段灰树花栽培出菇的主要方式，它模仿灰树花野生环境，朵形整齐，色泽自然，产量高。覆土栽培可以在塑料大棚或荫棚下进行。

首先在塑料大棚或荫棚内建畦，畦宽 1 m 左右、深 20 cm，畦间留 25 cm 宽、10 cm 高的管理通道。将脱去塑料袋的菌袋垂直放在畦床内，袋间距 2 cm，1 m² 可摆放 50~60 袋。在菌袋间隙填入灭菌杀虫处理过的土壤，最后在菌袋表面覆盖一层 1.5~2 cm 的土壤。覆土后应及时调节覆土的水分。调水时应用喷雾器均匀喷水，掌握少量多次的原则，必须在 1~2 d 内将覆土层含水量调到 18%~20%，即用手捏土粒，不碎、也不粘手为度。最后在土层表面均匀盖上一层阔叶树树叶或 2 cm 长的稻草段，厚 0.5~1 cm。也可在土层上面盖一层鹅卵石，既可以保持土层表面的湿度，又可以避免因灰树花柄短而沾上泥土。

由于灰树花菇蕾的生长需要 90%~95%的湿度和新鲜空气。因此出菇管理的关键是进行水分管理和通风换气。每天喷水 2~3 次，尽量避免将水喷到菇蕾上。每天通风 1~2 h。气温在 20 ℃左右，经过 10~15 d，灰黑色的小菇蕾就会长出覆土层，初期成团，如脑状、有皱褶，并分泌黄色小水珠。逐渐长大后，形似珊瑚，并开始出现朵片的雏形。随着时间延长，扇形菌盖分化，形成覆瓦状重叠，越长越大，菌盖表面的颜色也由深灰黑色变成浅灰色，菌盖下面的白色子实层也逐渐发育形成，并出现菌孔（图 4.17）。扇形菌盖幼时向上翘起，子实体长大后逐渐接近平展。过分成熟的子实体，扇形菌盖就向下弯卷。成熟的子实体，孢子向外飞散，覆土层表面也可看到一层白色的孢子粉，菌盖颜色变成淡白色。

八、采收

灰树花的子实体，在适宜的温、湿条件下，从长出土面、出现脑状皱褶的小子实体到长大成熟，一般需要 15~18 d。

当灰树花的扇形菌盖外缘无白色生长端，边缘变薄，菌盖平展、伸长，颜色

图 4.17　灰树花出菇

呈浅灰黑色，整朵菇形像盛开的莲花，并散发出浓郁的菇香时，即可采收。

　　采收前 1 d 停止喷水。采摘灰树花时，用一手伸入子实体基部，托着菇体，轻轻旋动后向上拔起，动作要平衡。因为灰树花的菌盖很脆嫩，操作不当极易折断或弄碎菌盖。

　　刚采收的灰树花，若是覆土栽培的，基部常沾一些泥土或树叶等，要用小刀细心剔除干净。新鲜的灰树花要轻拿轻放，最好放在塑料周转筐中，有时还要根据收购单位的要求或市场需要，仔细用利刀切成单片或是小朵。

九、后潮菇管理

　　采收后，清理料面，停水养菌 5~7 d 后补水，进行后潮菇管理。一般可出 2~3 潮。

第十八章 大球盖菇栽培技术

第一节 概述

大球盖菇（*Stropharia rugosoannulata* Far. ex Murrill）又名球盖菇、酒红色球盖菇、斐氏球盖菇、斐氏假黑伞、皱环球盖菇、褐色球盖菇等，商品名赤松茸或红松茸，属担子菌门、伞菌纲、伞菌目、腹菌科、球盖菇属。

大球盖菇分布于亚洲、美洲、欧洲等地。我国云南、四川、西藏、吉林、山西等省区均有野生分布。

大球盖菇是许多欧美国家栽培的食用菌之一，也是联合国粮农组织（FAO）向发展中国家推荐栽培的食用菌品种之一。大球盖菇的驯化栽培在 1969 年始于德国，70 年代发展到波兰、匈牙利等地。我国于 20 世纪 80 年代从波兰引种栽培成功，现已在全国栽培推广。

大球盖菇营养丰富，肉质细嫩，菇味清香，可与香菇媲美，每 100 g 干品含蛋白质 29 g、脂肪 0.66 g、碳水化合物 54 g、粗纤维 9.9 g、钙 24 mg、磷 44 mg、铁 11 mg、维生素 $B_2$2.14 mg、维生素 C 6.8 mg，还含有多种人体必需的氨基酸和具有抗肿瘤作用的多糖。其提取物对小鼠 S-180 的抑制率达 70%，对艾氏腹水癌的抑制率达 70%。

大球盖菇栽培材料广泛，可利用稻草、麦秸、木屑等农副产品下脚料，产量高，且具有栽培简易、生长周期短、出菇温度广、抗病力强等特点。

第二节 生物学特性

一、形态特征

子实体单生、群生或丛生。菌盖直径 5~15 cm，大的可达 30 cm 以上，半球形、扁半球形，后平展，边缘内卷，褐白色，渐变为酒红色或暗褐色，老熟后变为灰褐色乃至褐色，表面光滑，有纤维状或细纤维状鳞片，湿时稍有黏性。菌肉肥厚，白色。菌褶直生，紧密，初污白色，后变为暗紫灰色，刀片状，稍宽，褶缘有不规则缺刻。菌柄粗壮，长 5~12 cm、粗 0.5~2 cm，基部较粗，向上渐细，中实或中空，表面光滑，有丝状光泽，初白色，后淡黄褐色。菌环膜质，较厚，上面有辐射状沟纹，深裂呈星状，裂片尖端向上卷，易脱落。囊状体棒状，顶端有细小凸起。孢子椭圆形，棕褐色，大小为（11.4~15.5）μm×（8.9~10.9）μm。孢子印紫褐色。

该属易与蘑菇属、田头菇属的一些种混淆。与蘑菇属区别之处是后者的菌褶是离生的，与田头菇属区别之处是后者的菌褶是褐色的。

二、生长发育条件

（一）营养条件

大球盖菇是一种降解木质素、纤维素能力很强的食用菌。人工栽培的大球盖菇以麦秸、稻草、木屑、菌糠等培养料中的纤维素、半纤维素及木质素为主要碳源，以麦麸、米糠中的氮素作氮源，同时还需矿质元素和维生素。所用原料须新鲜，无霉变，陈旧材料产量明显降低。培养料的氮素过高对大球盖菇生长不利。

（二）环境条件

1. 温度　大球盖菇属中温型菌类，菌丝生长温度为 5~36 ℃，最适温度23~28 ℃；原基分化温度为 4~30 ℃，最适温度 12~25 ℃；子实体生长发育温度为 4~30 ℃，最适温度 16~21 ℃。

2. 水分和空气相对湿度　培养料含水量在 65%~70%。由于大球盖菇采用床栽，培养料容易失水，所以发菌期应保持空气相对湿度 65%~75%，原基分化及子实体生长阶段空气相对湿度要保持在 90%~95%。

3. 空气　大球盖菇菌丝生长初期对氧气需求不多，随着菌丝的生长，对氧气的需求增加，此时应加强通风，保持空气新鲜。原基形成及子实体生长阶段新陈代谢旺盛，应加强通风换气，保证氧气充足，并及时排除二氧化碳。

4. 光线　菌丝生长阶段不需光线，尽量遮光培养；原基分化及子实体生长需 100~500 lx 的散射光。

5. 酸碱度　培养料略偏酸性对大球盖菇生长有利，培养料 pH 值为 4~11 菌丝均能生长，但最适 pH 值为 5~7.7。

6. 覆土　虽然不覆土也能出菇，但出菇少、产量低。覆土是促使大球盖菇高产的必要条件。

第三节　栽培技术

一、栽培季节和生产周期

（一）栽培季节

根据大球盖菇的生物学特性、当地气候和栽培设施等条件而定。温度在 8~30 ℃时均可播种。我国南方地区以 10 月至 11 上旬为最适播种期；北方地区可适当提前。一般秋栽气温在 30 ℃以下播种；春栽气温回升到 8 ℃以上播种。

（二）生产周期

一般播种后 4~5 d 菌丝萌发，30~35 d 覆土。覆土后 10 d 左右，土层内开始形成原基。原基形成后长出土面形成小菇蕾，5~10 d（因气温而异）后子实体即可成熟。一般可收 3~4 潮菇。

二、培养料配方及处理

（一）培养料配方

（1）稻壳（稻草或麦秸）100%。

（2）麦秸 70%，稻壳 30%。

（3）稻草 50%，稻壳 50%。

（4）玉米秸（晒干、压扁）50%，稻壳 50%。

（5）玉米秸（晒干、打碎）70%，稻壳 30%。

（6）玉米秸（晒干、打碎）40%，废菌渣 40%，稻壳 20%。

（7）杂木屑 50%，秸秆类 20%，稻壳 30%。

（8）各种干枝条（切断）50%，秸秆类 20%，稻壳 30%。

（二）培养料处理

大球盖菇可以生料栽培，也可以发酵栽培。生料栽培时将原料浸泡，也可用清洁无污染的水直接喷淋 6~10 d，每天多次喷水，使原料吸水均匀，含水量达到 70% 左右后铺料播种。

最好采用发酵料栽培。常规建堆发酵 5~8 d，中间翻堆 2 次，待培养料温度降至常温后铺料播种。

三、栽培方式

一般采用畦床栽培法。先做好畦床，畦床宽 1~1.2 m。作业道宽 40~50 cm。铺料前畦面先洒一次重水。铺料时床面两边向外各留 10 cm，以利于增加出菇面。第一层料厚8~10 cm，播种后铺第二层料，厚8~10 cm，再播种后铺第三层料，厚4~5 cm。料厚不得超过30 cm，也不要少于20 cm。1 m² 用干料20~30 kg。畦床高度为25~30 cm，中间高、两边低，呈龟背状。接种方法为穴播，第一、二层用750 mL菌种，最上一层用1500 mL菌种。菌种要成块，种穴应"品"字形排列。大球盖菇新生菌丝生活力较弱，为确保菌丝萌发定植，要使用适龄菌种，绝不能使用老化菌种。每次播种后应压实料面，使菌种和料紧密接触，最后盖上草苫。

料堆上的覆盖物，应经常保持湿润，防止料堆干燥。用作覆盖的草帘，既不宜太稀疏，也不宜太厚，以喷水于草帘上时多余的水不会渗入料内为度。

四、发菌期管理

发菌期主要工作是控温保湿，保持堆温23~28 ℃，培养料的含水量为65%~70%，空气相对湿度65%~75%。发菌期应及时通风。发菌前期不喷水，10~15 d后，床面干燥发白，可少量喷水保湿，防止培养料含水量降低。喷水要勤喷，四周多喷，中间少喷或不喷。

五、覆土

发菌30 d左右，菌丝吃料2/3时覆土。覆土直接采用料堆边的土壤，使之形成整齐的畦沟，畦沟宽25~30 cm、深15~20 cm。覆土厚3~5 cm。覆土后要将土调湿，达到手捏土粒能捏扁、不破碎为宜。覆土后盖3~5 cm的草。也可采用二次覆土法，第一次在铺料后覆土，以能见到稻草为宜，第二次在菌丝基本长透料面时覆土。

六、出菇期管理

覆土后菌丝向覆土层蔓延，当菌丝长出土面后应降湿通风、停止喷水，促使菌丝倒伏。菌丝倒伏后，土层内开始形成原基。此时应增加光照、加强通风、保持土层湿润、空气相对湿度85%~95%、温度12~25 ℃，促进原基形成。

原基形成后长出土面形成小菇蕾。这个时期应保持温度在16~21 ℃，大球盖菇用水量大，用水要掌握少喷、勤喷的原则，使覆土保持湿润，空气相对湿度90%左右；每天通风2~3次，每次1 h；给予散射光照，使大球盖菇子实体正常生长（图4.18）。

图 4.18　大球盖菇出菇

七、采收

现蕾后 5～10 d 子实体即可成熟。当菌盖直径长至 6～8 cm，边缘内卷，菌膜尚未破裂，菌盖呈钟形时及时采收。采收时握住菌柄轻轻拔下，不要带动培养料。采后切除菇脚包装销售或烘干。

八、后潮菇管理

采后清理菇床，采菇时留下的空洞要及时填补覆土，停止喷水，覆膜保湿，使菌丝恢复生长。2～3 d 后补足料中水分，进行出菇管理，可收 3～4 潮菇。

第十九章　大杯伞栽培技术

第一节　概述

大杯伞［*Clitocybe maxima*（Gartn. et Mey. ex Fr.）Quel］又名猪肚菇、大杯蕈、大漏斗菌、笋菇等，属担子菌门、伞菌纲、伞菌目、侧耳科、侧耳属。

大杯伞因其子实体形似漏斗或杯子而得名，是一种自然分布较多的木腐性土生菌，分布于吉林、黑龙江、河北、山西、青海、海南等地。

大杯伞菌肉肥厚、清脆鲜嫩、味道鲜美，营养价值高，干菇菌盖中粗蛋白的含量达 26.4%。氨基酸含量也较丰富，菌盖中氨基酸含量为干物质的 16.5% 以上。其中人体必需氨基酸占氨基酸总量的 45%。此外，大杯伞子实体中还含有钼、锌等矿质元素，对人体健康十分有益。大杯伞在烘烤或烹调时有独特的香味，深受消费者欢迎。

第二节　生物学特性

一、形态特征

子实体单生或群生，中大型。菌盖近圆形，宽 10~20 cm 或更大，初扁凸形，后中部下凹呈漏斗状，表面光滑，灰黄色至土黄色，边缘薄，内卷，后平展。菌肉白色，后变淡白色，中部较厚，边缘较薄。菌柄圆柱形，中生，实心，长 7~10 cm、直径 1.5~2.5 cm，有纤维状纵条纹，内部松软。菌柄地上部分与菌盖同色，地下部分上粗下细，长度因覆土层厚度而异。菌褶延生，稠密，狭窄，不等长，早期白色，后期淡黄色。担子棒状，上生四个担孢子。孢子无色平滑或稍粗糙，近球形或近椭圆形，大小为（6.6~8）μm×（5.3~6.3）μm。孢子印白色。

二、生长发育条件

（一）营养条件

大杯伞属土生木腐菌，在自然条件下，生于林中地上及草地上或枯枝落叶中。人工栽培时，大杯伞对培养料适应性强，可以在木屑、棉籽壳、玉米芯等培养基上生长。麦麸可提供大杯伞生长所需要的氮源，添加量一般为20%。

（二）环境条件

1. 温度　属中温偏高型食用菌，菌丝生长温度范围15~35℃，最适温度在26~28℃，温度超过40℃菌丝会死亡。子实体发育阶段，需要较高的温度，与多数食用菌对环境温度的要求由高到低有所不同。子实体形成和生长发育温度在22~32℃，以23~28℃最适。春夏秋为高产期。

2. 水分和空气相对湿度　培养料含水量60%~65%才能正常生长。含水量偏高或偏低，菌丝生长均会受到明显抑制。

在发菌期空气相对湿度应控制在70%以下。原基分化及子实体生长发育阶段要保持在85%~95%，低于80%时易出现菌盖龟裂和畸形等现象。

3. 空气　大杯伞子实体发育阶段对空气的要求与一般食用菌不同。已培养好菌袋，若不拔去棉塞或打开袋口，原基可大量发生；若拔去棉塞或打开袋口，即使湿度达到85%以上，也难以形成原基。可见，一定量的二氧化碳积累对于原基的形成是有益的。因此人工栽培时需要在出菇前覆土。

子实体生长发育要求有充足的氧气。

4. 光线　菌丝生长阶段不需光照，尽量遮光培养。原基分化及子实体生长发育阶段与光照密切相关，子实体形成必须有散射光。原基形成后，子实体生长发育有更强的散射光，才能高产优质。直射光或较强的光照均会抑制原基分化、子实体生长，降低产量。

5. 酸碱度　大杯伞在pH值为4.0~9.0均能正常生长，但以5.0~6.5最适。

6. 覆土　大杯伞栽培需要覆土。覆土有利于原基形成和获得高产。

第三节　栽培技术

一、栽培季节和生产周期

（一）栽培季节

子实体生长的适宜温度为22~32℃，所以当平均气温在22℃的前40~50 d开始制袋。具体播种季节应根据当地气候条件，灵活把握。一般于9月结束生产。

（二）生产周期

一般播种后4~5 d菌丝萌发，40~50 d菌丝长满袋。然后覆土。覆土后逐渐喷水使土壤湿润，7 d左右即可出现圆锥形的子实体。1~2 d后菌盖分化，再过7~8 d即可采收。采后停水养菌4 d左右。然后如前管理，经25 d左右又可采收第二潮菇。一般可收3~4潮菇。

二、培养料配方及处理

（一）培养料配方

（1）阔叶树木屑78%，麦麸20%，糖1%，石膏或碳酸钙1%，水适量。

（2）阔叶树木屑39%，棉籽壳39%，麦麸20%，糖1%，碳酸钙1%，水适量。

（3）阔叶树木屑40%，蔗渣40%，麦麸15%，玉米粉3%，糖1%，石膏或碳酸钙1%，水适量。

（二）培养料处理

加水将培养料拌匀，含水量60%~65%。

三、制袋

采用规格为（15~17）cm×（33~35）cm×0.004 cm的低压高密度聚乙烯塑料袋。常规装袋、灭菌、接种。

四、发菌期管理

接种后，控制温度27 ℃左右、空气相对湿度70%以下、暗光、空气新鲜，使菌丝健壮生长。每隔10 d左右翻1次堆，菌袋要上下内外调换，使料袋发菌均匀。翻堆过程中及时将有杂菌的菌袋拣出进行处理。

五、覆土

覆土是大杯伞栽培管理的一项重要措施，与不覆土相比，产量可提高2~3倍。覆土材料选择田土、菜园土等。覆土要进行消毒灭菌。覆土前将覆土的含水量调节至20%左右。

在栽培棚内做好宽1.1 m的畦床，将发好的菌袋薄膜脱去，间距1.5 cm摆放于畦床之上，然后覆土2~3 cm。

六、出菇期管理

覆土后保持温度23~28 ℃、空气相对湿度90%左右、适宜的散射光照和新鲜的空气。还要保持土壤湿润不发白。温度适宜时，经 7~15 d 土面出现圆锥形原基，1~2 d 后原基分化成钉头状。子实体出现以后，增加喷水次数，保持空气湿度在 90% 左右，土壤含水量 20% 左右。同时保持温度 23~28 ℃，给予适宜的散射光照和新鲜的空气，使子实体生长（图 4.19）。特别要注意温度控制，防止温度过高（高于 30 ℃）或过低（低于 22 ℃），以免菇蕾死亡。

图 4.19　大杯伞出菇

七、采收

当菌柄伸长、菌盖增大、菌盖反面露出片状菌褶、盖顶端平至下凹，形似长柄浅漏斗，八九分成熟时及时采收。采收过晚菌柄纤维化，影响品质。大杯伞菇潮比较集中，可以一次采完全床的菇。

根据国内目前的消费习惯，一般将大杯伞的菌盖与菌柄分开销售。用小刀将大杯伞鲜菇的菌柄的大部切掉，只留下约 1 cm 长的菌柄。而切下的菌柄用小刀剥去表面坚韧的表皮后，再另行销售。

八、采后管理

采完一潮后清除死菇和残留在土中的菌柄，还要及时整平料面，停水养菌 4 d 左右，再进行出菇管理，管理方法同前。可收 3~4 潮菇，每潮间隔 20~30 d。

第二十章 竹荪栽培技术

第一节 概述

竹荪［*Dictyophora indusiata* （Vent.）Desv.］又名竹笙、竹参、网纱菌等，属担子菌门、伞菌纲、鬼笔目、鬼笔科、竹荪属。

竹荪有"真菌之花""真菌皇后"的美誉。它具有淡绿色的菌盖、粉红色或褐色的菌托、白色的菌柄和网状的菌裙，形态秀美，俊俏可人，因此又有"仙人笠""面纱女郎""穿裙子的少女"等拟人化的美称。

竹荪属目前已记载的有9个种，我国可食种主要有长裙竹荪、短裙竹荪、棘托竹荪和红托竹荪，有毒但可药用的有黄裙竹荪。其中长裙竹荪和短裙竹荪最为常见。

竹荪分布于中国、法国、美国、日本、印度、菲律宾、斯里兰卡等国。我国竹荪资源十分丰富，主要分布在广东、广西、云南、贵州、四川、陕西、湖北、江西、浙江、台湾、吉林、黑龙江、河南等地。

竹荪子实体脆嫩爽口，香甜鲜美，营养价值较高。据分析，干竹荪中含有粗蛋白20.2%、粗脂肪2.6%、粗纤维8.8%、碳水化合物38.1%，还含有多种维生素和钙、镁、磷、钾、铁等矿质元素。蛋白质中含有16种氨基酸，其中谷氨酸含量达1.76%，是竹荪美味的来源。竹荪是宴席上著名的珍品。湘菜中的"竹荪芙蓉"是我国国宴的一道名菜。竹荪响螺汤、竹荪扒凤燕、竹荪烩鸡片等都是极有名的美味佳肴，深受国内外宾客的喜爱。

竹荪子实体中含有多种酶和多糖，具有很高的药用价值，可增强机体对肿瘤细胞的抵抗力，具有良好的抗癌作用。中医认为，竹荪性寒、味甘、无毒，有滋阴养血、益气补脑、止咳止痰及减少腹壁脂肪积贮的功效，对高血压、高血脂、高胆固醇、冠心病、动脉硬化及肥胖症有良好的疗效。饮用竹荪浸泡的酒对肩周炎和腰酸背痛有疗效，尤其具有明显的减肥效果。用70%的酒精浸泡黄裙竹荪，还可治疗脚气。

第二节 生物学特性

一、形态特征

(一) 菌丝体

竹荪菌丝体初期白色，绒毛状，并逐渐发育成线状，最后膨大成索状。气生菌丝长而浓密，随着培养时间的延长，有的品种由初期的白色，变为具有不同程度的粉红色、紫红色或黄褐色等。菌索白色、土白色、粉红色或淡褐色。

(二) 子实体

1. 长裙竹荪　子实体幼时卵圆形，幼蕾被外菌幕包围，长大后伸长，高 12～20 cm。菌盖钟形，高、宽各 3～4 cm，顶端平，有一穿孔，表面有显著的网格，充满暗绿色黏液状微臭的孢子液，将菌盖染成绿色。将孢子液洗去后菌盖可恢复白色。菌幕（俗称菌裙）白色，附在菌柄顶端，从菌盖两侧下垂，长达 10 cm 以上，超过子实体全长的一半。菌裙由管状组织组成，网眼呈多角形，直径 0.5～1 cm。菌柄白色，海绵质，中空，基部粗 2～3 cm，向上渐细。菌托鞘状蛋形，高 4.5～5.5 cm、直径 3～5 cm，粉红、紫红或红褐色，由内膜、外膜和膜间胶体组成。内外膜柔韧，与地下菌丝或菌索相连。孢子椭圆形，光滑，大小为（3.5～4.5）μm×（1.7～2.3）μm。

2. 短裙竹荪　子实体幼时卵圆形，高 12～13 cm、直径 3.5～4 cm，白色至淡紫色。菌盖钟形，高宽各 3.5～5 cm，具有明显的网格，内含绿褐色、臭而黏的孢子液，顶端平，有一穿孔。菌幕白色，从菌盖下垂如短裙，长 3～5 cm，由多孢线状体组成，上部网眼为圆形，下部网眼为多角形，直径 1～4 cm。菌柄白色，中空，长 10～15 cm，纺锤形至圆柱形，中部粗约 3 cm，向两端渐细，壁海绵状。菌托粉色至淡紫红色，鞘状，膜质，直径 3～5 cm。孢子无色，光滑，椭圆形，大小为（4～4.5）μm×（2.2～2.8）μm。

3. 红托竹荪　子实体幼时卵圆形，高 20～33 cm。菌盖钟形或钝圆锥形，高 5～6 cm、直径 3.5～4.5 cm，顶端平，有一穿孔，具微臭的孢子液。菌裙白色，质脆，从菌盖下垂约 7 cm。上有多角形、棱形、圆形网眼。菌柄白色，中空，圆柱状，长 11～30 cm。菌托球状，红色，膜质。孢子卵形或长卵形，透明光滑，大小为（4～4.5）μm×（2.2～2.8）μm。

4. 棘托竹荪　高温型。子实体形态与长裙竹荪基本相似。有别于长裙竹荪的是孢子大小为（3.5～4.5）μm×（2～2.3）μm。菌索尖端呈帚状。菌球表面有散生的白色棘突，柔软，上端呈锥棘状。菌球落地有生"根"的性能，接触地面就能萌发出许多菌索。棘托竹荪子实体高 8~15 cm，形瘦小，肉薄，盖薄而脆。

二、生长发育条件

（一）营养条件

1. 碳源　含纤维素、木质素的棉籽壳、竹屑、木屑、甘蔗渣等都可作为竹荪的培养料来提供碳源。

2. 氮源　竹荪可利用的氮源有氨基酸、蛋白胨等。天然的含氮化合物也可被竹荪有效利用，如麦麸、米糠等。

3. 矿质元素　竹荪生长发育需要磷、硫、钾、钙、镁等矿质元素。在配制培养基时，适当添加碳酸钙或硫酸钙、硫酸镁等，可以满足菌丝体生长和子实体发育的需要。

4. 维生素　竹荪在生长过程中对维生素的需求量很少，但如果缺少就会影响产量。所以在生产中要加入维生素含量较高的营养物质，如麦麸、米糠等。

（二）环境条件

1. 温度　竹荪为中温型菌类。竹荪对温度十分敏感，只有在适温下，竹荪菌丝才能生长快、菇蕾形成早。在菌丝体生长期间温度过高或过低都会使菌丝生长速度减慢。

2. 水分和空气相对湿度　竹荪菌丝在培养料含水量为 60%~65% 条件下生长良好；子实体形成时含水量应在 70%~75%。床面覆土层的含水量应保持在 20% 左右。

竹荪菌丝体生长阶段要求空气相对湿度 70% 左右。竹荪球的分化和发育要求的空气相对湿度应在 85% 左右，破球和伸柄要求在 85%~90%，撒裙时则应在 94% 左右。若空气相对湿度低于 80% 时，菌裙就会紧贴在菌柄上，好像一把收拢的伞，裙条皱缩、裙边枯黄、裙面干燥。所以，菌裙的张开度与空气相对湿度有关。

3. 空气　竹荪属好氧性真菌，无论是菌丝生长还是竹荪球形成及子实体生长发育，都需要充足的氧气。基质或土壤中氧气充足，则菌丝生长快、子实体形成也快；反之，竹荪菌丝生长缓慢甚至死亡，子实体易畸形。应注意的是在撒裙时，要避免风吹，否则也易出现畸形。

4. 光线　竹荪菌丝生长不需光照，有光照会延缓菌丝生长速度且易产生色素，使菌丝发红。原基发生和子实体形成需要 100~300 lx 的散射光。光照太弱会影响子实体分化。光照太强，则会使子实体生长受阻和萎缩。

5. 酸碱度　竹荪喜偏酸性的环境，菌丝生长阶段要求培养料的 pH 值为 5.5~6，pH 值大于 7.5 生长受阻。子实体发育阶段 pH 值以 4.6~5.5 为宜。

6. 土壤　竹荪在菌丝生长阶段，没有土壤发育仍然良好。但到竹荪原基分化阶段，在没有土壤的条件下竹荪球就无法形成。所以，竹荪栽培中一定要覆土，最好选择疏松度好、偏酸性、含腐殖质较高的砂土壤。

第三节　栽培技术

一、栽培季节和生产周期

竹荪的栽培季节要根据当地气温和栽培品种灵活掌握，以当地旬平均气温在该品种出菇最低温度以上的初始期，向前推 50~70 d 为适宜播种期。短裙、红托竹荪播种期春季在 3~4 月，秋季在 8~9 月；长裙竹荪在 4~5 月和 8~9 月最好；棘托竹荪在 4~5 月播种。南方地区，除冬季气温低于 5 ℃外，全年均可栽培。

竹荪适时栽培能明显缩短生长周期，为 3~4 个月，否则需 8~9 个月，甚至 1 年。

二、培养料配方及处理

（一）培养料配方

（1）棉籽壳 50%，木屑 30%，农作物秸秆 18%，过磷酸钙 1%，石膏粉 1%，水适量。

（2）玉米芯 60%，棉籽壳 38%，过磷酸钙 1%，石膏粉 1%，水适量。

（3）木屑 66%，秸秆 20%，麦麸 10%，黄豆粉 3%，石膏 1%，水适量。

（4）玉米秸 60%，棉籽壳 30%，麦麸 8%，石膏 1%，石灰 1%，水适量。

（5）玉米芯 40%，麦秸 40%，棉籽壳 10%，麸皮 5%，石灰 1%，石膏 1%，过磷酸钙 1%，玉米面 2%，水适量。

（6）废竹料 60%，阔叶树碎片 20%，黄豆秆 18%，过磷酸钙 1%，石膏粉 1%，水适量。

（7）玉米芯 60%，竹枝叶 15%，棉籽壳或黄豆秆 23%，过磷酸钙 1%，石膏粉 1%，水适量。

（二）培养料处理

培养料处理方法有生料、发酵料和熟料三种方式，其中以生料和发酵料为主。

1. 生料处理　选择适宜的配方，加水将各种原料搅拌均匀即可。

2. 发酵料处理　将各种原料用水混拌均匀，堆成长梯形，覆盖塑料膜使堆内温度上升到 60 ℃以上翻堆，翻堆不少于 3 次。发酵时间 5~7 d。待培养料温度降至 30 ℃左右时，进行栽培。

三、整理畦床

在林地空间或大棚内作畦床，畦床深 10~15 cm、宽 1~1.2 m，长度依场地而定。畦挖好后进料前先灌水，水渗完后进料播种。这样，可保持充分的湿度。

四、铺料播种

将准备好的培养料平铺于畦床内，料厚 10 cm，在料面撒一层蚕豆大小的菌种，然后铺第二层料。第二层料厚 5~7 cm，再撒一层菌种，第二层菌种的用量应适当增大。播种后将料面整平。

五、覆土

播种后在畦床上覆厚 4~5 cm 的土层，使整个床面呈龟背形。覆土含水量 20%左右。覆土后盖上薄膜或草苫，以利于排除雨水和保温保湿发菌。

也可在播种后 15~20 d，竹荪菌丝已基本发满料，在菌床上覆一层 4~5 cm 厚的砂壤土，用水浇土层使之湿润。

六、发菌期管理

播种后保持温度 22 ℃左右。播种后初期，空气相对湿度控制在 70%左右，如遇大雨，要及时覆膜，防止雨水渗入加大培养料湿度而影响发菌；若遇天旱久晴不雨，则需喷水保湿。

七、出荪期管理

（一）子实体发生期管理

一般播种后 40~60 d 菌丝长满培养料，并爬上覆土层，此时应加大畦面湿度，待菌丝直立布满畦面，再降低湿度，迫使菌丝倒伏，60~70 d 土层内菌丝开始形成菌索。

菌索形成后，给予 10 ℃左右的温差和干湿交替的环境刺激，就在表土层 2 cm 形成大量的原基。经过 8~15 d，原基发育成小球体，露出土面。菌球发育要求覆土含水量达到 20%左右，空气相对湿度 90%左右，土层温度 20~25 ℃。

（二）子实体生长期管理

竹荪从菌蕾形成到菌裙张开需 15~20 d。此时，要使培养料含水量达到 70%~75%、空气相对湿度达到 90%左右，保持温度 20~25 ℃，给予散射光照和充足的氧气。覆土含水量控制在 20%左右（图 4.20）。

当菌球进入"桃"形期时，菌球即将破口，菌盖很快突破外菌皮，伸出菌

图 4.20　长裙竹荪出荪

柄，此过程仅需数 10 min，菌柄即可伸长达 10~20 cm，30~60 min 开始撒裙，应提高空气相对湿度，促使菌裙撒放，撒裙一般仅需 10~20 min。

八、采收与加工

（一）采收

从菌蕾成熟到菌裙张开，一般只需 6~8 h。如销售竹蛋，当竹蛋呈椭圆形，顶端转硬时是采收适期。如销售竹花，当菌裙达到最大张开度，孢子即开始自溶呈泥滴状，菌裙很快萎缩。为保证产品的质量，当菌裙完全张开时就应及时采收。采收时用小刀从菌托底部切断菌索取下菌球。

（二）加工

采收后去掉不能食用的菌盖和菌托。剥离时尽量保持完整的菌裙。整理好的子实体、菌盖、菌托，分别进行晒干或烘干，干后用塑料袋存放。竹荪最好采收后即进行烘干处理。干燥时间越短，竹荪的颜色越鲜、光泽度越好。若加工不及时，推迟 2 h，就会降低品质。

九、后潮管理

每潮荪采后，应及时除去表土，铺放 1~3 cm 的料，再覆一层新土，让其再次出荪。可以结合补水，喷施一些营养液。

第二十一章 灵芝栽培技术

第一节 概述

灵芝〔*Ganoderma lucidum* (Curtis) P. Karst.,〕古称灵芝草、神芝、万年蕈，属担子菌门、伞菌纲、多孔菌目、灵芝科、灵芝属。

灵芝野生形态酷似"如意"状，又被认为是吉祥的象征，故称"瑞草"。自古以来我国劳动人民就有采集和利用灵芝的传统，民间流传着灵芝是医治百病的"仙药""仙草"的传说。

灵芝在我国自然分布极为广泛，南至海南、北至黑龙江、东起山东半岛、西到西藏及新疆均有分布。灵芝在自然条件下，每年发生两次，第一次是 5~6 月，第二次是 8~10 月。灵芝多发生在温度高、湿度较大的多雨季节，人工采集时多在山林的阴坡找到。

灵芝是我国医药宝库中的一味珍贵药物，古代被称作神草，现已被列入药典。历代医籍中记载灵芝具有益心气、益肺气、安神补肝、坚筋骨、利关节、治耳聋等多种功用。近代医学研究认为，灵芝是滋补强壮、扶正固本的珍贵药物，尤其在预防衰老和老年性疾病中占有重要地位。灵芝对慢性支气管炎、冠心病、心绞痛、高山症、慢性肝炎、神经衰弱、心悸头晕等均有不同程度的疗效，还兼有养生美容、延年益寿的功效。其有效成分为有机锗，尤其是灵芝属中的红芝，其菌盖内有机锗是人参含锗量的 3~6 倍。锗能促使血液循环，促进新陈代谢，延缓衰老；锗还能强化人体的免疫系统，提高人体对疾病的抵抗能力。灵芝的孢子粉还具有很好的止血收敛作用。近年来，国内外以红芝为原料制成了多种药用剂型，属于高效保健药品。

第二节　生物学特性

一、形态特征

（一）菌丝体

在 PDA 培养基上，灵芝菌丝白色绒毛状。在显微镜下观察，菌丝透明，单个菌丝呈管状，有横隔和锁状联合，菌丝体表面有一层白色结晶体。菌丝生长越旺盛这种结晶物越厚，充满菌丝体之间。据分析，这种结晶物为草酸钙晶体。老化的灵芝菌丝在接种块周围变黄色，菌丝膜质化，韧性强，难以挑取。

（二）子实体

灵芝子实体是供食药用的部分。灵芝成熟后完全木栓化，不同品种呈现不同颜色。野生的灵芝，其表面常呈现漆光泽，人工栽培的灵芝子实体表面被锈色的孢子覆盖。

灵芝菌盖常呈肾形或圆形，有时为半圆形或扇形，直径一般为（3~5）cm×（15~18）cm，厚 0.5~3 cm，初期为乳白色，随菌龄增加，颜色不断加深，完全成熟时会变成橙红色或褐色，有环状棱纹和辐射状皱纹，皮壳有漆样光泽，边缘薄或平截，有时内卷。菌肉淡木色或木材色，近菌管处稍深，味苦。菌管长约 1 cm，淡白色、淡褐色至褐色。菌柄多侧生，少数偏生，通常为不规则圆柱形或半圆柱形，有时弯曲，颜色与菌盖同色，通体为漆光泽，内部硬栓质，质地坚硬。孢子淡褐色至黄褐色，卵形，一端呈典型的平截状，孢子壁双层，大小为（9~12）μm×（45~75）μm。

二、生长发育条件

（一）营养条件

灵芝为木腐菌，营腐生生活，但有少数品种也能营寄生生活，如松杉灵芝能寄生在铁杉树上，引起树干心腐病，还有一些品种能寄生在槟榔树上，造成槟榔减产甚至死亡。

灵芝可以利用富含木质素、纤维素、半纤维素等的棉籽壳、木屑、玉米芯等栽培，由菌丝分泌出的胞外酶，将高分子含碳物降解为小分子的可溶性糖后被吸收利用。栽培时添加麦麸、米糠等提供氮源。灵芝生长过程中，还需要一定量的矿质元素，如钾、钙、镁、磷等。

灵芝菌丝生长期碳氮比为 22∶1，子实体生长期碳氮比为（30~40）∶1。

（二）环境条件

1. 温度　灵芝是中高温菇类。灵芝菌丝能在 4~35 ℃ 的范围内生长，适宜的温度是 25~28 ℃。15 ℃ 以下生长缓慢，7 ℃ 之下极为缓慢，超过 35 ℃ 菌丝会慢慢衰老而枯死。灵芝子实体形成的温度是 18~32 ℃，最适 25~28 ℃，子实体在 18~33 ℃ 内均能生长，最适 25~28 ℃。超过 32 ℃ 时，子实体品质差，表现为柄长、菌盖薄且单体小。低于 20 ℃ 时，子实体生长缓慢，菌盖表面细胞易纤维化，极易形成畸形灵芝。低于 18 ℃ 时，子实体完全停止生长。25 ℃ 形成的子实体质地紧密，子实层发达，担孢子弹射量最多，商品性好。

灵芝属于恒温结实性菇类，子实体形成不需要温差刺激。

2. 水分和空气相对湿度　灵芝菌丝生长时，培养料适宜含水量为 60% 左右。菌丝生长期空气相对湿度为 70% 以下。子实体生长期适宜空气相对湿度为 90% 左右。空气相对湿度低于 60%，子实体膨大缓慢或停止；空气相对湿度长期超过 95%，会引起霉菌滋生，造成培养料污染，使栽培失败。

3. 空气　灵芝是一种好氧性真菌。菌丝生长期，需要充足的氧气；子实体生长期，当二氧化碳浓度超过 0.3% 时，原基会停止形成。灵芝开片时，二氧化碳浓度超过 0.1%，会形成畸形芝。因此，在灵芝生长的整个过程，都必须保持环境中空气新鲜。

4. 光线　灵芝菌丝可以在黑暗的条件下良好生长。菌丝在 3 000 lx 光照下的生长量是黑暗条件下的一半。强光有明显抑制菌丝生长的作用。灵芝子实体生长时需要较强的散射光，在原基形成时，缺少散射光的刺激，原基只能形成堆状体。在灵芝开片时，需要更强的散射光，光强低于 2 000 lx 时形成畸形芝。灵芝有明显的趋光性，光源不同或光源紊乱易使菌盖畸形。

5. 酸碱度　灵芝菌丝喜中性偏酸环境，在 pH 值 3~7.5 条件下能正常生长，最适 pH 值 5.5~6.5。

第三节　栽培技术

一、栽培季节及生长周期

（一）段木栽培季节及生长周期

段木栽培灵芝在 1~3 月，其生长周期较长，要经过 4~5 月才能出芝。

（二）袋料栽培季节及生长周期

袋料栽培春季栽培 1~2 月生产菌种，2~3 月接种为宜。

灵芝袋料栽培生长周期要比段木栽培短得多，整个周期 80~90 d。袋料栽培季节安排对灵芝的产量和质量有很大的影响。生产季节适宜，生产出的灵芝单体重、菌盖大、菌肉厚、品质好；如栽培季节安排不恰当，不仅产量明显下降，而且品质较差。

二、袋料栽培技术

袋料栽培周期短，生物学转化率高，灵芝的商品性状好，是目前灵芝生产的主要方式。

（一）培养料配方

（1）阔叶树木屑78%，麦麸（或米糠）20%，石膏粉1%，蔗糖1%，水适量。

（2）棉籽壳84%，麦麸15%，石膏粉1%，水适量。

（3）阔叶树木屑60%，甘蔗渣38%，石膏粉2%，水适量。

（4）棉籽壳40%，阔叶树木屑40%，麦麸18%，蔗糖1%，石膏粉1%，水适量。

（5）棉籽壳60%，阔叶树木屑30%，麦麸7%，蔗糖1%，石膏粉2%，水适量。

（6）玉米芯75%，麦麸22%，石膏粉2%，草木灰1%，水适量。

（7）玉米芯48%，阔叶树木屑35%，麦麸15%，石膏粉2%，水适量。

（二）培养料处理

选择适宜的培养料配方，将原料拌匀，使含水量达到60%~65%。拌好料后可用手抓少量培养料用力紧握，如有水渗出而不下滴表明含水量适宜。

（三）装袋

采用规格为（15~17）cm×（33~35）cm×0.004 cm的低压高密度聚乙烯袋。每袋装干料0.75 kg左右。装料要虚实适中，稍压平，在料中央打孔。装好袋后两端用细绳扎活口。

（四）灭菌

料袋装好后要及时灭菌，一般常压灭菌100 ℃维持12 h以上。

（五）接种

灭菌后袋温降至30 ℃以下时要在接种箱或接种室严格按照无菌操作规程两端接种。

（六）发菌期管理

接过种的袋子要立即送往培养室，袋子在搬运过程中要轻拿轻放。接过种的袋子要平放在培养架或地面上，根据气温决定摆放层数。保持温度25~28 ℃，空气相对湿度70%以下，暗光，空气新鲜。7 d左右翻袋1次，将菌袋上下、内外交换位置，使袋受温一致，发菌均匀。翻堆时拣出感染的菌袋进行处理。当菌丝发至袋的 1/3 时，将室内温度降到 25 ℃ 以下，促使菌丝长粗长壮，30 d 左右菌丝会发满全袋。

（七）出芝期管理

当菌丝发满全袋，手拿袋子有弹性，袋子两端有黄色水珠出现时，立即运往出芝棚。将菌袋平摆成墙状，高 7~10 层。袋子排放好后立即洒水，将空气相对湿度提高到 90% 左右。同时保持温度 25~28 ℃，给予较强的散射光照，加强通风，保持空气新鲜。经过 10 d 左右的培养，料面会有乳白色的原基形成。

当袋口出现原基时用剪刀剪去扎口绳。保持温度 25~28 ℃，空气相对湿度 90% 左右，增强散射光照，加强通风，保持空气新鲜。当灵芝开片时要增大空气相对湿度，加强通风，促使菌盖快速膨大。如果栽培环境二氧化碳的浓度增加到 0.1% 以上，就会形成"鹿角灵芝"。

如果料面现蕾较多，还要进行疏蕾，每袋保留 2~3 个蕾，使养分集中，长成盖大朵厚的子实体。也可将料袋摆在地面上出菇，管理措施同上（图 4.21）。

图 4.21　袋栽灵芝出芝

如果场地充足，也可进行畦栽。将薄膜脱去，间距 2~3 cm 卧放在宽 80~100 cm、深 12~15 cm 的畦内，上覆 2 cm 厚的砂壤土，进行出芝管理。

（八）采收

当灵芝菌盖不再增厚，菌盖边缘颜色和中央一致，通体都变成深褐色，用手触摸有硬壳感，菌盖上布满锈色粉孢子时，要及时采收。

采收时要一手按着袋子，一手拿着菌柄慢慢转动，当基部和培养料脱离后再轻轻拔出，不能直接向上用力拔出，否则会将基部的培养料带出，影响下潮产量。

（九）干制

采下的鲜灵芝立即用刀切掉基部过长部分，放在竹帘或席上在强日光下晒干，或用烘干机烘干。干制后灵芝含水量达到13%左右。每2.5~3 kg鲜灵芝可晒（烘）1 kg干芝。干制后的灵芝要马上装入塑料袋内密封存放，不能散堆在仓库内存放。灵芝极易吸水返潮，会使灵芝变霉或虫蛀，失去使用价值。灵芝存放时间长或遇到长期的阴雨天，待天转晴后立即复晒脱水，干后再立即密封存放。

（十）后潮管理

采收一潮芝后，停水4~5 d，使菌丝生长，积累养分。养菌后再进行出芝管理。袋栽可采收2潮。

三、段木栽培技术

灵芝段木栽培分长段木和短段木两种栽培形式。长段木是将适宜灵芝生长的树木截成长0.8~1 m的段，打孔接种进行栽培，一次接种多年出芝。目前主要以短段木栽培为主。

灵芝短段木栽培是一种熟料栽培方式，即短段木经过灭菌变成熟料，接进菌种进行栽培。其特点是菌丝生长快、出芝早、成功率高。短段木栽培自20世纪80年代推广以来，发展很快，基本上取代了长段木栽培。

短段木栽培10月下旬伐木、晾晒、截段，11月装袋、灭菌、接种。提早制作菌棒，早期发菌温度适宜，发菌时间充分，分解和贮备的养分充足，可提高当年灵芝的产量和质量，使当年收获2潮灵芝，将出芝年数由3年缩短为2年。

（一）树种选择和截段

适宜灵芝菌丝生长的树种有栎、柞、青冈、桦、栲、槭、槠、榆、栗、野山桃等。这些树的干坚硬，韧皮较厚且和木质部结合得紧密，不易脱皮，对木质部保护得好，出芝时间长、灵芝产量高。砍伐后经过干燥，将树干截成15 cm长的木段，砍伐树木的时间和截段的时间要比长段木提前。截段后，将段木晾晒2~3 d，以段木中心有1~2 cm微小裂痕为宜，此时段木含水量为35%~42%。

目前采用较多的是木片法栽培，利用阔叶树木枝杈及边料作为主要栽培基质，选用直径6~12 cm的原木，在砍伐后15 d内把原木截成15 cm的段。用柴刀削去截面四周的毛刺、刮平周围树皮尖锐部分，粗、细段木全部从中心部位平均劈为四瓣，用绳捆扎装入塑料袋进行灭菌处理，装袋时可以将树枝夹在木片之间，提高资源的利用率。该法木片间空隙多，通气性好，灭菌彻底，发菌速度快，栽培成功率高。

（二）装袋

短段木的直径粗细有差异，所选择的塑料袋也不同，一般选择规格为（17~20）cm×（33~36）cm×（0.004~0.005）cm 的低压高密度聚乙烯袋。装袋之前要将段木表面尖锐突出处用刀削平，以免刺破袋子。把细木屑在水中拌匀后，用勺子等器具把木屑填充到菌袋底端，将捆扎木片装入塑料袋中，两端扎好口。

（三）灭菌

袋装好后及时灭菌，常压灭菌100 ℃下维持24 h以上。

（四）接种

将降至30 ℃的袋子放入接种室内进行接种。接种时两人配合，一人解开扎口绳，一人将菌种接入段木的两个端面，整个端面要用菌种覆盖严，然后再将扎口绳扎紧。用捆扎木片法的一般一端接种。接种量为段木重的5%~8%。

（五）发菌期管理

接过种的菌袋搬进消过毒的培养室内，整齐地排放，摆放8~10层，堆高1~1.2 m，每堆之间留0.7~0.8 m的通道。控制培养室温度25 ℃左右，空气相对湿度70%以下，暗光，空气新鲜，使菌种快速萌动并长入段木中。10 d后进行翻堆，挑出菌种未定植的袋子，在无菌箱内重新补种。发菌后期，为促使长入木质部的菌丝粗壮，将室内温度降到20 ℃。经过2~2.5个月的培养，菌丝可发满整个段木，此时应将袋口打开，加强通风。

（六）覆土

发满菌丝的菌袋及时运往出芝棚。棚内建数条0.8~1 m宽的畦。于气温15 ℃左右的晴天，把短段木（捆扎木片）从袋中取出，竖直排放在畦内，每根段木之间留8~10 cm的距离，盖上沙质湿土，再在表面盖1 cm左右的稻草或麦秸，可防止喷水时泥土溅在子实体上。也可将菌袋下端1/3的塑料袋割去，间距8~10 cm竖直排放在畦内，顶端留0.5 cm长的菌棒在土外。

覆土7 d后，菌丝全部恢复生长，如采用菌袋法，即可剪口。从袋口扎绳处将袋口剪下，保留袋口折痕，不可把袋口全部剪下，以减少袋内水分蒸发，有利于每个芝棒出1~2个优质灵芝。

（七）出芝期管理

埋好后立即喷雾洒水，保持地面土壤湿润。棚顶要遮阴，给予散射光照，棚内经常洒水，保持空气相对湿度90%左右、温度25~28 ℃。7~10 d后，段木上端开始出现乳白色瘤状原基。10~15 d后，原基开始分化。子实体膨大期保持温度25 ℃左右，空气相对湿度90%左右，加强通风换气，保证空气新鲜，使灵芝健壮生长（图4.22）。

一个原基分化多个芝柄或一根菌棒分化2个以上原基并均形成芝柄的，要进行疏芝，一根菌棒上一般留1个健壮芝芽。对没有出芝的芝棒，可用疏去的芝芽

图 4.22　短段木灵芝出菇

进行嫁接，嫁接时，用利刀把芝芽削成楔形，插于菌木顶部的树皮与木质部之间的菌丝层内，同时用力稍按楔形芝芽两侧的菌木使芝芽固定。对生长过快的芝柄可以留 3~5 cm，将其余部分剪去，进行嫁接。

在杂草已经拔除、疏芝、嫁接工序完成后，在畦床上铺设地膜。铺设地膜前，若畦床泥土发白，土壤含水量低于 19% 时，要将畦床灌水 1 次，待水下渗后，在芝柄相应位置用刀或竹签将地膜划成孔，并在畦床上加盖地膜。第一潮灵芝采收后，揭去地膜，收集弹射在地膜上的孢子粉，然后再覆一层地膜。加盖地膜，一可减少土壤水分蒸发，二可防病虫草害，三可防止喷水时将畦面上的泥土溅到芝体上，四有利于孢子粉收集。

（八）采收

当灵芝菌盖不再增厚，菌盖边缘颜色和中央一致，通体都变成深褐色，用手触摸有硬壳感时及时采收。

采收时，用果树剪从芝盖以下 3 cm 部位剪去，留下菌柄以利再生第二潮灵芝。灵芝采收时，不可手握菌盖，以免菌盖下层附着孢子粉，使色泽不均匀，从而降低商品质量。留柄剪芝，二潮芝可利用头潮芝菌柄作原基快速长出芝芽，减少潮次间隔时间，缩短生产周期。但在收二潮灵芝准备过冬时，用手握住菌柄基部从菌材上摘下。

灵芝孢子粉价格较高。孢子粉采集有套袋采孢、地膜采孢和风机吸等方法。

（九）干制

采收后将灵芝立即装入烘筛中用烘干机烘干至含水量 12% 左右。灵芝烘干，能产生灵芝特有的香味，保持菌盖形状及芝背颜色，可提高灵芝的销售等级，又利于长期保存。没有烘干机的可以晒干。趁干装入塑料袋中，密封保存。过一段时间再在强日光下复晒，能长期保存不会生虫。菌盖采收后如沾有泥，不可用水冲洗，可用刷子轻轻刷去。

（十）采后管理

若采收孢子粉，一般一年只收一潮灵芝，1个菌棒上除可采收 15~20 g 孢子粉外，还可采收 30~35 g 灵芝干品；否则，可收两潮灵芝。采过第一潮灵芝后，立即用塑料膜将段木盖好，让菌丝生长 2~3 d，然后洒水增湿。5~7 d 后第二潮原基开始出现，经过 25~30 d 后便可采收第二潮芝。

采完第二潮后，天气转凉，原基不再大量形成，要做好段木的越冬工作。不完全覆土出芝的，先将老菌皮去掉，用稻草覆盖，上面再盖上沙土，越冬要保温防冻。

待第二年春天气温回升到 20 ℃ 左右时，不完全覆土出芝的立即将覆盖的稻草和沙土清除干净，向畦内灌水，提高出芝棚内的湿度，到 5 月原基开始形成，6 月可以采收。一般情况下，短段木栽培可连续收获 2~3 年。

第二十二章　天麻栽培技术

第一节　概述

天麻又名赤箭、定风草、独摇芝、神草、明天麻等，属被子植物门、单子叶植物纲、天门冬目、兰科、天麻属，是一种名贵的中药材。虽然天麻不属于菌类，但天麻生长离不开蜜环菌，所以食药用菌栽培时都要讲到天麻。

我国利用天麻治病已有悠久的历史，古代医药文献对天麻给予了高度评价。早在2 000多年前的《神农本草》中就把天麻列为上品。我国民间以天麻炖母鸡作为强身补虚、滋养五脏、治肝虚的良药。天麻性甘温、微辛、无毒，具有镇痛、镇静、抗惊厥、降低血压等作用，主治头晕目眩、肢体麻木、小儿惊风、癫痫、高血压及耳源性眩晕。天麻的药用部位主要是地下球茎，地上花茎、花、果也有一定的药用价值。除药用外，天麻还可加工成各种营养保健食品和饮料，如天麻酒等。

第二节　生物学特性

一、形态特征

（一）天麻的形态特征

天麻多年生，其植物学形态非常特殊，成熟的植株有地下球茎、地上花茎、花、果实和种子，但没有根和正常的叶片，仅有退化的鞘状膜质鳞片。

地下球茎淡黄色，肉质肥厚，一般长圆形或椭圆形，长年潜生土中，大小不一，小的如米粒，大的可达1 000 g，有均匀的环节，节处有薄膜鳞片。

根据天麻地下球茎生长发育阶段的不同，可以将球茎分为以下几种：

1. 箭麻　能长出地上茎，并能开花结籽，在抽薹时，茎秆似箭，故称箭麻。箭麻可入药，除有性繁殖外，一般不作种用。

箭麻个大，肉质肥厚，长圆形，体长 8~20 cm，重 100~250 g，最重的达 1 kg 以上。箭麻麻体有 7~30 个较明显的环节，球茎尾端有茎基，前端有红褐色或青白色的鹦鹉嘴状的混合芽，尖长而突出。

2. 白麻　比箭麻个小，没有明显的顶芽，不能抽薹开花。顶端有雪白色的粗壮芽，故称白麻或白头麻。体长 2~10 cm，重 2.5~100 g。20 g 以上称为大白麻，10~20 g 称为中白麻，2.5~10 g 称为小白麻。白麻不抽薹，需要在地下生长繁殖 1~2 年后才能长成箭麻。白麻常作为无性繁殖的麻种，尤其是中、小白麻，繁殖力强。

3. 米麻　形状似米粒，故称为米麻，也叫麻米。其形态同白麻基本相似，但体积更小，一般体长在 2 cm 以下，重量在 2.5 g 以下。米麻也可以作为无性繁殖的麻种。米麻体小不能入药。米麻需要在地下生长 2~3 年才能长成箭麻。

（二）蜜环菌的形态特征

1. 菌丝体　菌丝无色透明，具隔膜，气生菌丝初为白色绒毛状，以后颜色逐渐加深，可分化成菌索。菌索粗 1~6 mm，长可达数米，幼嫩时红棕色，具白色生长点。老熟菌索黑色，表面失去光泽。蜜环菌的菌丝具有发绿白色荧光的特性。在 20~25 ℃ 时发光性最强。

2. 子实体　丛生，菌盖直径 3~14 cm，呈蜂蜜黄色至深褐色。菌肉白色。菌褶与菌柄贴生至延生，褶片较稀。菌柄细长，内部海绵质、松软、有时中空，长 8~13 cm，直径 0.4~1.5 cm。孢子椭圆形，光滑无色。

二、天麻与蜜环菌的关系

天麻虽是植物，但无根、无绿色叶片，自己不能制造养分。在它的生长过程中，自始至终完全依赖于蜜环菌作为营养源，才能正常地生长、发育和繁殖。因此，没有蜜环菌供应天麻营养，球茎就不能继续长大。蜜环菌离开天麻可以独立生活，而天麻离开蜜环菌就不能生长，相反，因消耗自身营养来生长，逐代变小，终至消亡。

天麻和蜜环菌的特殊关系表现在它们既有共生关系，又有寄生和互寄生关系。最初，蜜环菌以菌索的形式网结在越冬后种麻球茎的栓皮上，产生吸盘状的菌索分枝，并穿过栓皮，一直生长到接近消化细胞的消化层，吸收天麻表皮组织的营养。然后，再形成分散的菌丝，并沿着消化层的皮层细胞向周围扩散，侵入邻近的皮层细胞，入侵的菌丝盘回于细胞中形成菌丝块。这时表皮细胞的原生质被分解利用，天麻为蜜环菌提供养分，这时表现为蜜环菌对天麻的寄生。但这只是暂时的，当蜜环菌丝进一步侵入到天麻的消化细胞时，消化细胞分泌出一种溶菌酶，溶解蜜环菌菌丝体，这样就使菌丝的细胞质和细胞核溶解，被溶解的细胞质和细胞核变成天麻的营养源。溶解的菌丝越多，天麻获取的营养就越丰富，种麻便通过营养茎把养料输送到新的麻体上，这时表现为天麻对蜜环菌的寄生，即所谓"麻吃菌"。

当种麻的营养物质逐渐耗尽，消化吸收蜜环菌的生理机能逐渐丧失，种麻的残躯就又成了蜜环菌的养分，此时则表现为蜜环菌对天麻的寄生，即所谓"菌吃麻"。天麻球茎一次次换头生长，这个寄生和互寄生的过程又一次次重复出现。

三、生长发育条件

（一）营养条件

1. 天麻　天麻完全依靠蜜环菌为其提供营养。离开蜜环菌，天麻不能生长。

2. 蜜环菌　蜜环菌是一种兼性寄生菌。可以利用木材、棉籽壳、玉米芯、麦麸等原料进行生长。

3. 紫萁小菇　紫萁小菇是天麻的萌发菌，是一种兼性腐生菌，对纤维素分解能力较强，可侵染天麻种子，使天麻种子萌发。紫萁小菇等萌发菌主要营腐生生活，有时也营寄生生活。人工培养时在棉籽壳、木屑等中加入葡萄糖、麦麸，菌丝生长良好。

天麻有性繁殖时，天麻种子如果没有一些真菌为其提供营养，则不能萌发。此时，一些真菌与天麻种子结成共生营养关系，真菌为其提供营养，使其萌发，这些真菌就叫萌发菌。紫萁小菇是一种很好的萌发菌。

（二）环境条件

1. 天麻生长所需的环境条件

（1）温度。天麻喜凉爽、湿润的气候，生长温度为13～32 ℃，20～25 ℃生长最快。当栽麻层的温度升到10 ℃以上时，天麻的顶芽开始萌动生长；当温度升到20 ℃以上时生长迅速；达到30 ℃时天麻生长受到抑制；如达到34 ℃且持续高温，则将导致天麻腐烂减产；栽麻层温度降到10 ℃以下时，天麻则停止生长进入休眠状态。天麻比较耐寒，在-4～-3 ℃可安全过冬，当温度降到-5 ℃以下时，天麻便出现冻害。

（2）空气相对湿度。天麻生长期的空气相对湿度应控制在80%左右，湿度大容易烂麻；湿度小，则天麻生长缓慢。

（3）光线。地下球茎生长虽不需要光线，但光线可调节温度，间接影响天麻生长，同时天麻在开花期也要求有一定的光照。

（4）土壤。团粒结构好、疏松透气、pH值为5～6的砂壤土，适合天麻与蜜环菌的生长。

2. 蜜环菌生长所需的环境条件

（1）温度。菌丝生长温度为5～35 ℃，最适20～25 ℃；子实体生长最适温度20～22 ℃。一般在玉米收获时，其子实体大量生长，所以又叫"苞米菇"。

（2）水分。蜜环菌菌丝体耐水性强，充足的水分有利于菌索的形成和生长，即使在水中菌丝和菌索也可以正常生长。所以培养菌丝体时，菌种瓶内需要灌满水，以水淹过培养料 2~3 cm 为宜。

（3）空气。属好氧性真菌。通风良好时，生长健壮。菌索具有一定的输送氧气的能力。菌索一般可在水中生长达 20 cm。菌丝也可在潮湿的段木中生长。

（4）光线。菌丝和菌索生长不需要光线。子实体发生和生长需要散射光照。

（5）酸碱度。适于偏酸性的环境，以 pH 值 5~6 为宜。

3. 紫萁小菇生长所需的环境条件

（1）温度。菌丝生长温度为 10~28 ℃，最适 20~25 ℃；子实体生长最适温度 20 ℃~22 ℃。

（2）水分。培养料含水量在 60%~65% 比较合适。

（3）空气。属好氧性真菌。通风良好时，生长健壮。

（4）光线 。菌丝和菌索生长不需要光照。子实体发生和生长需要散射光照。

（5）酸碱度。适于偏酸性的环境，以 pH 值 5~5.8 为宜。

第三节　栽培技术

一、栽培季节和生长周期

（一）菌材培养时间

菌材培养开始时间，一般是在栽麻前的 2~3 个月。天麻最适栽培季节是每年的 10~12 月，故应 4~5 月培养菌枝，8~9 月培养菌材。

（二）天麻播种时间

1. 无性繁殖法　播期原则上选择在天麻已进入休眠期而蜜环菌可以萌发的阶段，考虑的主要因素是温度。当日平均气温降至 10 ℃ 以下、5 ℃ 以上时，便可栽培。因此 10~12 月是天麻最适栽培季节。如果因其他原因错过该时期，也可在 2~3 月进行春栽，或在 6~7 月进行夏栽，但产量大大降低。

2. 有性繁殖法　3~4 月栽培箭麻，7~8 月有性种子成熟，收后即可用于播种。

（三）生长周期

蜜环菌菌丝在 25 ℃ 下 15 d 左右可长满管，原种、栽培种在枝条培养基上 20~25 d 便可长满，菌枝培养需 45~60 d，菌材培养需 4~6 个月。栽培天麻到翌年冬前采收，培养时间 1 年左右。

二、无性繁殖栽培法

天麻的无性繁殖栽培法是利用白麻、米麻的球茎作种栽培，用长有蜜环菌的菌棒或培养料作为营养源，继续繁殖后代的方法。该方法简便易行，生长期短，繁殖系数高，是天麻的主要栽培方法。但用种量大，多代繁殖后易出现退化，产量下降。

（一）段木栽培技术

1. 菌枝培养　菌枝是指长有蜜环菌菌丝的幼嫩树枝，它是培养菌材的最好菌种。

适宜蜜环菌生长的树枝很多，但以壳斗科的青冈树种及桦科的桦树等乔木的枝条培养菌枝最好。培养菌枝的时间应掌握在菌材培养时间之前的 1~2 个月最适。选择直径 1~2 cm 的树枝，斜截成 4~5 cm 长的小段，栽培前置于 0.25% 硝酸铵水溶液中浸泡 30 min。用床架或地面砖池作培养床，一般床的规格为深 30 cm、宽 60 cm，长度不限。在底部铺 3~4 cm 厚的沙土，再铺一薄层湿树叶，然后摆上树枝接上蜜环菌栽培种，上盖一层沙土。覆土的厚度以盖严树枝并填好枝间空隙为宜。如此摆放 8 层左右，顶部覆盖沙土 5~6 cm，上面再盖一层树叶，以保温保湿，最后浇一次透水。

培养温度控制在 25 ℃左右，45~60 d 菌枝即长好。发育好的菌枝表面附着棕色的菌索，剥开树皮可见到长有蜜环菌菌丝，菌枝两端长有较多幼嫩、带有白色生长点的蜜环菌菌索。

2. 菌材培养　菌材是指长有蜜环菌菌丝或菌索的段木，又称"菌棒"。菌材的作用是通过蜜环菌菌丝分解段木上的木质素和纤维素，繁殖出大量的蜜环菌菌丝体，而这些菌丝体栽培天麻时又成为天麻生长的营养物质。

（1）原料准备。除松、杉、柏、樟等有油脂和芳香气味的树种外，适于培养菌材的树种有 200 多种，以栎、栗、桦、榆等硬质树木最为理想。菌材的砍伐时间，以落叶后到新芽抽出之前都适宜。

（2）整材砍口。砍口的作用是利于蜜环菌菌丝的侵入，便于其形成的菌索伸出。方法是把直径 4~12 cm 的木材去掉细枝，截成 60~100 cm 长的木段。然后用斧头或柴刀每隔 3~6 cm 砍一个鱼鳞口，砍至木质部，砍口要有一定倾斜度，按段木粗细在两面或四面砍 2~4 排。

（3）填充料配制。填充料是培养菌材和栽培天麻时菌材之间以及菌材与天麻之间的填充材料。填充料是蜜环菌和天麻生长发育的物质基础，其营养条件及结构的好坏，直接影响蜜环菌和天麻的生长发育。填充料要求疏松透气、易于渗水、保温保湿性能好。常用的填充料有山林中的河沙、腐殖土等。

（4）培养方法。菌材培养常用有地上堆培、地下坑培、砖池培养等方法。

1）堆培法。选择温暖、湿润、排水良好的林地，整平地面，铺上河沙或腐殖土，排上段木，宽度为段木的长，长度视菌材数量而定。第1层铺好后，在其上均匀放一层已培养好的蜜环菌栽培种或菌枝，每2根菌材间放进1~2根菌枝，并铺少量枯枝落叶。如此一层层堆积，直至高40 cm左右。其上及四周覆盖7 cm的沙土，上面再覆盖一层树叶。

2）坑培法。选择地势较高、平坦、排水良好、土层深厚、土质为砂壤土的场地挖坑，坑深30~40 cm、宽60 cm、长2 m左右。坑底铺5 cm厚的沙土和一薄层湿树叶，叶上摆一层段木，两段木之间放入3~4个菌枝。然后撒沙土填段木间隙，盖土超过木棒1 cm左右。如此再摆放第2~5层，最后表面盖沙土6~8 cm至地面相平，上面再覆盖一层树叶，以利于保温保湿。

3）砖池培养法。在地面上建砖池，长2 m左右、高30 cm、宽60 cm，栽培方法同坑培法。

（5）管理措施。

1）湿度管理。培养菌材过程中水分过多或过少都不利于蜜环菌生长。适当喷水，每隔10~15 d浇一次大水。室外培养的，降水量适中时可以不浇水，雨季还应及时排除积水。

2）温度调节。在菌材培养期间，菌床的温度应控制在20~25 ℃。在室外培养春秋两季气温低时，可搭塑料薄膜棚，提高菌床温度；在室内培养的，可用暖气、火墙等设施提高室温。温度高时还要注意降温，防止温度超过30 ℃。一般经过30~35 d菌丝长满段木。

（6）优质菌材的标准。

1）蜜环菌生长旺盛，菌索幼嫩健壮、红褐色，拉断菌索外鞘内部呈白色菌丝，而不是黄褐色枯竭的菌丝甚至仅为一层空壳。

2）培养时间短，菌棒营养消耗少，营养丰富。

3）没有杂菌污染。

3. 栽培方法　天麻的栽培方法多种多样，依据栽培场地可为室内、庭院、野外等；依据栽培容器又可分为坑栽、砖池栽培等。各地可根据原料、场地等因素灵活选择适宜的栽培方法。

（1）坑栽。坑栽天麻可用培养菌材的地坑，菌材培养好后，播种时，先除去坑上的覆土，移去上层菌材，再除去中层沙土，露出底部菌材，把天麻种顶芽向上紧靠菌材上的菌索摆放，大白麻12~15 cm放1个，中白麻7~9 cm放1个，小白麻4~6 cm放1个，米麻间距3 cm左右，也可撒播，上面盖2~3 cm的沙土。注意菌材两端各放1个，因为菌材两端是生长天麻的好地方。再如底层一样摆放上边几层，最后顶部覆盖沙土5~10 cm。也可重新挖坑栽培，方法如下：

1）挖坑。重新挖坑时坑底宽0.5~1 m、深30~40 cm，长度不限。坑深根据场地土壤利水性和光照强弱决定，在地下水位高、底土渗透性较差、雨水较多的地方，应选择浅培；如果沙土地、冬季无积雪、地下水位低、光照较强，则要深培。坑与坑间隔 1 m 左右。坑间挖浅排水沟，整个栽培场地四周挖深排水沟，坑间树木尽量保留，以利于遮阴。

2）地坑消毒。往坑中灌足水，一般以水不能再下渗为度。待水浸透坑底后进行坑内土壤消毒，每平方米撒 50 g 生石灰杀菌，撒 50 g 白蚁粉防止白蚁及其他虫害。

3）摆放菌材。取出培养好的蜜环菌材和菌枝，及时用杂草或薄膜覆盖保湿，并注意尽量不损坏已长好的蜜环菌菌索。再重新按"田"字格式或方框式摆放两层菌材，或底层摆放新鲜段材和枝条，上层摆放培养好的菌材。

4）撒枝填土。往菌材上撒放全部菌枝后，再填约 1.7 cm 厚的填充料。撒放菌枝时，尽量将粗且菌索茂密的菌枝靠近方框内的四角处，即摆放麻种的尾部，让其尽快接活麻种。

5）点播麻种。将选好的麻种斜播 1 层，即头偏上、尾朝下、偏度 30°左右。若是小箭麻，则用刀片削去顶芽，晾干水分或将麻口放石膏粉里蘸一下后再点播。再往方框（或方格）内和菌材顶部填沙土，盖过菌材顶部 5~10 cm，并呈龟背形。

6）管理措施。适宜天麻生长的温度是土层 10 cm 下为 13~25 ℃。在此温度段内，越高越好。冬季防冻，可覆盖一些保温物；夏秋防高温、干旱，适当补水即可保持土壤适宜的湿度，又可降温。要根据天麻不同生长期对沙土进行水分管理。冬季至翌春清明前土壤湿度控制在 20%左右。4~6 月，保持沙土湿润，让蜜环菌充分生长，为天麻生长打下良好的基础。6~8 月为天麻的生长旺盛期，营养积累达到高峰。此时宜采取保水降温综合管理。到了 9 月，天麻营养积蓄进入后期，达到生理成熟阶段，创造适宜条件使营养充分累积。

（2）砖池栽培。在室内或棚内建造高 30 cm、宽 60 cm、长根据场地具体情况而定的砖池。具体方法同坑栽法。

（二）袋料栽培技术

1. 袋栽技术

（1）原料准备。培养料用阔叶树木块、木屑，也可用枝条或作物秸秆，将其捆紧，长短以能放入袋中为宜，填充料一般用洁净的黄沙土或林中腐殖土。繁殖麻种用米麻或小白麻作种；繁殖商品麻用大白麻作种。

（2）蜜环菌培养。用于繁殖麻种的塑料袋规格为（20~28）cm×（40~50）cm× 0.004 cm 的低压高密度聚乙烯袋；用于栽培商品麻的袋不得小于 40 cm× 50 cm× 0.004 cm。培养料配方是杂木屑 91%、玉米面 5%、过磷酸钙 2%、白糖 2%，用 10%的马铃薯水拌料，使含水量达到 65%左右。装至袋的 1/4 为止，常规灭菌、冷却，接蜜环菌菌种。在20~25℃下培养2个月，菌丝菌索长满整个料层即可。

（3）播麻种。10~12月为播种期，在无菌条件下，打开没有任何杂菌污染、蜜环菌长势好的塑料袋，取出一半菌种备用。下部装入已用0.1%高锰酸钾消毒的木块、木屑、新鲜阔叶树皮或成捆的树枝、秸秆等，然后装填充料至培养料厚度的一半，均匀放麻种，麻种一定要紧贴培养料，每层小袋放4个，大袋放8个左右，放好后继续加填充料。填充料厚度小袋3cm、大袋10cm。再装入刚才取出的一半菌种进行第二层栽培。栽完麻后，用棉花塞塞口，棉花塞与填充料间要留空隙，并用绳将塑料袋口轻轻扎上。

（4）管理措施。把装好的塑料袋放到床架或地面上，10~12月让天麻休眠。50d后，休眠期已过，袋内的蜜环菌在温度适宜的条件下逐渐往上长，经过20~30d长满全袋，并使天麻接上了蜜环菌，天麻开始萌发。当袋内温度达到20~25℃、湿度为65%时，天麻进入生长旺季。

在生长过程中，袋内水分适宜，不必浇水，主要是温度管理，使袋内温度保持20~25℃。在天麻生长中、后期，可以将塑料袋周围扎几个小孔，以利通气，使天麻长势更好。防止杂菌污染是塑料袋栽培天麻成败的关键，如袋内有杂菌污染，可用注射器注射0.02%高锰酸钾水溶液至染杂处，但不要多注。

2. 床（池）栽技术

（1）建床。选背风向阳、土质疏松、渗透性好、无积水、夏季阴凉处，下挖长1m、宽0.5m、深0.25m，在室内或地面上砌同样大小的砖池。然后灌水增湿，撒石灰和白蚁粉消毒杀虫，在床内铺垫一层3~4cm厚的粗沙或砂质碎土。

（2）播种。取新鲜、干燥、无霉变玉米芯5份、杂木屑1份，用0.1%高锰酸钾溶液浸泡8h，沥干平铺在菌床内，厚10~15cm。在料面穴播火柴盒大小的蜜环菌菌种块和麻种，播种密度大白麻15cm×15cm、中白麻9cm×9cm、小白麻5cm×5cm，米麻可撒播于床面上。先穴播菌种块，然后将种麻芽部朝上压入穴内，种麻上撒些菌种，压紧实，最后把碎菌种均匀撒播在料面上。播种完毕覆盖一层玉米芯、杂木屑的培养料或7~10cm厚的沙土。每床用菌种8~10瓶，种麻600g左右。

（3）管理措施。培养料含水量初期要求60%~70%，以利于蜜环菌生长，中期40%~50%抑制蜜环菌过旺生长，后期35%左右；晴天保持覆土湿润，雨天清沟排水；控温20~25℃，超过30℃需淋水降温，低于0℃要覆草帘防冻。发现杂菌及时清除，消毒后及时补入新料。

四、有性繁殖

天麻的有性繁殖指用箭麻抽薹开花结出的种子进行繁殖产生天麻球茎的方

法。天麻的有性繁殖可解决无性繁殖过程中种麻退化、产量下降、种源缺乏等问题，同时可以培育优质高产的天麻新品种。该方法具有成本低、后代生活能力强、繁殖系数高等优点。

（一）种麻选择

种麻就是在春天能抽薹开花的箭麻。选择新鲜健壮、形态正常、顶端有饱满的红色鹦鹉芽嘴、皮粗、节间短、无虫蛀、无病斑、无损伤、个体重 150～300 g 的箭麻。

（二）种麻处理

种麻需经 1～5 ℃的低温刺激 40～60 d 才能顺利萌发。可将天麻埋在室外冰冻层以下的土壤中，上面盖薄膜，做到既要防天麻脱水，又要防水涝腐烂。

（三）种麻下播

采种用箭麻多在春季 3～4 月栽种，采用沙培法栽培种麻，底层放一层细沙，含水量 25%左右，按行株距 10 cm 左右摆放箭麻，芽嘴向上，然后覆 5～7 cm 厚的细沙，上盖树叶，见表面发白喷水保湿。室外栽培时宜建菌床，要求搭阴棚遮光，室内栽培可用塑料袋，便于搬运和授粉。

（四）抽薹开花

在 5 月当温度上升到 16 ℃左右，箭麻开始抽薹出土。抽薹后的箭麻在 6 月地温上升到 20 ℃以上时，开始形成花序，6 月中旬左右便从下向上逐渐开花。

（五）人工授粉

为提高授粉成功率，应采取人工授粉。授粉时间选在开花之后的次日上午 9 时至下午 4 时，授粉时要准确地将花粉块安放在柱头上，一般以异株授粉为好。这样产生的种子生命力强，后代的抗病力和抗寒力强。在开花期间，每天都要人工授粉，直至开花结束。

（六）采收麻种

授粉成功后，子房迅速膨大，花冠萎缩，形成蒴果。一周后蒴果变色，逐渐成熟。当下部果实初裂，就应将相邻的 3～5 个果实剪掉，置于皿中或摊晾于白纸上，待果皮自然开裂，抖出种子并晾干。一般采收后自然干燥 2～3 d 再用于播种，但存放时间一般不超过 10 d，存放时不宜密封，以免发霉。

（七）播种

天麻种极小，又无胚乳，缺少供胚萌发的营养贮备物质，发芽非常困难。过去将菌种直接播在蜜环菌上，发芽率仅 7%左右。为提高天麻种萌发率，现在菌种萌发阶段用萌发菌伴播，成活率大大提高，可促使萌发后的天麻与蜜环菌建立良好的共生关系，天麻得以快速生长。

1. 萌发菌培养　母种用 PDA 培养基培养。原种培养基配方为阔叶树木屑 73%、麦麸 25%、糖 1%、石膏 1%；栽培种培养基配方为壳斗科树叶 40%、杂木屑 40%、麦麸 15%、玉米粉 3%、石膏 1%、糖 1%。常规灭菌、接种、培养，菌丝满瓶（袋）即可用于生产。

2. 建立菌床　选湿润、疏松的沙质土壤，在避风、管理方便的地方建床。床内铺 1~2 层培养好的菌材，菌材间距 5~7 cm，用腐殖土等填充间隙，并覆盖浇水保湿。

3. 播种　将萌发菌从瓶中取出，置于干净的搪瓷盘中或经消毒的盆内。将长有萌发菌的树叶一片片分开，然后把天麻种子装在玻璃瓶做的播种器内，用纱布封口，瓶口朝下，均匀抖动，使种子落入树叶中，边抖动边翻拌均匀。拌种后菌种及树叶可直接播种到菌床上，然后覆盖 3~5 cm 的沙土。再在沙土上盖全湿的树叶保持湿度 60% 左右。每平方米用菌种 3~4 瓶，蒴果 15~20 个。

4. 管理　播种后 15 d 内不能浇重水，可用洒水壶或喷雾器向菌床少量洒、喷水，其他管理方法同无性繁殖。播种后翌年 10 月下旬到 11 月上旬即可采收。

五、采收与加工

（一）采收

1. 采收季节　秋冬栽的天麻到第二年冬前采收，10~11 月是采收天麻的最佳时期。此时天麻处于休眠期，麻体不再生长，贮藏的养分多，药效好，制干率高。米麻和白麻处在休眠期移栽时容易成活，此时也是栽培天麻的最佳时机。

2. 采收标准　母麻的大部分营养已经被消耗，箭麻外表呈黄白色，后端营养茎（母麻）自然枯萎、腐烂，敲击能发出结实响声，且箭麻和大白麻都比较大，即表示球茎已"圆浆定性"，可采收。

3. 采收方法　轻轻挖去表层覆土，要从一边挖出菌材，逐根进行采收。边采收边分级，把箭麻、白麻、米麻分别放入筐中，尽量防止损坏天麻块茎。选择完好无损的白麻、米麻作种，把箭麻、受损白麻进行加工。

（二）加工

1. 沙炒天麻

（1）水洗。在清水中用纱布擦洗净天麻上的泥沙，用稻壳或谷壳搓去鳞片及菌索。

（2）炒麻。先用大火将放入锅中的细沙烧至发红，然后将天麻放入锅内，细沙与商品麻的重量比为 3:1，并用铝铲不断翻动。当天麻炒得炸响声稀少、内生外焦时，立即用事先准备好的筛子筛出天麻，倒冷水盆内。

（3）刮皮。将冷水盆内的天麻迅速捞出，趁热用竹片轻轻刮去粗皮。

（4）漂洗。将刮去焦皮的天麻洗净后，放入 2% 明矾水中漂 20 min 左右取出。

（5）烘烤。开始时温度以 70~80 ℃ 为好，持续烘烤 2~3 h 后，再降至 50~

60 ℃，在此温度下烘到六七成干时，用来造型。

（6）造型。将烘好天麻取出，用干净木板压扁。若有胀气的，先用竹针刺破放气后再压扁。

（7）熏蒸。将压扁的天麻用硫黄熏蒸，一是起漂白作用，二是起杀虫作用。方法是用20%~30%的硫黄、30%~70%的黄泥土用水调成丸子，将黄泥硫黄丸子放在蜂窝煤火或炭火上烧，放出的气体便可熏制天麻一直到全干，即成半透明的乳黄色成品。

2. 笼蒸天麻　天麻可蒸可煮，但蒸的比煮的质量好。蒸时火力要强，屉盖要严密，以便能迅速杀死麻体细胞，破坏麻体内各种酶的活性，并可防止浆液外渗。大麻蒸 30 min，小麻蒸 15 min，以熟透为度。蒸透后烘干。

将蒸透的天麻平摆在烘筛上，开始时温度控制在 40~50 ℃，逐渐升温到70 ℃，并根据烘干机内温、湿度的变化情况适时排气，干到七八成时，压扁，停止排气，烘至全干为止。

六、天麻的鉴定

天麻成品为椭圆形，略扁，一端残留花茎基，称"红小辫"，干缩后呈棕红色的芽苞，称"鹦哥嘴"；另一端有圆脐形的疤痕，称"肚脐眼"。麻体上可略见由须根痕横向排列组成的环状痕，称"点状环纹"。头尾直径相似，表面黄白色或淡黄棕色、淡棕色，半透明，质地坚实，不易折断，断面平坦，角质状，牙白色或淡棕色，有光泽，气特异，味甜，嚼之爽脆有黏性，其味滞留口内较长时间不消失。麻体以黄白色、光润半透明、肥大而皱纹细小、质地坚实者为上品；色灰褐或发白枯燥、皱纹粗大、体轻中空者为次品。

第二十三章　茯苓栽培技术

第一节　概述

茯苓〔*Poria cocos*（Schwein.）F. A. Wolf〕又名松茯苓、松柏芋、茯灵、玉苓、白苓等，属担子菌门、伞菌纲、多孔菌目、多孔菌科、茯苓属，是典型能够利用松树木段或松木屑的食、药两用菌。

茯苓多生于松科植物（赤松、马尾松等）死亡的根部，偶尔也可在栎树、柏树、桑树、毛竹、玉米秆上结苓。在我国主要分布于吉林、浙江、安徽、福建、江西、河南、湖北、湖南、广东、广西、四川、贵州、云南等省（区）。

茯苓是重要的中药材，具有益脾胃、宁心神、利水渗湿等功能，主治浮肿、心神不定、恍惚健忘、心悸失眠、小便不利等疾症。因此，茯苓为中药的八大主药之一。据医药部门统计，80%的中药处方中都有茯苓。茯苓的主要药效成分是β-茯苓聚糖，其次为戊糖、果糖、腺嘌呤、麦角甾醇、茯苓酸、层孔酸、齿孔酸、去氢齿孔酸等。茯苓水浸出液还有防治烟草花叶病感染的作用。

茯苓除作药用外，近年来还加工成茯苓糕、茯苓饼、茯苓糖和茯苓酒等滋补食品，使茯苓的应用更加广泛。

第二节　生物学特性

一、形态特征

（一）菌丝体

茯苓菌丝体具横隔膜，多分枝，直径 2~5 μm，初为白色绒毛状，后集结成网状或膜状，变为棕红色或黄褐色。

（二）菌核

茯苓入药部分是茯苓菌丝组织化后形成的菌核。菌核是由大量的双核菌丝紧密聚结而成的休眠体。菌核里贮藏着大量营养，能抵抗不良的环境条件，也可发育成子实体进行有性繁殖。当环境条件恶劣时，菌丝死亡，而菌核以休眠体状态度过不良环境。菌核形状各式各样，有球形、扁圆形、长圆形和不规则形，大小不等，长 10~30 cm；小者几克重，大者 3~5 kg。鲜时质软，表面淡黄色或棕黄色；干后为深褐色，干时坚硬，表面粗糙多皱，有瘤状突起。菌核内部是白色或淡棕色的菌肉，内部组织粉粒状。

菌丝在土壤内先集结成团，进而形成小菌核。由于菌核逐渐增大，表面菌丝与土壤接触发生摩擦而破损，内含物流出。流出的内含物又与表面菌丝黏结起来形成皮壳状的茯苓皮。当菌核内部不断增大，表面的裂痕又由表面菌丝和流出的内含物加以弥合。如此菌核内部不断长大，表面的裂痕不断弥合，逐渐形成表面多皱的大菌核。因此，整个菌核由无色菌丝、少量棕色菌丝、分生孢子、粉质物质（茯苓聚糖）和黏胶物质组成。生产中都选择皱纹多、浆汁多的菌核做种苓。这样的菌核正处于旺盛生长时期，生活力强。

（三）子实体

菌核发育到一定时期，向上膨大增长，冒出地面叫"冒风"。菌核出土后如遇到适宜条件（温度 24~26 ℃、空气相对湿度 70%~80%），在露出地面的菌核上便可产生一层蜂窝状的子实体。子实体木质，无柄，平卧于菌核或菌丝表面，厚 0.3~1 cm，初为白色，老时变为淡黄色，内部为多孔的蜂窝状。每个管孔直径 0.5~2 mm。孔口为多角形，老时变为齿状。孔内壁表面为子实层，其上有担子和担孢子。每个担子上一般生 4 个担孢子。担孢子长椭圆形或圆柱状，大小为（6~8）μm×（3~3.5）μm。

生产实践中，为收获更多更大的茯苓，应及时培土，不让菌核冒出地面。这是人们为了经济利益而采取抑制子实体生长、促使菌核生长的有效措施。就茯苓本身的生物学特性来讲，"冒风"是发育的正常现象，只有菌核冒出地面才能形成子实体，从而产生孢子，以延续其世代。

茯苓子实体的形成不一定都经过菌核阶段，也可以由菌丝体直接产生。因此，在段木上或菌种瓶里均可以产生子实体。

二、生长发育条件

（一）营养条件

茯苓是一种木腐菌。茯苓以利用纤维素、半纤维素为主，很少利用木质素。菌核中所贮藏的大量茯苓聚糖也是培养基质中的纤维素转化而来。茯苓产量的高低，除了和菌种（苓引）的生活力及其栽培条件有关外，还取决于所用培养基质的质量。松木中通常含纤维素 49%~50%、半纤维素 23%、木质素及其他成分 7%~8%。也就是说，松木中有 72%~73% 的碳源可供茯苓菌丝生长发育所用。

当营养物质接近用完时，菌丝迅速形成菌核和子实体。在纯培养中，葡萄糖、蔗糖、淀粉、纤维素均可作为碳源；蛋白胨、麦麸、米糠等是比较好的氮源。

（二）环境条件

1. 温度 孢子在 PDA 培养基上，于 28 ℃下经 24 h 即可萌发，经 48 h 肉眼可看到微细的菌丝；菌丝在 10~35 ℃均可生长，以 25~30 ℃最适。10 ℃以下生长缓慢。0 ℃以下休眠，不会死亡。35 ℃仍能存活，但易衰老；菌核形成以 20~30 ℃为宜。白天必须有 32~36 ℃的高温，夜间低温才有利于分解松木及积累茯苓聚糖。因此，在满足其他生活条件的情况下，昼夜温差大（变温），有利于木材的分解和菌核的形成。子实体在 20~28 ℃下形成，在 24~27 ℃时发育迅速，并产生大量孢子。

2. 水分和空气相对湿度 茯苓菌丝生长培养料的适宜含水量为 50%~60%。栽培时覆土含水量以湿润、不积水、不干燥为度。空气相对湿度在 85%~90% 时，子实体形成快，发育正常。

3. 空气 茯苓是好氧性真菌。因此，苓场土质应是沙多（占 70%）泥少的砂壤土，以利于通风透气。且下窖之后，覆土要薄，才能保证茯苓菌丝在蔓延中有足够的空气和适宜的温度。子实体生长也需要充足的氧气。

4. 光线 茯苓菌丝生长对光线要求不严，但子实体的形成必须有散射光照。栽培时苓场需要全日照（至少是半日照），白天太阳的热能加热了苓场土上的沙砾（吸热快），使温度处于茯苓菌丝生长的最适范围内，夜间沙砾散热快，形成较大的昼夜温差，有利于茯苓聚糖的贮藏和菌核的增大。

5. 酸碱度 茯苓在弱酸性的土壤中菌丝才能正常生长发育。在 pH 值为 3~7 的范围内，茯苓菌丝能正常生长，最适 pH 值为 5~6。

第三节　栽培技术

一、栽培季节

要根据各地自然气候选择栽培季节，一般以 4~6 月播种为宜。

二、菌种培养

（一）母种的分离

母种培养基采用本书介绍的相关培养基或如下配方培养基：

（1）马铃薯 200 g，葡萄糖 30 g，磷酸二氢钾 1 g，硫酸镁 0.5 g，琼脂 20 g，pH 值 6.0。

（2）葡萄糖 30 g，蛋白胨 15 g，磷酸二氢钾 1 g，硫酸镁 0.5 g，琼脂 20 g，pH 值 6.0。

以上配方中，水均为 1 000 mL。常规制备母种。

（二）原种培养

1. 木钉原种培养基配方与制作　小松木钉（大小为 1 cm×1 cm×0.5 cm）65%，松木屑 11%，米糠或麦麸 20%，糖 2%，石膏 1%，过磷酸钙 1%。

先将木钉浸入 1%~2% 的糖水中 6 h 或煮沸 30 min，再常规拌料、灭菌、接种，置 25~28 ℃下培养，25~30 d 菌丝长满瓶便可使用。

2. 木屑原种配方与制作　松木屑 76%~78%，麦麸或米糠 20%，糖 1%~3%，石膏 1%，含水量 65%。制备方法同木钉培养基。

（三）栽培种培养

1. 栽培种培养基配方

（1）松木屑 71%，麦麸（米糠）25%，糖 2%，过磷酸钙 1%，石膏 1%。

（2）松木片 66%，松木屑 10%，米糠（麦麸）21%，石膏 1%，糖 2%。

以上配方含水量均为 60%~65%，pH 值为 6~7。

2. 木片菌种制作方法　将长 10 cm、宽 3 cm、厚 0.5 cm 的松木片浸入 1%~2% 的糖水中 4 h 或煮沸 30 min，再把麦麸、木屑和石膏混匀，拌入煮木片的糖水中，与木片一起装入菌种瓶或塑料袋内，封口后常规灭菌。

灭菌后，待料温降至 30 ℃以下时无菌操作接入原种，置 25~28 ℃下培养。栽培种的菌龄以袋内长满茯苓菌丝的木片能折断为好，适温下需培养 45~55 d。

三、段木栽培技术

（一）段木准备

1. 树种的选择和砍伐　各种松木都适于栽培茯苓，其中以马尾松、黄山松、云南松、赤松、红松和黑松为好。除松木外，杉树和枫树也可采用。树龄以 20 年左右为好，径粗 10~15 cm。

伐树时间在秋末冬初，一般在农历 11 月至翌年 1 月进行。这时砍伐的松木到翌年播种时能达到适宜的干燥状态。树伐倒后，削去侧枝，留下部分尾梢，以利于水分蒸发。

2. 削皮留筋　从树干基部至树梢，剥去 3 cm 宽树皮一条，以见到木质部为宜，然后每间隔 3 cm 再划第二条。依此间隔进行削皮留筋。但一般的作法是先削去 3~4 条皮，留下 1~2 条筋，待接种时，再进行其余部分的削皮留筋。削皮留筋的目的是便于水分和松油从剥皮处挥发，加速木材的干燥。留筋部分（留下的树皮）有利于保护菌丝体。

3. 架晒　削皮后约 15 d，将树干截成 0.8~1 m 长的树段。选择通风向阳处，把段木以"井"字形堆叠起来进行架晒。雨天应盖塑料薄膜，以防雨淋。在干燥过程中，约10 d翻堆1次，共翻堆2~3次，使每根段木都干燥均匀。

（二）苓场选择及挖窖

苓场的好坏与茯苓的产量关系极大，必须认真选择。苓场应选择地势高，背风向阳，坡度为10°~30°，距水源近、排水良好的酸性沙粒或砂壤土（含沙70%）。但必须是未种过庄稼或茯苓的生荒地，否则应荒芜3年后再使用。

苓场选好后，先清理杂草、灌木及石块等，然后经暴晒并撒杀虫剂灭虫。

种茯苓前先挖窖。窖宽40~50 cm、深25~30 cm，长视具体情况而定。底部铲平，并铺1层（6~7 cm）松土。若在山坡上种植，窖要与苓场坡度平行。

（三）下种（下窖）

茯苓菌种可用培养的纯菌丝作菌种，接种在料筒上，称为"菌引"。

茯苓下窖在4月中旬到6月中旬。下窖应与茯苓收获同时。下种时段木含水量在15%~18%。下种时应选择晴天或阴天，雨天不能下种。种好茯苓的关键是"两干一好"，即段木干、苓场干、菌种好。

接种时，在挖好的窖内，先摆放3~5根段木（摆1层或2层），段木要彼此靠紧，用沙固定好。以"押引"和"头引"法播种，即将每窖所需的菌种全部放在段木的连接处、离上坡端断面6~10 cm的部位。如只有一根段木，用"头引法"播种，即将菌种紧紧贴在上坡端段木断面的一侧。若用纯菌种接种，可用消过毒的镊子将菌种取出，放在每条削口处，接种量视段木的多少及大小而定。一般每窖用段木20~25 kg，菌种250~500 g。接种后用木片或树叶覆盖菌种，最后覆土5~7 cm，覆成龟背形，周围开好排水沟，以利于排水。

（四）苓场管理

接种后要在苓场周围挖好排水沟，及时排水。如遇雨天，可在苓窖上边盖薄膜，以免雨水渗入窖内造成烂筒。如雨后苓窖内积水，可将苓窖下端挖开，露出筒木，晾晒半天后重新掩埋，以保持场地干燥。春种茯苓在秋后开始结苓，需水量大，如遇干旱，要进行培土保墒，如旱情严重还应浇水。灌水应在早晚进行，扒开窖顶土，适量灌水，重新盖封。秋旱灌水保墒是增产的重要措施。

下种后20~30 d，在早晨露水未干时，看到放种部位窖面无露水的说明已成活，有露水的未成活。也可挖土检查，切勿震动菌种与段木，如看到菌丝已向段木蔓延，说明已定植。对未成活的，应清除段木表面的霉菌后及时补种。

接种后25~30 d，茯苓菌丝可生长蔓延30 cm，颜色由白色变为黄褐色，气生菌丝减少，这是正常现象。经40~50 d，菌丝已沿引线生长到料筒的下端，并封蔸返回向上生长，称为"发窖"。菌丝已由淡黄色变为茶褐色，从绒毛状变为膜质状，或是网状联络，称为"捆窖"。70~100 d开始结苓，此时若发现靠近筒木的土壤呈淡灰色或深灰色，是结苓的象征。此时切勿撬动筒木，以防菌丝断裂。随着菌核的发育，苓窖的封土会发生龟裂。以后场内龟裂不断增加，表明菌核继续增大。

随着雨水的冲刷和菌核的不断长大，会使沙土流失，严重时筒木外露，俗称"冒风"，此时要及时培土。培土的重点在头年的9~10月到翌年的3~5月。覆土也有防止干旱的作用。覆土应干净，不能用含腐殖质过多的土壤，且要少量多次。

茯苓生育期内，应及时铲除苓窖四周的杂草，防止苓场滋生害虫。还要注意防止人畜为害。茯苓下窖后若被人畜践踏，就会使种苓脱落，造成"脱引"，如菌核形成期遇践踏，就会使菌核破裂，引起霉烂。因此，苓场周围要用木棒、树枝、竹竿做围栏，加以防护。

注意防治白蚁为害。茯苓生育期间易遭白蚁为害，轻者造成减产，重者绝收。栽培前期以防为主，从苓场整理、备料到接种每个环节都要做好驱除白蚁工作，如用"灭蚁灵""西维"等农药，于下料前撒在窖内，以驱除和杀灭白蚁。播种后要认真进行白蚁防治，前2个月每周检查1次，若发现白蚁及时撬开窖，用"白蚁粉"扑杀后再把窖重新整好。

及时防治腐烂病。腐烂病多发生在菌核生长时期，患病菌核流黄色液体。主要原因是排水不良或收获太晚。因此，茯苓生长期密切注意苓场排水，雨天及时开沟排水，排水沟底部应低于窖底10 cm。茯苓成熟后要及时收获，出现腐烂病的茯苓场要提前收获。

四、采收与加工

（一）采收

播种后4~12个月茯苓陆续成熟。茯苓的采收称"起窖"或"起场"。当苓场不再出现龟裂纹，扒开苓窖观察，茯苓皮已变成黄褐色，没有新的白色裂纹，段木的养分耗尽，变腐易碎，呈棕褐色，菌核变硬，表面由淡棕色变为褐色，裂纹逐渐弥合，无白色花纹（俗称"封顶"），苓蒂（和筒木接触部分）已松脱，说明茯苓成熟，应及时采挖。

收获要及时，收获太晚茯苓易腐烂，收得太早肉嫩产量低。采收时从下坡向上坡逐窖采收，从距苓窖50 cm处将土刨开，再渐次深挖，防止挖破挖漏，保持苓块完整。成熟一致的茯苓应一次收尽，成熟不一致的应收大留小。一般收获应与种植期同时进行。采收的方法是用铁把把窖挖开，取出茯苓。注意不要把茯苓挖破。

（二）加工

1. 发汗　将收获的鲜茯苓先洗净表面的泥沙，选择不通风的房间，于地面垫一层稻草，将茯苓逐层堆放，上面再盖一层稻草，每隔2~3 d慢慢翻动1次，每次转动半边，不要上下对翻，以免水分蒸发不均匀而炸裂。几天后，菌核外皮上长出子实体，待子实体变淡黄色时将其剥去。8~12 d，再单层摊晾，然后再堆集起来。反复多次直至表面皱起呈褐色时，即"发汗"结束。

2. 切制　将"发汗"完毕的菌核挑出，进行切制。先将茯苓皮剥去，尽量不带苓肉。把白色苓肉与近皮部的红褐色苓肉分开，然后再按不同规格切成需要的大小和形状。如遇茯苓中包有细心松根，应留在茯苓块中，即称"茯神块"。切块时刀要利，切面要平整光滑。

3. 干燥　将切好的苓片或苓块平放摊晒，第 2 天翻面再继续晒（若遇雨天，文火烘干），晒至七八成干时，收回让其回潮，稍压平后，再复晒至干，即成商品。也可用文火（40 ℃）烘干。茯苓的晒干率约为 50%。

根据各地加工的规格和标准不同，加工的茯苓分整苓、白茯苓块、茯神块、白苓片、赤苓片、白苓丁、赤苓丁、碎苓、苓粉、苓皮和神木等。

第二十四章　蛹虫草栽培技术

第一节　概述

蛹虫草［*Cordyceps militaris*（L.）Link.］又名北冬虫夏草、北虫草、蛹草，属子囊菌门、粪壳菌纲、炭角菌目、虫草菌科、虫草菌属。

蛹虫草产地较广，在我国分布于辽宁、吉林、河北、河南、陕西、安徽、广西、云南、湖北、广东、四川、贵州、福建等地。

蛹虫草具有较高的药用价值，《全国中草药汇编》记载"蛹虫草（北虫草）的子实体及虫体也可作为冬虫夏草入药"。蛹虫草以全草入药，具有滋补功能，性平，味甘，具有抗疲劳、抗衰老、增加免疫和性功能的作用，能补肺益肾壮阳，有扶虚损、益精气、止血、化痰、镇静、免疫等功效。

第二节　生物学特性

一、形态特征

（一）菌丝体

蛹虫草菌丝在土豆、葡萄糖、蛋白胨、琼脂培养基上生长迅速，适温下 7 d 左右即可长满斜面。菌丝体白色，菌苔干贴，易形成菌被，无光下能产生疏松的气生菌丝。菌丝有隔或无隔。

（二）子实体

蛹虫草是蛹虫草菌寄生在有关昆虫的蛹上，外形似蛹体上长出的草，故名蛹虫草。实际上，它是蛹虫草菌与虫蛹的复合体。从昆虫体长出的所谓"草"，即子实体，称子座。子座从蛹体的头、胸或近腹部伸出，单生，有时丛生 2~5 根。子座头部棒形，也有叶状或上细下粗形，有纵沟，橙黄色，为可孕部分。子座头部顶端钝圆，柄细长，子座全长 3~10 cm、粗 2~9 mm。子座上着生近圆锥形的子囊壳，表面密生许多凸起的小疣，即子囊壳的开口部分，约有 3/5 埋于子座组织里（通常呈子囊壳半埋生）。子囊壳近圆锥形，外露部分棕褐色，成熟时由壳口喷出白色胶质孢子角或小块。切片镜下观察子囊壳大小为（500~1 098）μm×（132~264）μm。子囊壳内有多个子囊。每个子囊内有 8 枚平行排列的线形子囊孢子。子囊孢子成熟后沿子囊孢子壁横裂而分离，形成分生孢子。孢子无色或略带淡黄色，表面有刺状突起，无色。蛹虫草子座与蛹体联结部为白色菌丝所缠绕，呈菌束状。

蛹虫草与冬虫夏草都是虫草真菌，都为虫草菌属，但在生态条件、化学成分等方面有很大差异。两者在形态上也有很大区别。

二、生长发育条件

（一）营养条件

人工栽培时，蛹虫草菌丝体能利用多种碳源，但以甘露醇、葡萄糖和麦芽糖最好，可溶性淀粉和乳糖较差；氮源以 DL-天冬氨酸和柠檬酸铵最好，硝酸钙和硝酸铵最差。还需要多种微量元素、维生素等营养物质。人工栽培时用大米等做培养基均可培养出子座。适量维生素可有效刺激蛹虫草的生长，显著提高其生物量。

（二）环境条件

1. 温度　蛹虫草为变温结实性菌类。蛹虫草孢子弹射适宜温度为28~32 ℃；菌丝体在 5~30 ℃下均能生长，以 18~23 ℃最适宜。低于 10 ℃极少生长，高于 30 ℃停止生长，甚至死亡；子座形成和生长温度为 10~25 ℃，适宜温度为 20~23 ℃；原基分化时需 8~10 ℃的温差刺激。

2. 水分和空气相对湿度　菌丝生长阶段培养料含水量宜在 60%~65%，空气相对湿度 65%~70%；子实体分化及发育空气相对湿度要求 85%~90%，湿度不宜过大，特别在子座形成初期，空气相对湿度过大，气生菌丝生长旺盛，原基分化受阻。但若湿度过低，低于 70%，水分供应不上，也不能形成子座。

3. 空气　菌丝生长和子实体分化发育都要有良好的通风，特别是子座发生期，更要保证空气新鲜，增大通风换气量。

4. 光线　菌丝生长不需要光照，原基分化需明亮的散射光照，以利于子座形成。黑暗条件下子座不能形成。但若在连续光照下培养，菌丝生长较差，虽能出现原基，但数量极少、产量不高。室内每天有 12 h 的 100~200 lx 的自然光照，菌丝能正常生长，并正常形成子座。光照要求均匀，光照不均匀会造成子实体扭曲或一边倒。

5. 酸碱度　在 pH 值 5~8 范围内，蛹虫草菌丝均能生长和形成子座，最适

pH 值为 5.4~6.8。

第三节 栽培技术

一、菌种制作

长期采用无性繁殖及多次转管的蛹虫草菌种种性易变异，表现为子实体畸形、产量下降。因此，在生产中应定期对蛹虫草菌种进行有性繁殖，选育菌丝生长健壮、菌龄短、无杂菌、色泽正、转色快、出草快而整齐、高产、优质、易发生子座、早熟的菌种。

（一）母种分离

选择新鲜的蛹虫草子实体，用毛笔蘸清水擦洗外表，用 75% 酒精进行表面消毒 3~5 min，无菌水清洗干净后，置盛有灭过菌的 PDA 培养基的三角瓶上方悬空，在 28~32 ℃下静置培养。待培养基表面出现星芒状虫草菌落时，在接种箱内挑取单个或多个菌落置斜面培养基上培养。待虫草菌丝长好后再提纯。通过提纯获得母种，经出草比较试验，选优质虫草子实体再进行一次组织分离，经筛选后方可用于转扩原种和栽培种。

母种选育也可用组织分离法。选新鲜蛹虫草，进行表面消毒后，把子座纵向撕开，用经消毒的解剖刀，于无菌条件下在子座的基部中心切取 3 mm×1 mm 的白色菌肉组织，接在加有 50 μg/mL 链霉素的富 PDA 培养基试管斜面上，于20 ℃的恒温箱中培养 10 d 左右，菌丝即可长满斜面。菌丝纯白，粗壮浓密，紧贴培养基生长，边缘清晰，后期分泌浅黄色色素。

（二）菌种检验

分离的母种或购来的母种，都要进行检验。将母种扩大培养后，接种在大米培养基上，于 23~25 ℃下培养 20~30 d，观察生长情况。若已纯化无杂菌污染，再继续培养 1 个月，即有橙红色子座产生，说明菌种纯正可靠，才可扩大培养应用于生产。

（三）原种和栽培种制作

1. 固体菌种 固体菌种常用以下培养基：

（1）米饭培养基。将大米用水浸泡 24 h，捞出后放在锅内煮 30 min。

（2）大米 50 g，磷酸二氢钾 0.05 g，葡萄糖 10 g，维生素 B_1 0.5 g，水 50 mL。

（3）大米 10 g，木屑 88 g，蔗糖 1 g，石膏 1 g，米汤 60 mL。

常规制备，高压灭菌，灭菌接种后置于 23~25 ℃下暗光培养。20~30 d 菌种即可长满瓶。

2. 液体菌种　生产中，蛹虫草的人工培养，多采用液体菌种接种，其培养基配方如下：

（1）玉米粉 20 g，葡萄糖 20 g，蛋白胨 10 g，酵母粉 5 g，磷酸二氢钾 1 g，硫酸镁 0.5 g，水 1 000 mL，pH 值 6.5。

（2）马铃薯 200 g，玉米粉 30 g，葡萄粉 20 g，蛋白胨 3 g，磷酸二氢钾 1.5 g，硫酸镁 0.5 g，水 1 000 mL，pH 值 6.5。

（3）葡萄糖 10 g，蛋白胨 10 g，蚕蛹粉 10 g，奶粉 12 g，磷酸二氢钾 1.5 g，水 1 000 mL，pH 值 6.5。

（4）玉米粉 30 g，磷酸二氢钾 1 g，硝酸钠 1 g，水 1000 mL，pH 值 6.5。

用 500 mL 锥形瓶，每瓶装培养液 100~200 mL，棉塞封口，0.101 MPa 灭菌 30 min。冷却后接入母种，每支母种接 5~6 瓶，静置 24 h 后，置于往复式摇床上 120 r/min、7~9 cm 振幅、23~25 ℃振荡培养 4~6 d 后备用。如果继续扩大培养，接种量 10%，上述条件培养 4~6 d。培养好的液体菌种培养液深棕色，有大量的菌丝球和浓郁虫草香味。

（四）制种和栽培时间

蛹虫草子座发生最适温度为 20~23 ℃，以此为准往前推 1 个半月进行播种。再往前推 1 个月制栽培种。制种时要严格把关，选菌苔底部呈鲜黄色且厚薄适中，平伏基面，无明显白色绒毛状气生菌丝、无杂菌污染的菌种。如是液体菌种，菌龄不超过 7 d。

蛹虫草人工培养，目前都以大米、玉米渣、小麦、高粱米作为主料进行固体培养，以瓶栽和盆栽为主，也有以蚕蛹为原料进行畦床栽培的。

二、瓶栽技术

（一）培养基配方

（1）大米 68.5%，蚕蛹粉 25%，蔗糖 5%，蛋白胨 1.5%，维生素 B_1 微量（1 000mL 水 2~3 mg，下同）。

（2）大米 56.9%，麦麸 25%，玉米粉 10%，蔗糖 2%，蚕蛹粉 6%，硫酸镁 0.1%，维生素 B_1 微量。

（3）大米 52%，高粱米 45%，蚕蛹粉 2%，蛋白胨 0.5%，磷酸二氢钾 0.1%，硫酸镁 0.4%，维生素 B_1 微量。

（4）小麦 85%，白糖 2%，蛋白胨 2%，蚕蛹粉 10%，硫酸镁 0.1%，柠檬酸铵 0.2%，磷酸二氢钾 0.1%，酵母粉 0.6%，维生素 B_1 微量。

（5）小麦 95%，白糖 2%，蛋白胨 0.5%，蚕蛹粉 2%，硫酸镁 0.4%，磷酸二氢钾 0.1%，维生素 B_1 微量。

（6）小米 95%，葡萄糖 3.5%，蛋白胨 1.2%，磷酸二氢钾 0.1%，硫酸镁

0.2%，维生素 B$_1$ 微量。

（7）高粱米 85%，蚕蛹粉 10%，蔗糖 2%，蛋白胨 2%，磷酸二氢钾 0.1%，硫酸镁 0.1%，酵母粉 0.8%，维生素 B$_1$ 微量。

配制培养基时，先将大米等浸泡透，然后与其他原料拌匀，含水量 65%~70%，pH 值调到 5.4~6.8。

（二）装瓶与灭菌

培养容器多用罐头瓶，培养基装至瓶深 1/4~1/3 处，用聚丙烯薄膜封口，再用橡皮筋扎紧。常压灭菌 100 ℃ 保持 12 h，高压 0.14 MPa 保持 1.5~2 h。灭菌后瓶内培养基上下干湿一致。

（三）接种

灭菌后瓶温降到 30 ℃ 以下时在接种箱内无菌接种，取一小块菌种接到培养料中间。如使用液体菌种，每瓶接入 5~10 mL，随即扎紧瓶口。

（四）菌丝发育期管理

接好种的罐头瓶应及时搬入经消毒的培养室床架上避光发菌，温度严格控制在 23~25 ℃、空气相对湿度控制在 65% 左右。温度过低影响菌丝生长，延长生产周期；温度过高，菌丝易自溶。一般培养 15~20 d，菌丝可长满培养料。

（五）出草期管理

菌丝体成熟后，由白色开始转为橘黄色。此时，室内应增加光照，白天利用自然散射光，保持 200 lx 左右为宜，早上和晚上用日光灯增加光照，每天不少于 10 h，以促使菌体转色和刺激原基形成。待料面出现凸起，并在突起物上形成如小米状原基时，每天通风 2~3 次，每次 30 min，补充新鲜空气，室内温度控制在 20~23 ℃，空气相对湿度保持在 85%~90%。待子实体长到 1 cm 时，空气相对湿度增大到 90%~95%，以减少料内水分散发；随着子实体生长，需氧量增加，但又要减少水分散发，用针在封口膜上刺孔加大通风透气量。蛹虫草有较强的趋光性，在子实体形成后，要注意使所有培养瓶受光均匀，促使子座苗壮成长。当子实体长至 3 cm 高时，去掉封口膜，满足其对氧气的需求。待子实体不再生长、表面形成粒状子囊壳（橘黄色粉状物）时，子座即成熟（图 4.23）。

图4.23　蛹虫草出草

(六) 采收

当蛹虫草子座长高至5~8 cm，逐步长成棍棒状，顶端膨大钝圆，子座停止生长，色泽鲜亮，呈橘黄色，其顶端出现许多小凸起时即可采收。从接种到采收40 d左右。

采收时用弯头小铲，轻铲子座基部，不要带培养基。也可用镊子夹出子座。

(七) 加工

采收后及时烘干或晒干，干制后用塑料袋密封保存。

第二十五章　羊肚菌栽培技术

第一节　概述

羊肚菌（*Morchella* spp.）又称羊肚菜、羊肚蘑、狼肚等，分类上属于子囊菌门、盘菌纲、盘菌目、羊肚菌科、羊肚菌属。羊肚菌是世界范围分布的食用菌，主要生长在林地草丛中。近年来，羊肚菌已经成功实现了人工栽培，栽培的主要种类有梯棱羊肚菌、六妹羊肚菌、尖顶羊肚菌等。

羊肚菌营养丰富，含有大量多糖、氨基酸以及维生素和钙、锌、铁等多种矿物质，其子囊果肉质脆嫩、味道鲜美、营养丰富。羊肚菌具有调节机体免疫力、抗疲劳、抑制肿瘤、抗菌、抗病毒、降血脂、抗氧化等多种功效。羊肚菌还含有一种脯氨酸类似物的特殊香味物质，可作为调味品和食品添加剂。

虽然羊肚菌栽培面积逐渐扩大，但还存在较多的问题，比如基础研究比较滞后，遗传、生理等还需要深入研究；生产中还存在菌种种性不清晰、栽培技术不成熟和产量不稳定等问题，还要不断完善。

第二节　生物学特性

一、形态特征

（一）菌丝体

在 PDA 培养基上，羊肚菌菌落颜色由初始白色、浅白色逐渐转变为浅棕色、棕色或棕黄色。菌丝分枝状，细胞间隔膜明显，菌丝间融合频繁。羊肚菌菌丝隔膜为子囊菌典型的单孔隔膜类型。

羊肚菌播种 7 d 后在土层表面以及土壤缝隙内会出现大量白色粉状的无性孢子层，称之为"菌霜"。羊肚菌菌丝相互交织扭结形成菌核。菌核形成是羊肚菌生活史的一个重要特征。菌核既具有储存营养又有抵御不良环境的作用。

（二）子实体

羊肚菌子囊果圆锥形至宽圆锥形，偶见卵圆形。脊光滑或具轻微绒毛，幼嫩时苍白色至深灰色，随着成熟逐渐变为深灰棕色至近黑色。幼嫩时脊整体上钝圆状，成熟后变得锐利或侵蚀状。凹坑呈竖直方向延展，光滑或具轻微绒毛，老熟后呈开裂状，从幼嫩时的灰色至深灰色随着成熟逐渐变为棕灰色、橄榄色或棕黄色。菌柄基部常呈棒状至近棒状，白色至浅棕色，表面光滑或偶见白色粉状颗粒，基部在成熟过程中逐渐发育有纵向的脊和腔室。菌肉白色至水浸状棕色，中空。子囊果表面排列着多个子囊盘结构，成熟子囊孢子可以从子囊盘释放到空气中进行传播。

二、生长发育条件

（一）营养条件

羊肚菌属的生态类型还未完全明确，目前栽培量比较大的梯棱羊肚菌属于腐生型。常用的碳源有葡萄糖、蔗糖、乳糖、半乳糖等。常用的氮源有酵母粉、蛋白胨、玉米粉、麦麸等，尿素等无机氮源也可被羊肚菌利用。在培养料中添加磷酸二氢钾、石膏等矿物质，能促进菌丝生长。

（二）环境条件

1. 温度　羊肚菌属低温型真菌。菌丝在 10~20℃ 均能生长，适宜温度为10~20℃。子实体形成与发育温度为 4~16℃。4℃以下低温刺激和 10℃ 以上昼夜温差有利于原基形成，20℃ 以上不利于原基形成。子囊果在 6~25℃ 均能生长，适宜温度为 8~18℃。

2. 水分与空气湿度　羊肚菌属于喜湿型真菌。菌丝期适宜空气相对湿度为 70%~80%，子囊果形成和生长期适宜相对湿度为 85%~90%。菌丝体生长阶段，覆土层土壤含水量应达到 15%~25%，在原基形成和子囊果发育阶段土壤含水量应达到 20%~28%。

3. 光线　羊肚菌菌丝生长不需要光线，强光对菌丝生长有抑制作用。微弱的散射光有利于原基形成和子囊果生长。在子囊果生长过程中，过强的直射光有不利影响，应避免强光直射。

4. 空气　羊肚菌属于好气性真菌。充足的氧气是羊肚菌正常生长发育的必要条件。羊肚菌菌丝可耐受较高浓度的二氧化碳，但较低的二氧化碳浓度有助于子囊果的快速发育。二氧化碳浓度高会使子囊果菌柄增长、菌盖短小。

5. 酸碱度　pH 为 6.5~7.5 的中性或微碱性环境有利于羊肚菌生长。

第三节 栽培技术

一、栽培季节

羊肚菌属于低温型真菌，春季地温达到 4~8 ℃时开始出菇，6~12 ℃为最佳出菇温度，温度高于 20 ℃基本不出菇。栽培季节应根据当地气候条件灵活掌握，一般在环境温度低于 20 ℃时开始播种。

二、场地选择

羊肚菌栽培有大田栽培和设施栽培，有条件尽量采用设施栽培。一般食用菌大棚都可以用来栽培羊肚菌。

三、菌种制作

羊肚菌播种时要将羊肚菌菌种直接播到土壤中。菌种制作是羊肚菌生产的关键点。优良菌种具有菌龄适宜、生命力旺盛、纯度高和无污染的特点。根据播种季节，菌种制备时间往前推 65~75 d 即可。

必须严格按照菌种生产规程制作菌种。一般母种培养基选用 PDA 固体培养基，接种后 22~25 ℃避光培养 3~4 d 即可长满试管或 9 cm 培养皿。原种与栽培种的培养料配方相同，常用配方如下：

（1）麦粒 72.5%，木屑或玉米芯（混合物也可）20%，谷壳 5%，生石灰 1.5%，石膏 1%，含水量 60%~65%。

（2）小麦粒 50%，杂木屑 37%，腐殖质土 10%，生石灰 1.5%，石膏 1.5%，含水量 60%~65%。

（3）小麦粒 40%，杂木屑 20%，稻谷壳 27%，腐殖质土 10%，生石灰 1.5%，石膏 1.5%，含水量 60%~65%。

（4）小麦粒 42%，玉米芯 40%，腐殖质土 15%，生石灰 1.5%，石膏 1.5%，含水量 60%~65%。

麦粒使用前需浸泡 18~24 h。培养料充分混匀后，加水搅拌，培养料含水量控制在 60%~65%。培养料拌匀后及时装袋，常用料袋规格为（17~20）cm×（36~40）cm×0.004 cm。装袋后常压或高压灭菌。培养料冷却后无菌接种。接种后放入培养室培养。菌种培养期间控制温度 10~15 ℃、空气相对湿度 70%以下，给予散射光照，及时通风，保持空气新鲜。

原种、栽培种菌丝初期洁白、浓密。菌丝长满培养料后，表面呈黄褐色、褐色、紫褐色。优质菌种菌袋较坚实，表面分布不均匀、大小不等的黄褐色斑块状菌核。掰开菌种培养料有明显的羊肚菌菌丝香气，无霉味、酸味、氨味、土腥味等异味，无霉斑、杂色斑。

四、整地做畦

播种前 1 个月翻耕晒地。翻耕之前，每亩撒生石灰 100 kg，起到调节 pH 值和杀灭土壤中杂菌、害虫的作用。

播种前要将地面整理平整。平整地面后做地畦，地畦一般宽 1.0~1.4 m，长度根据场地灵活掌握。畦间挖沟，宽约 30 cm，深约 20 cm，确保排水方便和便于行走。挖出的土可以用于播种后覆土。

如是大田栽培，场地整理之后要搭建遮荫棚，棚顶覆盖遮阳网。

五、播种

当秋季气温下降到 20 ℃以下时就可以播种。将培养好的栽培种撒播在畦面上。每亩用菌种 150~225 kg。播种后覆土 3~5 cm。覆土后浇一次透水，一般将畦间沟灌满水即可。最后在覆土层上覆盖黑色地膜，以保湿和遮光。如是阴棚栽培可以覆盖白色地膜。

六、发菌管理

发菌期间控制温度 10~20 ℃、空气相对湿度 70%~80%，黑暗，良好的通风，使羊肚菌菌丝健壮生长，随着时间延长，羊肚菌菌丝逐渐长满畦面，形成"菌霜"。

七、补充营养

播种后 7 d 左右，形成"菌霜"。播种后 14~20 d，即覆土层白色"菌霜"产生后 7~14 d，是羊肚菌生产的关键环节，需要添加外源营养袋补充营养。补充外源营养是获得羊肚菌高产的重要措施。外源营养袋培养料配方与原种和栽培种培养料配方基本相同。

常规熟料制作外源营养袋。将灭菌后的外源营养袋侧边划口后，按照每亩地 1 800 个 [15 cm×（24~35）cm×0.004 cm] 左右的外源营养袋的标准品字型均匀平铺在畦面"菌霜"上，放置时平压，使菌袋划口侧与地面接触，使羊肚菌菌丝与外源营养袋中的培养料直接接触，覆土层表面菌丝向外源营养袋培养料中生长，吸收培养料中的营养物质，并将营养物质向土壤内菌丝传送、存储。补充外源营养期间保持空气相对湿度 65%~80%，以免菌丝失水干枯。

补料约 1 个月，羊肚菌菌丝长满外源营养袋培养料，地面菌丝颜色会由白色变为土黄色，营养逐渐转移至土壤中的菌丝体或菌核中。此时气温通常已降至 8 ℃以下，转入低温保育阶段。

八、出菇管理

当春季地温回升至 4~8 ℃、昼夜温差大于 10 ℃时进行催菇，调节空气相对湿度 85%~95%、土壤含水量 20%~28%，并给予散射光照，促使原基发生。在适宜条件下，羊肚菌菌丝在土壤内部或覆土层表面扭结形成原基。原基似豆芽粗细、浅白色，幼嫩且脆弱。此时必须给予适宜的温度、空气相对湿度和散射光照。避免强光直接照射原基或幼菇表面，致使原基夭折或出现畸形菇。

羊肚菌子囊果生长期间，保持温度 8~18 ℃、空气相对湿度 85%~90%，给予散射光照，经常通风，保证空气新鲜，使羊肚菌子囊果健壮生长。

九、采收与干制

（一）采收

当羊肚菌子囊果长至 10~15 cm、菌盖表面的脊和凹坑明显、菌盖颜色逐渐由褐色变浅为黄褐色或金黄色时，就要及时采收。

采收时，一只手捏住菌柄基部，另一只手拿小刀，从菌柄基部近土层表面将子实体切下，同时将菇体下面附带的土壤、杂物等削去，放在干净的容器内。

（二）干制

采收后的羊肚菌要及时晒干或烘干。烘干时起始温度 30~35 ℃，并加大通风、及时排出湿空气，避免菇体急剧收缩或褐变，2~3 h 菇体不再收缩后，逐渐升温至 45~50 ℃保持 2~3 h 至彻底干燥。干品适当回潮后，装入加厚塑料袋中，密封保存。

第二十六章　长根菇栽培技术

第一节　概述

长根菇（*Oudemansiellaradicata*）又名长根奥德蘑、长根小奥德蘑、卵孢长根菇、卵孢小奥德蘑、长根金钱菌、露水鸡等，商品名黑皮鸡枞，隶属担子菌门、伞菌纲、伞菌目、膨瑚菌科、小奥德蘑属。长根菇是近年来发展比较迅速的一种食用菌。

长根菇肉质细嫩、口感鲜甜、香味浓郁、柄脆爽口，富含蛋白质、氨基酸、碳水化合物、维生素和微量元素等多种营养成分，具有较高的营养保健价值。长根菇还有益智健脑，延缓衰老，促进血液流动、提高心脏功能、预防高血脂的作用。长根菇含有的长根菇素具有较好的降血压作用。

第二节　生物学特性

一、形态特征

长根菇子实体单生或群生。菌盖直径 2.2~16.0 cm，半球形，老熟时平展、边缘翻卷，顶部呈脐状凸起，并有辐射状皱纹，光滑，湿时微黏滑，淡褐色、茶褐色、黑褐色至黑灰色。菌肉较薄，白色。菌褶离生或贴生，较厚，排列稀疏，不等长，白色。菌柄近柱状，上细下粗，长 4.5~19.0 cm、粗 0.3~1.8 cm，浅褐色、浅灰色至灰色，近光滑，有纵条纹，表皮质脆，内部纤维质松软，老熟时中下部纤维化程度高，基部稍膨大，延生成长达 10 cm 左右的细假根。孢子印白色。孢子无色，光滑，近卵圆形至宽椭圆形，有明显芽孔，$(12\sim18)$ μm × $(9\sim15)$ μm。

二、生长发育条件

（一）营养条件

长根菇菌丝在 PDA 培养基上生长良好。长根菇属于木腐菌，能利用棉籽壳、玉米芯、木屑等多种农副产品下脚料，常用氮源有麦麸、豆粕、玉米粉等。

（二）环境条件

1. 温度　长根菇属于中温偏高、恒温结实性菇类。菌丝生长温度范围 12~35 ℃，最适 22~25 ℃。原基分化需一定温差刺激。子实体发生和生长的温度范围 10~30 ℃，最适 24~27 ℃。

2. 水分与空气湿度　长根菇是喜湿性菌类，栽培培养料含水量为 60%~70%，以 63%~67% 最适，高于 75%、低于 60%，菌丝生长明显受阻；子实体生长发育期要求空气相对湿度 85%~95%。覆土含水量要求 25% 左右。

3. 光线　长根菇菌丝生长不需要光线。现蕾阶段需要适宜的散射光。子实体生长阶段要求有 100~300 lx 的散射光。

4. 空气　长根菇是好气性真菌。菌丝生长和子实体发育均需要良好的通风、充足的氧气。

5. 酸碱度　长根菇菌丝在 pH 值 5.5~7.5 范围内均能正常生长，以 6.0~7.2 为宜。

第三节　栽培技术

一、栽培季节

长根菇属于中温偏高型菇类。当菇棚地温稳在 18 ℃以上时即可进棚脱袋覆土栽培。各地根据当地气候条件和栽培设施灵活掌握栽培季节。一般制袋时间在 12 月至翌年 6 月，出菇在 4~11 月。在适宜温度下，菌丝满袋需 35~45 d，后熟培养需 30 d 左右，生产周期 140~180 d。在控温设施条件下，可以实现周年栽培。

二、菌袋制作

（一）培养料配方

生产上采用的培养料配方比较多，常用的如下几种：

（1）棉籽壳 36%，玉米芯 18%，杂木屑 18%，麦麸 20%，玉米粉 3%，豆粕 3%，石灰 1%，石膏 1%，含水量 65% 左右。

（2）棉籽壳 33%，杂木屑 39%，麦麸 20%，玉米粉 3%，豆粕 3%，石灰 1%，石膏 1%，含水量 65% 左右。

（3）阔叶树木屑 71%，麦麸 20%，玉米粉 3%，棉籽粉 4%，石灰 1%，石膏 1%，含水量 65% 左右。

（二）装袋灭菌

按上述配方准备培养料，加水搅拌均匀，调整含水量至 65% 左右，初始 pH 6.8~7.5。培养料搅拌均匀后采用装袋机装袋。常用料袋规格为（17~20）cm×（33~40）cm×0.004 cm。装袋后常压或高压灭菌。

（三）接种

灭菌后的料袋温度降至 30 ℃ 以下时在接种室严格按照无菌操作规程接种。

（四）发菌

接种后及时将菌袋移入培养室发菌。发菌期间控制温度 25 ℃ 左右、空气相对湿度 70% 以下，保持暗光环境，经常通风换气，保持空气新鲜。40 d 左右菌丝可长满菌袋。菌丝满袋后继续培养 30 d 左右，当菌袋表面局部出现褐色菌皮时，表明菌丝已经生理成熟，即可摆袋出菇。

三、菇场整理

长根菇主要利用菇棚栽培。一般选择土壤肥沃，腐殖质含量高，团粒结构好，不积水，无污染源的大棚地面做出菇场地。在地面挖宽 1~1.2 m、深 15~20 cm 的畦床，四周做 10 cm 高的土埂，两畦间留 50 cm 的作业道。

冬季低温条件下出菇，与夏季高温期相反，菇畦应设置为凸床式，高出大棚地面，利于调控覆土层温度。冬季长根菇出菇时在大棚地面走道上撒石灰粉或草木灰，既有利于改善地温，又能消毒防虫；也可在菇畦表面及走道上，均匀铺一层干麦秸，厚 4~5 cm，或覆盖草苫，以利于蓄热保温，缓冲出菇后昼夜温差过大。

四、脱袋覆土

在畦床底部撒一薄层生石灰粉，也可用 1%~2% 的石灰水浇灌一遍，或用 40% 二氯异氰尿酸钠可溶性粉剂 800 倍液进行喷洒消毒处理。处理好后将达到生理成熟的菌包用刀划开，脱去塑料袋，接种端朝下，直立排放于畦床上。菌袋之间留 3 cm 左右的空隙，将空隙用土壤填充浇大水一次后再覆土。覆土厚度为 3~4 cm。覆土后将畦面土层整平。

覆土选用泥炭土、草炭土、林地腐殖质或农田耕作层 20 cm 以下的壤土。调节土壤含水量 18%~20%（以手能压扁但不粘手为准）。在覆土中添加 0.5% 的石灰，调节土壤 pH 6.5~7.2。覆土用二氯异氰尿酸钠、高效绿霉净等低毒无残留药物进行密闭杀虫除菌。处理后打开薄膜待药味散尽后再覆土。

五、出菇管理

覆土后保持土层湿润，喷水少量多次为宜。当覆土表面有少量白色菌丝出现时，适量喷水并加大通风，控制菇棚内温度 24~28 ℃、昼夜温差 10 ℃左右，保持空气相对湿度 85%~90%，给予散射光照，促进原基发生。一般覆土后 25 d 左右即可出现大量咖啡色小菇蕾。子实体生长期间，保持菇棚温度 25~28 ℃，空气相对湿度 85%~90%，二氧化碳浓度 0.3%以下，光照强度 100~500 lx。

高温阶段可在菇畦中定期、均匀、适量喷灌大水以降温保湿，每隔 7 d 左右在菇床上喷施 1%石灰水上清液、40%二氯异氰尿酸钠可溶性粉剂 1 000 倍液，防止长根菇发黄、染霉、枯蕾死菇、虫螨为害等。

六、采收

一般在子实体八成熟、菌柄长度 4~7 cm、菌盖半圆形、孢子未弹射时为最适采期。采收前 1 d 停止喷水。采收时用手指夹住菌柄基部轻轻扭动并向上拔起。将根部一起拔出，不要掰断菇根。采收后将菌柄基部的假根、泥土和杂质削除。

采收后按菇体颜色、菌盖大小厚薄、菌柄长短粗细等进行分级，可鲜销，预冷 4~6 h 后 1~4 ℃冷藏可保鲜 3~5 d，也可速冻、干制和加工制罐等。

七、间隙期管理

每采完一潮菇，应及时清理畦床，将菇床表面的残留菇根和残菇、死菇清理干净，将表面填平，停水养菌 7~10 d 后再喷水增湿，加大昼夜温差，及时通风，促进下潮菇形成。

第五编
食用菌病虫害防治

第一章 食用菌侵染性
病害及其防治

侵染性病害多发生在培养基质上，杂菌与食用菌争夺营养、水分和生存空间，从而干扰或抑制食用菌正常生长，有些杂菌还能分泌毒素或抑制性物质，抑制或杀死食用菌。

第一节 食用菌侵染性病害的主要种类

一、木霉（*Trichoderma* spp.）

木霉俗称绿霉，为害食用菌的种类主要有绿色木霉（*T. viride*）、康氏木霉（*T. koningii*）等，是发生最普遍、为害范围广、致病力强的一类杂菌。

（一）为害症状

食用菌培养料被木霉侵染后，患处首先出现白色、纤细、绒毛状的菌丝，之后从菌落中心到边缘逐渐产生大量分生孢子，菌落也逐渐变为淡绿色至深绿色。在高温高湿的环境中，分生孢子通过气流等方式进行传播，孢子萌发形成的菌丝在培养料中定植、蔓延和扩散，生长速度快，几天之内整个料面便基本上被木霉菌落占领，使培养料变为墨绿色。

木霉几乎为害所有的食用菌，不但为害菌丝体，还为害子实体。为害较轻的会出现局部的斑点，严重的会导致整批菌种报废或培养料毁坏。木霉与食用菌争夺营养和生存空间，同时还能分泌毒素，抑制食用菌菌丝生长或导致寄主死亡。菌种或菌袋（床）被木霉侵染后，培养基变软发臭，随之腐烂解体，菌袋变成墨绿色。木霉侵染子实体后，先在菌柄一侧出现微褐色漆状痕斑，然后扩展到菌盖，表面出现霉层，严重时整个菇体腐烂。

（二）形态特征

木霉菌丝纤细，较浓密，无色，有隔膜和分枝。分生孢子梗从菌丝侧枝上生出，直立，其上对生或互生分枝，有 2~3 次分枝，最后的孢子小梗安瓿形至细圆锥形，大小为（8~14）μm×（2.4~3）μm。孢子小梗上产生成团的分生孢子。绿色木霉的分生孢子呈球形，孢子成熟时表面粗糙，具瘤，菌落外观深绿色或蓝绿色。而康氏木霉的分生孢子为柱状或椭圆形，孢壁光滑，菌落外观浅绿、黄绿或绿色。

（三）生活条件

木霉孢子在温度 15~30 ℃ 时萌发率最高，低于 10 ℃ 或高于 35 ℃ 萌发率较低。菌丝体在 4~42 ℃ 都能生长，25~35 ℃ 生长最快。绿色木霉的分生孢子在空气相对湿度 95% 的高湿条件下萌发最快。木霉无论是在孢子萌发期还是在菌丝生长期，都喜欢高湿的条件。但由于其适应性强，在较干燥的环境中也能生长。木霉喜欢微酸性环境，孢子在 pH 值 3.5~11.0 均可萌发，菌丝在 pH 值 3.0~8.0 均可生长，最适 pH 值 4.5~6.0。

（四）发生规律

木霉广泛分布于各种腐木、枯枝落叶、土壤和空气中，依靠孢子传播，常借助气流、水滴、昆虫、原料、工具及操作人员的手和衣服等为媒介，侵入食用菌培养基质或菇体上，一旦条件适宜便萌发、定植和蔓延，传播到新的寄主。老菇房及生产工具是最初的传染源。

无菌操作不当、培养基碳水化合物过多、偏酸及高温高湿环境均有利于木霉发生。

（五）防治措施

（1）参考"食用菌侵染性病害的综合防治"。

（2）根据其喜高温、高湿和偏酸的特点，控制环境温湿度，防止培养料偏酸。发菌期环境温度一般控制在 28 ℃ 以下，空气相对湿度低于 70%。

（3）在菌袋或菌床上发生绿色木霉时，用 0.1% 甲基托布津、0.1% 多菌灵或浓石灰水上清液涂抹或喷洒被害部位，可防止分生孢子扩散蔓延。用 2% 甲醛和 5% 石炭酸处理感染部位，能抑制杂菌生长。

（4）轻微发生时，注射2%的甲醛、0.2%的50%多菌灵可抑制木霉生长。发生严重时要与好袋隔离，并采用高温灭菌或深埋等方法处理。

（5）床栽时，如果木霉深入料内，用0.2%多菌灵液浸纱布盖住，轻轻挖掉感染料，再在挖除的料面喷洒0.2%多菌灵，重新补上培养料。

二、链孢霉（*Neurospora* spp.）

链孢霉又名脉孢菌、串珠霉、红面包霉病、红粉菌等，为害食用菌的种类主要有好食脉孢霉（*N. sitophila*）和粗糙脉孢霉（*N. crassa*）等，是高温期常见杂菌，尤以木屑、麦麸或玉米粉为培养料栽培食用菌时，更易发生。

（一）为害症状

链孢霉侵染培养基后，生长极为迅速，2~3 d便可长满培养基。在感染的培养基表面，最初出现灰白色菌丝，之后很快产生分生孢子。分生孢子在培养料上堆积成橘红色霉层，厚度可达数厘米。在受潮的棉塞上或菌袋破口处，橘红色孢子堆呈球状长至外面，形成球状分生孢子团，稍受震动便纷纷散落，随媒介快速传播。在袋（瓶）内氧气不足时，就只长菌丝不长孢子。

链孢霉感染后，主要与食用菌争夺营养和生存空间，形成厚的霉层隔绝空气，阻碍食用菌菌丝生长和蔓延。高温高湿条件下，可在1~2 d内传遍整个栽培场。严重时所有菌袋被橘红色霉层覆盖，导致绝收。链孢霉侵染子实体时，能在短期内覆盖子实体，导致腐烂。

（二）形态特征

链孢霉的菌丝体比较疏松，呈网状，菌丝有隔和分枝。菌落初为白色，形成孢子后，呈橘红色粉粒状。分生孢子梗与菌丝相似，直接从菌丝上长出，较短，无色。孢子梗呈双叉状分枝。分枝顶端着生成串分生孢子。分生孢子单细胞，卵形至柠檬形，光滑，单个无色，成串呈粉红色。

分生孢子呈粉末状，数量多且个体小，很容易传播。分生孢子耐高温，在湿热70 ℃下才失去活力，干热达130 ℃时仍可潜伏。

（三）生活条件

链孢霉孢子在15~30 ℃萌发率最高，温度低于10 ℃不萌发或萌发率很低；菌丝在4~44 ℃下均能生长，最适生长温度为25~36 ℃，4 ℃以下停止生长，4~24 ℃生长缓慢，31~40 ℃下只需8 h菌丝就能长满试管斜面。链孢霉在培养基含水量53%~67%的范围内生长迅速，含水量在40%以下或80%以上，生长就会受阻；在pH值3~9范围内都能生长，最适pH值为5~7.5，pH值高于8或低于5菌丝生长受阻。

培养料含水量55%~65%、pH值5~7.5、温度25~36 ℃是链孢霉生长的最佳条件。链孢霉适于在高温高湿季节繁殖。因此，夏季或早秋制种和栽培时，要特别注意预防链孢霉的发生。

（四）发生规律

链孢霉在自然界广泛分布在土壤、空气和各种富含淀粉的物质上。链孢霉产生的大量分生孢子随气流及其他媒介传播，沉积到有机物表面后很快便萌发生长，扩散力强，发病速度快。

（五）防治措施

（1）参考"食用菌侵染性病害的综合防治"。

（2）拌料时加入 0.1% ~ 0.2% 的多菌灵，可以抑制链孢霉生长。

（3）制备菌种时，发现有链孢霉侵染的菌种必须报废，要将污染料灭菌；如果是制备栽培袋，发现链孢霉污染后及时降温降湿，一般不会抑制食用菌菌丝生长；如果已经在瓶口、袋口或破裂处形成橘黄色孢子团，就要及时隔离或灭菌处理，千万不可在场内随意丢弃。

（4）如发现棉塞、胶布等处有较厚的粉红色霉层时，应及时滴上适量的甲醛、煤油或柴油，然后用薄膜包扎，可使霉层糜烂死亡。为害严重的，应及时清除、烧毁或深埋，防止分生孢子借气流再次扩散侵染。

三、青霉（*Penicillium* spp.）

青霉也是常见杂菌，可侵害所有食用菌。为害食用菌的种类主要有产黄青霉（*P. chrysogenum*）和圆弧青霉（*P. cyclopium*）等。

（一）为害症状

培养料被青霉侵染后，初期在培养料面出现白色絮状菌丝，形成圆形的菌落，外观略呈粉末状。由气生菌丝长出的对称分生孢子梗可以形成许多分生孢子。随着分生孢子的不断产生，菌落颜色逐渐由白变为灰绿色或蓝色，有粉质感。在生长期菌落外圈常可见有一个宽 1~2 mm 的白色边缘。扩展的速度较慢且有一定的局限性。

青霉与食用菌争夺营养和生存空间，成熟的菌落表面常交织形成一层膜状物，覆盖在培养料面，使之与空气隔绝，阻止食用菌生长。有些青霉菌能分泌毒素和拮抗性物质，抑制或杀死食用菌菌丝。凡有青霉菌污染的地方，食用菌菌丝生长受抑制或不能生长。污染严重时，会导致菌种及菌袋报废。

在食用菌生产中，很多菇农都将青霉误认为是绿霉。二者的主要区别是绿霉菌落为亮绿色，油腻状；青霉菌落为灰绿色，有粉质感；多数绿霉与食用菌菌丝产生拮抗，而多数青霉不与食用菌菌丝产生拮抗。青霉为害要低于绿霉，只要青霉与食用菌菌丝不产生拮抗，食用菌菌丝可以压制青霉，正常出菇。

（二）形态特征

青霉菌丝无色或淡绿色，有隔膜和分枝。菌落初为白色，后期变为绿色、灰绿色等。分生孢子梗从菌丝上垂直长出，顶端不膨大、无顶囊、有扫帚状的分枝。孢子梗分隔，有一到多次分枝。分枝呈扫帚状排列，有对称型和非对称型之分。在最后一层分枝孢子梗上，产生成串分生孢子。分生孢子球形，无色，直径 $2\sim3\ \mu m$。

（三）生活条件

青霉病发生的适宜温度为 $28\sim30\ ℃$。多数青霉病的病种喜欢酸性环境。在自然界中，储藏的谷物及水果（特别是柑橘）里很容易产生青霉。若培养料和覆土呈酸性，也很容易滋生青霉。温度 $28\sim30\ ℃$、培养料偏酸性，有利于青霉的发生和蔓延。

（四）发生规律

青霉菌在自然界中多分布在各种有机质上。青霉菌产生的分生孢子数量很多。青霉菌的分生孢子能在一两天内长出菌丝，并很快形成新的分生孢子。最初通过气流传入培养料。原辅材料带有病菌也是青霉菌滋生的条件。致病后所产生的新的分生孢子，可通过喷水、气流、昆虫等媒介再次传染。

（五）防治措施

（1）参考"食用菌侵染性病害的综合防治"。

（2）青霉主要污染灭菌过的培养料，也就是在制种和熟料栽培时经常发生。所以除了保证灭菌彻底外，应严格无菌操作。

（3）用 $0.1\%\sim0.2\%$ 的 50% 多菌灵和 1% 的石灰拌料。

（4）发生青霉时要及时防治，菌袋局部感染时注射 40% 甲醛或 500 倍的 50% 多菌灵或 800 倍的 75% 甲基托布津。如已发展到后期，要连同培养料一起挖掉，再进行药剂消毒。

四、曲霉（*Aspergillus* spp.）

曲霉的种类很多，为害食用菌的种类主要有灰绿曲霉（*A. glaucus*）、黑曲霉（*A. niger*）和黄曲霉（*A. flavus*）等。

（一）为害症状

不同的曲霉在培养基上形成不同颜色的菌落。感染培养料后初期菌丝白色，形成孢子后呈现黄、黑、绿等不同颜色。如黑曲霉侵染培养料后，长出绒毛状菌丝体，但扩展性较差，形成黑粉状的分生孢子使菌落呈现黑色粉末状；黄曲霉初期菌丝呈淡黄色，以后逐渐变为黄绿色，多发生在秋季；烟曲霉菌丝呈蓝绿色至烟绿色；亮白曲霉呈乳白色；棒曲霉呈蓝绿色；杂色曲霉呈淡绿色、淡红至淡黄色。

曲霉菌落扩展有局限，到一定范围自行停止。当曲霉的菌落停止扩散，或当温度降低曲霉菌丝不生长时，食用菌的菌丝可继续生长，最后可将曲霉菌落覆盖，进而继续出菇。虽对产量有一定影响，但不至于绝收。曲霉和其他杂菌一样，感染培养料后与食用菌争夺营养，形成厚的霉层隔绝空气，阻止食用菌菌丝生长。有的曲霉能分泌毒素，可以抑制和杀死食用菌菌丝。曲霉也侵染子实体，引起菇体腐烂。

曲霉菌不仅污染菌种和培养料，对人体也有为害。黄曲霉分泌的黄曲霉素是一种很强的致癌物质；黑曲霉和烟曲霉产生的分生孢子在浓度高时成为人及鸟类和其他脊椎动物的致病菌，寄生于肺内，发生肺结核似的病症，俗称为"曲霉病"或"蘑菇工人肺病"。

（二）形态特征

曲霉菌丝无色，有分枝和横隔。分生孢子梗从足细胞垂直长出。分生孢子梗不分枝也无隔。孢子梗顶端膨大成圆形或椭圆形顶囊，其上密生孢子小梗，因种不同，小梗可分 1 层或 2 层，呈辐射状排列。分生孢子头由顶囊、小梗和分生孢子串共同组成，具有不同的颜色和形状，颜色有绿色、黄色、褐色等。孢子小梗上着生成串孢子。孢子圆形或椭圆形。

（三）生活条件

曲霉菌适应温度范围广，并有嗜高温性，适于曲霉生长的温度为 20~35 ℃，但在 40~50 ℃时仍能生长；适于曲霉生长的空气相对湿度为 65%~85%，高温高湿以及通风不畅的条件下易产生曲霉，曲霉适宜在接近中性的培养料中萌发。在温度 25 ℃以上、空气相对湿度 90%以上及通气不良条件下，最易发生和扩散。

曲霉主要利用淀粉，因此，凡有谷粒的培养基或培养料中含淀粉较多都易产生曲霉。曲霉又有分解纤维素的能力，在木质尤其是竹制的床架上也易滋生。

（四）发生规律

曲霉广泛分布于土壤、空气、各种腐烂有机物上。其侵染的主要途径是靠分生孢子通过气流、水滴和其他媒介传播。

（五）防治措施

（1）参考"食用菌侵染性病害的综合防治"。

（2）刚发病时，要停止喷水、加强通风、降低温度，减缓曲霉生长。局部发生可用 80%代森锌 500 倍水溶液、pH 值 9~10 的石灰水、500 倍的甲基托布津及 500 倍多菌灵水溶液涂擦或喷雾。

五、毛霉（*Mucor* spp.）

毛霉又称黑霉、长毛菌、黑色面包霉。常见的种类有大毛霉（*M. mucedo*）、总状毛霉（*M. racemosus*）等。

（一）为害症状

感染培养料后，初期在培养料上长出灰白色粗壮稀疏的气生菌丝，生长极快，菌丝扩散速度和范围都快于根霉，能很快占领培养料面，形成一个交织稠密的菌丝垫，将培养料和空气隔绝，从而抑制食用菌的生长。后期在菌丝垫上形成许多圆形灰褐色（大毛霉）、黄褐色（总状毛霉）、褐色（微小毛霉）颗粒，后变为黑色小颗粒。这种肉眼可见的黑色球状颗粒就是孢子囊。囊内有大量的孢囊孢子，孢子繁殖很快。

一般情况下，发生在栽培初期，随着培养料含水量减少或空气相对湿度及温度下降，毛霉菌逐渐被食用菌菌丝抑制，不致造成严重为害。

（二）形态特征

毛霉菌丝无色透明，无横隔，在基质上生长迅速，分为潜生的营养菌丝和气生菌丝两种。孢囊梗从气生菌丝上长出，一般单生。孢囊梗粗壮，分枝或不分枝，顶端膨大成圆形或椭圆形孢子囊。孢子囊初为白色，后变成浅灰色。孢子囊内产生孢囊孢子。孢囊孢子单细胞，球形或椭圆形，壁薄。有性生殖可形成球形接合孢子。

（三）生活条件

毛霉是一种喜热真菌和好湿性真菌。在高温高湿、培养料含水量大、通气不良条件下，极易生长和蔓延。毛霉菌易发生在栽培初期。此时培养料水分多、空气相对湿度又大，很适宜毛霉生长。

（四）发生规律

毛霉广泛存在于土壤、空气、陈腐稻麦草和堆肥内。毛霉一旦发生，适应性极强，生长极快，产生的孢子数量多。孢子随气流、水滴及其他媒介传播。已长出的毛霉，其新生的孢子又可以通过气流或水滴等媒介再次传播。

（五）防治措施

（1）参考"食用菌侵染性病害的综合防治"。

（2）多菌灵和甲基托布津等常用杀菌剂对毛霉无抑制作用，培养料有毛霉感染时，可注射75%酒精或2%甲醛溶液。也可用pH值8.5的石灰水涂抹患处，以抑制其蔓延。

六、根霉（*Rhizopus* spp.）

根霉又叫黑色面包霉、匍枝根霉。根霉菌和毛霉菌的形态、发生规律及为害近似或相同。

（一）为害症状

根霉的代表病菌为匍枝根霉（*R. stolonifer*），又叫黑根霉。受根霉侵染的培养基或培养料，开始在料面出现匍匐枝并向四周蔓延。匍匐枝每隔一定的距离，便长出假根深入基质。假根从基质中吸取营养和水分，后来逐渐在基质表面0.1~0.2 cm高处形成许多圆球形的、含有孢子囊的小颗粒，初始呈灰白色或黄白色，成熟后便为黑色，整个菌落外观如一片直立的大头针。其最明显的症状是有大头针状的黑色颗粒状霉层。

（二）形态特征

根霉菌丝无色透明，无横隔。在被感染的培养料上，最初长出灰白色菌丝，菌丝无隔，菌落蓬松，灰白色，形成孢子囊后变为灰色。菌落初为白色，老熟后灰褐色或黑色。匍匐菌丝呈弧形，在匍匐菌丝与培养基接触处长出假根。假根多分枝。孢子囊梗从假根上垂直长出。孢子囊梗丛生，每丛有2~4根，不分枝。孢子囊梗初为白色，后变成黄褐色。孢子囊梗顶端形成球形孢子囊，内产生许多孢囊孢子。孢囊孢子球形、卵形，初为白色，成熟后为黑色，外观似大头针。有性生殖时可形成接合孢子。

（三）生活条件

匍枝根霉在20~25 ℃时生长速度快，但不耐高温，37 ℃下便不能生长；根霉属好湿性真菌。刚开始仅在料面或棉塞附近出现，一旦培养料的含水量大或空气相对湿度高时，便会迅速蔓延到料内，令整袋或整床培养料变黑，影响食用菌菌丝的正常生长；根霉喜欢偏酸环境；根霉没有气生菌丝，其扩散速度稍逊于毛霉，范围也不及它们广。

（四）发生规律

根霉广泛存在于自然界中，存活在各种有机质上。根霉靠其孢子囊中的孢囊孢子通过气流传播，沉降在培养料表面后，在一定条件下即可萌发。培养料中碳水化合物过多更易发生。

（五）防治措施

防治措施同毛霉。

七、镰孢霉（*Fusarium* spp.）

镰孢霉也叫镰刀菌，是常见的杂菌。

（一）为害症状

在被侵染的培养料上，先长出白色菌丝，菌丝比较稀疏，有些种使培养料变为紫红色。镰孢霉侵染培养料后，往往在料面上长出白色菌丝，与一般食用菌菌丝不易区别，只是比较稀薄，颜色也较浅。该菌既能腐生也能寄生，有些种还能分泌毒素，抑制或毒害食用菌，也能引起人畜中毒。还能寄生在食用菌子实体上，如寄生在双孢蘑菇、平菇等子实体上，引起子实体萎缩。

镰孢霉具有较强的寄生性，除可侵害食用菌子实体外，严重者甚至侵害人体健康。

（二）形态特征

菌丝白色，纤细，绒毛状，有分隔和分枝。菌丝长到一定时间形成分生孢子。分生孢子有两种类型，一种是新月形或镰刀状的大型分生孢子，具有 3~5 个横隔；另一种是单细胞或双细胞的小型分生孢子。小孢子的形状和大小多种多样。孢子无色，数量很多。菌丝在一定条件下还能形成厚垣孢子。

（三）发生规律

该菌分布在土壤及各种有机物上，既能腐生也能寄生。孢子靠气流、水滴和其他媒介传播，也可由培养料携带传播。不干净、有霉变的培养料，也会引起镰孢霉感染的。在高温高湿，通气不良，覆土过厚时都易发生。

（四）防治措施

（1）参考"食用菌侵染性病害的综合防治"。

（2）选用新鲜无霉变的培养料和覆土。

（3）用干料重量 0.2% 的 25% 或 50% 的多灵菌拌料，可预防镰孢霉的发生。

八、鬼伞 （*Coprinus* spp.）

鬼伞属担子菌门、伞菌纲、伞菌目、蘑菇科、鬼伞属。菇床上发生的鬼伞主要是个体较小的墨汁鬼伞、长根鬼伞、粪污鬼伞等。

（一）为害症状

鬼伞主要发生在床栽食用菌上，在平菇等袋栽食用菌上也有发现。鬼伞子实体发生之前，在堆料或菌床上没有明显特征。一旦形成，可发现有许多灰白色的小型伞菌。孢子数量大，繁殖力强，生长快，周期短，它们不侵害食用菌菌丝与子实体，只是与食用菌菌丝争夺养分和水分，甚至使之不出菇。鬼伞繁殖力强，一朵鬼伞可释放数十亿个孢子，能很快大面积发生，导致培养料温急剧上升，阻碍食用菌菌丝生长，并消耗大量养分，使食用菌减产。高温期袋栽平菇时，如果污染鬼伞，首先在无菌种处出现灰白色菌丝，之后很快形成子实体。由于袋内二氧化碳浓度高，形成白色、蚯蚓状的子实体，菌柄细长、弯曲，菌盖小。一旦拱破菌袋，菌盖迅速长大，产生孢子，菌盖自溶。

（二）形态特征

鬼伞菌丝呈灰白色，菌丝细弱，易形成菌丝束。菇蕾为白色米粒状，生长较快，3~4 d 即可成熟。鬼伞的菌盖初为弹头形或卵形，灰白色，菇盖薄小，易碎，呈伞形。孢子形成后菌褶黑色。菌柄细长，中空。鬼伞生长快，寿命短。成熟后菌盖展开，菌褶逐渐变色，由白变黑，最后自溶成墨汁状。担孢子黑色、椭圆形，存在于自溶后的墨汁状液体中。

（三）发生规律

鬼伞大多生于粪堆、肥土及植物残体上。在生料栽培过程中，常在培养料温度过高、湿度过大、通气不良时大量发生。夏秋季节在腐熟的有机物上能经常见到在墨汁之中有大量孢子。孢子随风传播。

鬼伞子实体生长快、寿命短、朝生暮死，并散发大量的孢子。孢子随培养料、覆土、气流、昆虫、水分等进入菇房。鬼伞喜高温高湿、酸性的环境。培养料发酵时过干或过湿、含氮过多、偏酸均有利于鬼伞的生长和传播。

（四）防治措施

（1）参考"食用菌侵染性病害的综合防治"。

（2）选择新鲜无霉变的培养料，以防培养料带菌。

（3）培养料前发酵时保持料中心温度70 ℃左右，若堆料周围长有鬼伞，应在孢子产生前及时拔除；后发酵巴氏消毒的温度应保持在60 ℃，并适当通风换气，以利于料内氨气充分挥发，并杀死鬼伞菌丝和孢子。

（4）控制合理的碳氮比以及适宜的含水量，降低氨气含量，培养料不能过生、过湿、偏酸。

（5）一旦发生鬼伞，应及时通风降温，在孢子产生前及时拔除，防治孢子扩散造成再次污染，然后用5%的石灰水进行局部消毒。大面积发生时，喷施0.5%的明矾水溶液或1%的甲醛溶液，中和培养料中的氨气，可大幅减少鬼伞的生长。

九、细菌（Bacteria）

细菌是单细胞微小生物，数量大，种类多，繁殖快。它不仅是菌种分离、菌种制作和食用菌栽培中常发生的污染菌，而且还能感染子实体，引起细菌性病害。

（一）为害症状

细菌污染常见症状有产酸症、腐败症、湿斑症。母种被细菌感染后，在培养基上长出乳白色、无色或其他颜色菌落，令培养基散发出酸、臭气味。菌落黏液状或糊状，表面湿润或干燥有皱褶，透明、半透明或不透明；液体菌种受细菌污染后，无法形成菌丝球；分离材料或母种块被细菌感染后，菌丝不能萌发和扩展，造成分离失败、菌种报废；细菌污染栽培袋后，培养料变湿发黏，并有恶臭味，食用菌菌丝不能萌发和生长；污染菌床时，会使受害部位的培养料变质腐烂，形成无菇病区；污染子实体后，会产生干腐病、软腐病、菌褶滴水病、菌盖斑点病等，轻者使菇体畸形，重者可造成菇体腐烂死亡。细菌感染症状在斜面上表现明显，肉眼可以区分，在原种和菌床则较难发现，通常在基质中出现黏液状湿斑或菌丝生长受阻时才会发现。

（二）形态特征

细菌是单细胞形态的生物，有球状、杆状或弧状。细菌很小，为（1~5）μm×（0.2~1.2）μm，有些有鞭毛，在显微镜下放大100倍以上才能看到。细菌的菌落较小，形状各异，常见为表面光滑、湿润，多半透明，如浆糊状或胶质状。有些表面干燥有褶皱，少数有颜色。有些细菌可形成芽孢。芽孢壁厚，含水量低，耐高温，对紫外线、干燥和化学药品都有极强的抗性。细菌芽孢对高温有很强的忍耐力，湿热灭菌达到 121 ℃、干热灭菌达到 160 ℃保持一定时间才能将其杀灭，是灭菌过程中最难被完全杀死的生物。

（三）发生规律

细菌在自然界无处不在，土壤、空气、水、动植物体内外及各种有机物上，都有细菌踪迹，主要病种有：芽孢杆菌属（*Bacillus*）的枯草杆菌黏液变种和蜡状芽孢杆菌黏液变种、假单胞菌属（*Pseudomonas*）的托氏假单胞菌和荧光假单胞菌等。细菌可通过水、空气、昆虫和工具等进行多次传播。高温、高湿、通气不良、中性至碱性环境，最适于细菌生长繁殖。在菌种生产过程中，常因培养基灭菌不彻底或无菌操作不当造成污染。而在栽培过程中感染细菌的主要原因是管理不当，如喷水过多、培养温度过高等。

（四）防治措施

（1）参考"食用菌侵染性病害的综合防治"。

（2）要保证培养基以及器皿等灭菌彻底。严格按无菌操作规程操作。

（3）在已灭菌的培养基中加入少量的链霉素、庆大霉素或金霉素等抗生素，可起到抑制细菌生长的效果。加入量一般以 100~200 u/mL 为宜。

十、黏菌（Myxomycetes）

黏菌可发生在菌袋、菌床和段木上，能为害蘑菇、平菇、香菇、毛木耳等多种食用菌，也会侵染子实体。

（一）为害症状

发生在菌床上的黏菌种类很多，症状各异。有的长在覆土层表面，白色，平贴，呈羽毛状向周围扩展；有的在培养料表面长出丝发状黑色或白色长毛；有的以块状的原生质团覆盖在料面上。黏菌主要为害是与食用菌争夺营养和生存空间，也能围食食用菌菌丝和孢子。平菇等子实体被侵染后易腐烂。被黏菌污染的菌床不再出菇，被侵染的菌袋发生腐烂，被侵染的段木树皮脱落，招致杂菌滋生，引起子实体腐烂。

（二）形态特征

黏菌的营养体是一团多核的原生质团，无固定形状，能做变形运动。子实体阶段形成简单的子实体，绒泡状、发网状。在营养生长期，变形体向阴暗、潮湿、有机物丰富地方移动；而在生殖生长阶段，则移向干燥有光处。变形体停止运动后，外生护膜，形成子实体。子实体有各种形式的孢子器，内生分生孢子。孢子具有细胞壁，圆形、棱形或不规则形。孢子成熟释放后，在适宜条件下，经成对配合又形成新一代变形体。

（三）发生规律

黏菌在自然界多生长在阴湿、有机物丰富的地方，如枯枝败叶、腐木、青苔及肥沃土壤中。孢子或变形体通过空气、覆土、培养料、昆虫及变形体自身蠕动而传播。在菇房阴湿、培养料含水量大、温度高、通气不良的条件下，孢子很快萌发并迅速生长。

（四）防治措施

（1）参考"食用菌侵染病害的综合防治"。

（2）袋栽食用菌时，培养料中拌入 0.2% 多菌灵，可预防黏菌发生。

（3）培养料含水量控制在 60% 左右；菇房加强通风，控制喷水，防止菇房处于阴湿通气不良状态。

（4）若发现有黏菌污染，可挖除污染部分，并立即停止喷水，增加通风和光照。

第二节　食用菌侵染性病害的综合防治

食用菌侵染性病害的综合防治重点是预防，创造适于食用菌生长的条件，最大限度地抑制或消灭杂菌。

一、净化环境，降低病原菌数量

菌种厂和栽培场，应远离畜禽舍和饲料库等地，四周干净卫生，及时清理垃圾和废物。尤其是污染的废料，绝对不能堆积在菌种厂及栽培场附近。菇房使用前要严格消毒，栽培场使用前用 2% 甲醛或 5%～10% 石灰水喷洒消毒，或者用 10～15 g/m³ 的硫黄熏蒸。所有器具都要用石灰水洗刷干净并与菇房一起消毒。在菇房消毒的同时，还要用杀虫剂、杀螨剂等杀灭害虫及螨类，以防昆虫传播病害。栽培场所的门窗和通风孔要装上纱网，防止蚊蝇等进入菇房传播病虫害。

二、把好培养料配制关

选用适于食用菌生长的原料，用前暴晒 1～2 d，杀灭潜伏在原料中的病虫源；科学配制培养料，使培养料的碳氮比、含水量和酸碱度等都适于食用菌菌丝生长；配料时要搅拌均匀，干湿一致；选用优质塑料袋；装袋时轻拿轻放，严防菌袋破损或有微孔，造成感染。

三、制种和熟料栽培时，培养料要灭菌彻底

灭菌不彻底的培养料，必然造成杂菌污染。培养料灭菌彻底，是防止杂菌的

有效手段之一。灭菌时要确保灭菌温度和时间达到要求。

食用菌制种和制袋的各个环节都要注意消毒和灭菌，严格按照无菌操作规程操作，防止由于操作不当引起杂菌感染。

四、发酵料栽培时，要保证培养料的发酵质量

做好培养料堆制和发酵工作，提高培养料发酵质量，不但可以促进食用菌菌丝健康生长，增强食用菌自身的抗病能力，还能杀死料中的病菌、虫卵，为食用菌创造良好的生长环境。发酵时要在培养料温度上升到65 ℃进行翻堆，使培养料上下内外发酵均匀，以避免产生夹生料。培养料不能过湿或过干、过酸或过碱，这些现象的发生都对菌丝生长不利。

栽培双孢蘑菇时培养料尽量进行二次发酵，不具有二次发酵条件的，也要利用料温进行"发汗"。培养料翻格前应进行一次消毒处理。

五、选用优良菌种

选用种性好、抗杂能力强、生长速度快、高产优质的菌种。优良菌种在与杂菌竞争中，能迅速占领料面，抑制杂菌的发生和蔓延，从而取得生长优势。

六、创造适宜条件，培育健壮菌丝

食用菌菌丝和杂菌存在着竞争。如果食用菌菌丝生长旺盛，能够迅速占领培养料就可以大大减少被感染的概率。因此，不管是袋栽或是床栽，都要选用优良菌种，适时适量播种，创造适宜食用菌菌丝生长的温度、水分、光照、气体等环境条件，使食用菌菌丝尽快占领培养料，利用食用菌菌丝的优势，抑制病虫害的发生。

七、做好覆土的杀虫灭菌工作

除培养料之外，覆土是病虫害传播的又一重要途径。病虫源常随覆土进入菇房，覆土也是病虫害的主要传播途径之一。因此，选择好覆土材料和对覆土进行杀虫灭菌是很重要的。应选择离菇房较远，未经过食用菌病虫害污染的深层土。必须用杀虫、杀菌药剂对覆土材料进行彻底的杀菌治虫处理，常用的消毒方法是：每立方米覆土用5%甲醛1 000 mL，均匀喷洒在土粒上，同时喷洒500倍的菊酯类农药，再用薄膜覆盖，密封1~2 d，然后摊晾，待药味完全消失后再使用。另外在食用菌栽培期间，需要换土或补土时，都应使用杀虫灭菌后的覆土材料。

八、适时采收并加强采后管理

食用菌的适时采收，既可以保证鲜食用菌的商品质量，又可以减少食用菌成熟过度引起的病虫害感染。

采收后及时清理残留在菌袋或菌床上的菇根及其他杂物，可以为食用菌菌丝恢复生产创造良好的条件，同时能够减少因其引起的病虫害感染。

九、药物防治

在栽培初期，若杂菌仅在培养基表面呈星状感染，可用 36%甲醛 30 mL 加 75%酒精 50 mL 的混合液或 0.2%多菌灵等注射封闭患处；若培养料普遍被杂菌感染，或杂菌已侵入到培养料内部不可挽回时，应进行灭菌或深埋处理。

培养室和栽培场，定期用 2%甲醛、0.1%甲基托布津、5%~10%石灰水交替喷洒消毒，同时喷杀虫剂杀灭害虫。将环境中杂菌基数降到最低限度，以减少杂菌感染机会。

第二章 食用菌的主要害虫及其防治

第一节 常见害虫及其防治

一、厉眼菌蚊（尖眼菌蚊）

属双翅目、眼菌蚊科，能为害双孢蘑菇、香菇、平菇、木耳等多种食用菌。

（一）形态特征

成虫体长约 3 mm，黑褐色，头部小，复眼大，具刚毛。触角线状，16 节左右。胸部黑褐色，翅烟色，背板隆起。三对细长足。翅上具典型的"U"形脉；卵椭圆形，初白色，后变为褐色。幼虫头黑色，胸腹部乳白色，共 12 节；初孵化蛹乳白色，后逐渐变成淡黄色。羽化前变成褐色至黑色，后变黑色。

（二）为害症状

以幼虫为害食用菌的菌丝体和子实体。幼虫有群居性，取食培养料及菌丝体，能把菌丝咬断吃光，导致培养料变黑发臭；为害菌种时，由于虫数多，一瓶（袋）菌种可有数十头至上百头，常把菌丝吃光，甚至连培养料也被吃成碎渣，并在培养料表面爬行作茧；三龄后的幼虫常蛀食子实体，从菌柄基部侵入将菌柄蛀成空洞，菌盖的菌褶被吃光，而且排有粪便，使受害子实体失去商品价值。

（三）生活习性

成虫喜在畜粪、垃圾、腐殖质和潮湿土壤中繁殖，侵入菇房后栖息在培养料及子实体表面，产卵于培养料内，有趋光性，飞翔力很强。幼虫喜食腐殖质，喜欢潮湿，浇水后幼虫多在表面爬行，如果床表面干燥，便潜入较湿润部分。

（四）防治措施

（1）注意环境卫生。厉眼菌蚊食性杂，常聚集在不洁之处，如菇根、弱菇、烂菇及垃圾上。因此，要搞好菇房内外的清洁卫生，彻底清除菇房及周围的腐殖质、垃圾和污水等物，以减少虫源，并用菊酯类农药喷洒或熏蒸杀虫。

（2）厉眼菌蚊能被食用菌菌丝体所散发出的香味引诱进入菇房，因此，菇棚（房）的门、窗及通气孔要安装 60 目的纱门、纱窗。

（3）及时清理料面上的菇根、碎片及烂菇，防止害虫滋生。

（4）灯光诱杀。成虫有趋光性，用黑光灯或高压静电灭虫灯或日光灯进行诱杀。将灯挂在培养料上方约 60 cm 处，灯下放水盆或收集盘，盆内放 2 000 倍溴氰菊酯类农药，5~7 d 更换 1 次。

（5）出菇前菌蚊发生严重时，可用 2 000 倍溴氰菊酯喷洒或用 150 倍敌敌畏熏蒸。若出菇后发生时，在采菇后用 2.5%溴氰菊酯 2 000 倍液喷洒。

二、大菌蚊

大菌蚊又名中华新蕈蚊，属双翅目、菌蚊科。

（一）形态特征

卵褐色，椭圆形，顶端尖，背面不平；幼虫头黄色，胸及腹部淡黄色，共 12 节。第一节至末节均有一条深色波状线连接；蛹初时乳白色，渐变淡褐色，最后为深褐色；成虫黄褐色，体长 5~6 mm，头黄褐色及黄色。触角褐色。单眼两个，复眼较大。前翅发达，后翅退化成平衡棒。三对足细长。

（二）为害症状

大菌蚊是为害食用菌的主要害虫之一，幼虫蛀食原基及菇蕾，子实体受害后萎缩枯死。幼虫可将子实体原基及菌柄蛀成孔洞，将菌褶吃成缺刻，被害子实体很快腐烂。成虫在阴湿山洞和地沟容易发生。幼虫一般在料表面为害。

（三）生活习性

成虫在温度 22.5~30.5 ℃为发生盛期。幼虫有群居为害习性。在自然条件下，有时一个子实体周围就有数十条幼虫。

（四）防治措施

（1）菇棚的门、窗、通风口应装纱门、纱窗，防止成虫飞入菇棚。

（2）大菌蚊有群居习性，且幼虫和成虫比较大，所以采菇后清理料面应注意捕捉幼虫。

（3）成虫有趋光性，可用灯光诱杀。也可用 2 000 倍溴氰菊酯溶液喷洒。

三、瘿蚊

（一）形态特征

瘿蚊成虫细小，雌虫平均体长 1.17 mm，雄虫长 0.97 mm。成虫头部、脑部和背面深褐色，其他呈黑褐或橘红色。头小复眼大。触角念珠状，11 节。前翅透明，后翅退化为平衡棒，足细长；卵肾形，初产时乳白色，后渐变为淡褐色；幼虫纺锤形，蛆状，13 节，表皮透明，无足，体色因环境及发育时期而异，常呈橘红色、橘黄色、淡黄色、白色或透明。中胸腹面有一突出剑骨，端部大而分叉，这是识别瘿蚊的主要特征；蛹为裸蛹，初期前端白色半透明，后期橘红或淡黄色。头部有两根毛,为呼吸管。初期胸部白色,腹部橙红色,后期胸部渐变为淡褐、棕色。

（二）为害症状

主要以幼虫为害双孢蘑菇、平菇、草菇、木耳、银耳等多种食用菌。出菇前幼虫在培养料及覆土内为害菌丝体及菇蕾,使菌丝死亡、幼蕾枯萎,随子实体生长,幼虫钻入菇柄,后潜入菌褶,取食菌柄和菌褶,尤其喜欢蛀食菌蕾弯曲部分,将表皮蛀成浅洞同时排出褐色粪便,污染子实体使之变成褐色。虫数量大时,在培养料表面呈一层红色粉状物质,钻入菇体使菌膜处呈现橘红或淡黄色,湿度低时,钻入菌肉浅表层。瘿蚊发生严重时,可导致食用菌绝收。

（三）形态特征

喜欢生活于腐殖质及污水中。成虫有趋光性,在培养料及腐烂的子实体内产卵,常以幼虫进行繁殖,称幼体繁殖。繁殖周期短,1周繁殖1代,短期内使虫口密度大增,造成严重为害。幼虫喜潮湿,有趋光性,在水中可存活多日,而在干燥条件下,活动困难,常很多幼虫聚在一起呈一红色球状,以保护其生存。待条件适宜时,红球体瓦解,继续繁殖。

（四）防治措施

（1）保持菇房周围清洁卫生,及时清理垃圾、污水、废料,铲除虫源滋生地。

（2）菇房门窗及通气孔要安装纱网,阻止成虫飞入产卵。

（3）使用前菇房要严格消毒及杀虫,可用2 000倍溴氰菊酯喷洒地面、墙壁及床架,或用硫黄熏蒸。

（4）早期发现瘿蚊用2 000倍溴氰菊酯喷洒。1周内连续用药3~4次能杀死幼虫和成虫。但喷药应在菇采完后进行。

（5）灯光诱杀。

（6）发生较重的菇棚（房）停止喷水,使幼虫因培养料干燥停止取食和繁殖或缺水死亡。菇房瘿蚊大量发生时,可用1 000倍溴氰菊酯溶液喷洒。

（7）子实体受害时,可撒少量石灰于患处或将子实体摘下,使其干燥,幼虫自然死亡。

四、果蝇

常见的为黑腹果蝇,也叫黄果蝇,属双翅目、果蝇科。

（一）形态特征

成虫体长5 mm左右,黄褐色,腹末有黑色环纹,触角3节。复眼有红、白两种变型;卵乳白色。背面前端有一对触丝;幼虫白色,无足,蛆状。老熟幼虫头部尖,体黄色,尾部具乳突;蛹为围蛹,初白色而软化,后渐硬化为黄褐色。

（二）为害症状

为害双孢菇、平菇、黑木耳、毛木耳、银耳等。以幼虫为害菌丝体和子实体，当幼虫取食菌丝体和培养料时，使培养料发生水渍状腐烂；为害子实体时，由于幼虫蛀食菌柄和菌盖，导致子实体萎缩腐烂或引起烂耳。

（三）生活习性

果蝇成虫喜在腐烂水果、垃圾、食用菌发酵料及其废料中取食和产卵。食用菌的菌丝和发酵料香味可诱集成虫在培养料中产卵。生活周期短，繁殖率高，一年可繁殖多代。温度在 20~25 ℃时，12~15 d 即可繁殖 1 代。当温度在 30 ℃以上时，成虫不育，甚至死亡。

（四）防治措施

同瘿蚊防治措施。果蝇对糖醋液有趋性，可用白酒∶糖∶醋∶水以 1∶2∶3∶4 的比例配成糖醋液，再加几滴溴氰菊酯，置灯光下诱杀成虫。

五、螨类

螨虫俗称菌虱，属节肢动物门、蛛形纲、蜱螨目。螨种类繁多，分布广，食性杂。为害食用菌的螨有矮蒲螨科、微离螨科、穗螨科、粉螨科、跗线螨科、薄口螨科、长头螨科和囊螨科等。而发生比较普遍且严重的是矮蒲螨科中的木耳卢西螨和微离螨科的兰氏布伦螨和粉螨科中的嗜木螨及腐食酪螨。

（一）形态特征

螨类身体仅由颚体和躯体两部分组成，没有翅及触角，有四对足。幼螨只有三对足。

1. 木耳卢西螨（矮蒲螨科）　体长 0.15 mm，椭圆形，黄白色至深褐色，有横沟把身体分为两部分。前足体与颚体之间有一类似"颈"的囊状部分。气门狭长，彼此远离。前足体背毛 3 对，后半体背毛 7 对，胫跗节粗大，强烈骨化，顶端具一发达的爪。

2. 兰氏布伦螨（微离螨科）　体长 0.17~0.18 mm，黄白色，椭圆形。体扁平，前足体背有 1 对明显刚毛，气门水滴状。雄螨体菱形，较宽。

3. 嗜木螨（粉螨科）　雄虫体长 0.52~0.64 mm，白色至黄白色。雌虫体长 0.36~0.60 mm。休眠体长 0.21 mm，背表光滑，有 8 个吸盘。

4. 腐食酪螨（粉螨科）　体长 0.28~0.42 mm，表皮光滑、明亮，体色依食物颜色而变化，体背刚毛长。

（二）为害症状

螨类能为害双孢蘑菇、香菇、平菇、草菇、木耳、银耳等多种食用菌，在食用菌生产的各个阶段都能为害，能取食菌丝体和培养料，将菌丝咬断，引起菌丝萎缩、衰退。发生严重时，可将培养料内的菌丝全吃光，造成绝收；咬食菇蕾和幼菇，引起菇蕾死亡；直接为害子实体时，使子实体表面形成不规则凹陷和孔洞；螨钻入菌种瓶（袋）内后，咬食培养料和菌丝体，导致菌种报废。

（三）生活习性

螨类喜欢栖息在温暖潮湿的环境中，常潜伏在稻草、麦麸、米糠、棉籽壳等物料中产卵，随同培养料进入菇房；也可用吸盘吸附在蚊、蝇等昆虫体上随昆虫传入菇房。在 25~28 ℃下繁殖迅速，为害严重，且群聚。在环境不良时，就变成休眠体。休眠体腹部有吸盘，能吸附在蚊、蝇等昆虫体上进行传播。

（四）防治措施

1. 保持栽培场、菌种场内及周围环境的卫生。有螨类菇房的废料要进行隔离封闭处理，菇房及床架材料要严格消毒。

2. 把好菌种的质量关。发生螨虫的菌种要坚决报废。发菌期间要经常检查有无螨害。覆土材料也要进行药物除螨处理。

3. 把好培养料质量关。在 49 ℃下保持 20 min 就可以杀死菇螨，所以将培养料发酵或灭菌就可以杀死其中的害螨。

4. 消灭菇房内的蚊、蝇，防止害螨迁移、传播。蚊蝇类可以加快螨虫在菇房内及菇房间的传播，消灭蚊蝇可以切断害螨的主要传播途径。

5. 化学防治。

（1）如果发酵过程中有螨害发生，可以在翻堆时喷施 20% 三氯杀螨砜乳剂 400 倍液。

（2）发菌期发生螨害，用 73% 克螨特乳油 2 000 倍液喷施床面防治害螨效果较好；也可用溴氰菊酯熏蒸，每 100 m² 栽培面积的菇房，用 2 000 倍液喷，然后密闭门窗，熏蒸 昼夜。熏蒸后如仍发现有害螨，可再喷药 1 次；用 20% 可湿性粉剂型三氯杀螨砜 400 倍液，混合 2 000 倍的溴氰菊酯，每平方米用药液量 0.5 kg，必要时可用 1 kg；用 2.5% 溴氰菊酯（敌杀死）乳油剂 1 000~1 500 倍，不但可杀螨类，还可杀各种蝇类。

利用美国产的 2.5% 天王星（Talstar）1 000~1 500 倍液喷施，杀螨效果良好，并能兼杀其他害虫。

（3）出菇期发生螨害，使用化学药剂防治时，必须在转潮期喷施，以免产生药害和农药残留。可用 1 000~1 500 倍克螨特、天王星或其他菊酯类低毒、低残留农药喷施床面，每平方米用药液 0.6~0.7 kg。用 1.8% 阿维菌素（阿巴丁）3 000~6 000 倍液喷洒床面或覆土，持效期 14~21 d。

（4）利用螨对某些物质有趋避性的特点进行诱杀。螨对肉骨香特别敏感，趋性强，可把肉骨头烤香后，置于菇房各处，待害螨聚集骨头上时，将其投入开水中烫死，骨头捞起后，可反复使用。

六、线虫

线虫属线形动物门、线虫纲、小杆菌目、杆形科，种类多、分布广。为害严重的是滑刃线虫、食菌丝线虫和小杆线虫。

（一）形态特征

线虫虫体由头、颈、腹和尾四部分组成。形体线状，体长不到 1 mm，比菌丝略粗，白色透明，两端渐细。

（二）为害症状

线虫能为害双孢蘑菇、平菇、香菇、金针菇、草菇、木耳和银耳等食用菌。菌丝体和子实体均能被为害。有口针（吻针）的线虫，通过口针（含有消化液）穿入被害的菌丝体内，消化液也同时进入菌丝细胞内，吸食和消化菌丝细胞的营养物质，从而使菌丝生长受阻，甚至萎缩消失。有时播种后菌丝已生长，但不久菌丝逐渐消失（菇农俗称的"退菌"现象）大多是与线虫的严重为害有关；没有口针的线虫用头快速而有力搅动，可使菌丝断裂成碎片，然后再吸吮或吞食菌丝碎片。

不同的食用菌被线虫为害表现出不同症状：双孢蘑菇菌床被线虫侵害后，菌丝稀疏，培养料变黑发黏，菌丝消退，不出菇，并伴有特殊臭味；香菇易在脱袋排场时遭线虫侵害。受害的菌袋菌丝消失，产生退菌现象，最后菌袋腐烂；银耳被线虫为害后，导致鼻涕状腐烂；草菇被线虫为害后，子实体变黄、变褐，最后整个子实体腐烂，并有腥臭味；黑木耳、金针菇、毛木耳被线虫为害后，子实体腐烂、自溶；平菇被线虫侵害后，菌丝渐渐萎缩，出现退菌，培养料变潮湿腐烂。子实体受害呈软腐水渍状，变为腐黄或腐褐色。

（三）生活习性

线虫喜欢栖息在高温富含腐殖质场所。线虫可通过培养料、覆土、喷水、工具及操作人员进行传播。在 23~28 ℃、培养料含水量偏高情况下繁殖迅速，为害严重。线虫活动有如下特点：

1. 活动范围小　线虫体形小、通常是以身体的蠕动在基质微孔中穿行移动，活动时需要有水膜存在。在培养料含水量偏高时，线虫的活动和为害比较严重。

2. 团聚现象　线虫在水中都有成团现象，常成团聚集在瓶（袋）壁上。

3. 混合发生　线虫在培养料中，很少以单一的种存在，通常为两种或两种以上混合发生，但其比例却差异很大，有明显的优势种。

4. 侵害途径　如培养料有线虫卵或虫体，又没有处理好，线虫就在培养料定植下来成为侵染源。用不清洁的水喷雾或旧菇房残存的休眠虫体和虫卵没有彻底消灭，都是线虫的主要来源。此外，线虫也可随雨水漂流或蚊、蝇飞迁等到处侵染为害，为其他病原菌创造入侵的条件，从而诱发各种病害的发生，造成交叉侵害。

（四）防治措施

1. 利用线虫对高温的忍耐力很弱的特征，将培养料进行发酵或灭菌以杀死潜藏在料中的线虫。

2. 搞好栽培场所卫生，及时清理垃圾和废物，使用前彻底消毒。菇房及耳场用1%石灰水或1%漂白粉喷洒。

3. 菇房用水应干净，不使用不洁水或污染水。不干净的水含有大量线虫和其他病原菌。

4. 发生线虫时，喷1%石灰水或1%食盐水并在地面撒石灰有较好防治效果；线虫发生严重的菇房或耳（菇）场，2~3年轮换1次，以改善环境条件。

5. 出菇前发生线虫为害，停止喷水，比较干燥的环境有利于抑制线虫的活动。

6. 及时清除烂菇、废料。

七、跳虫

跳虫又叫烟灰虫、香灰虫、弹尾虫，属昆虫纲、弹尾目。为害食用菌的跳虫主要是紫跳虫、角跳虫、姬园跳虫和黑扁跳虫等。跳虫是菇房环境极差的指示害虫。

（一）形态特征

跳虫个体极小，很少超过5 mm，柔软无翅，体长1~2 mm，蓝灰黑色，大多数体外具毛。触角4节，足4节。有一灵活尾部，善于跳跃。

（二）为害症状

主要为害双孢蘑菇、平菇、香菇、凤尾菇、草菇、金针菇、银耳等多种食用菌，既能为害菌丝体也能咬食子实体。能密集在接种穴周围或子实体上，可咬断菌丝，造成退菌现象。侵染子实体后，钻进菌柄、菌盖取食子实体，使菌柄出现许多小洞，菌盖表面出现不规则凹点或孔道，露出菌肉，继而变成褐斑，严重时，子实体枯萎。

（三）生活习性

一年可发生6~7代。常栖息在枯木、垃圾、堆肥等富含腐败质及较阴湿的环境中。适应温度范围广，全年都可活动为害。善于跳跃，常在培养料或子实体上迅速爬行，并以跳跃式前进，跳跃可达数厘米之高。有群集一起为害的习性，一个菌盖上多的可达几千头，好像弹落在菌盖上的一堆烟灰，故俗称烟灰虫。一旦受干扰震动后，立即跳离原处，躲进潮湿阴暗角落或地上。体表具一层蜡质，不怕水，可长时间漂浮于水面，仍跳跃自如。多数跳虫生长发育要求89%以上的空气相对湿度。

(四) 防治措施

1. 诱杀　出菇前可在发生跳虫的菇房中放置水盆,许多跳虫就会跳入水中。将水配成 1 000 倍的溴氰菊酯溶液加少量蜜糖,然后进行诱杀。

2. 用新鲜橘皮防治法　新鲜橘皮 250~500 g,切碎,用纱布包好榨取汁液,于汁液中加入 500 g 温水,用 1∶20 比例喷施,2~3 d 后跳虫全部死光。或直接用橘皮水煮后的汁液进行喷施。

3. 保持环境卫生　保持栽培室内不积水,清除周围杂草及废料。

第二节　食用菌虫害的综合防治

综合防治的关键是杜绝虫源和传播途径,降低虫口密度。选育抗逆性强的食用菌品种,创造适宜食用菌生长的环境条件,采用物理防治、生物防治及化学防治等多种措施相结合的综合防治措施,将害虫控制在经济阈值以下,不使其造成严重损失。具体防治措施请参看第三章"食用菌病虫害综合防治"内容。

第三章　食用菌病虫害综合防治

食用菌病虫害综合防治又称综合管理或综合调控，包括环境调控、生态调控和化学药物调控等。综合防治是食用菌生产上采用的全面的、科学的、高效的防治措施。

第一节　环境调控

一、环境卫生的治理

（一）生产场所的选择

培养室和出菇棚要建在远离仓库、饲养场、垃圾场、厕所的地方，要远离各种污染源。食用菌生产场要布局科学，降低污染率。

（二）保持生产场所内外的环境卫生

培养室内地面平滑而清洁，易于消毒。栽培室及出菇棚周围环境要干净、无杂草和各种废物堆积，清除枯枝烂叶，常用生石灰粉或漂白粉撒在菇棚四周，防止白蚁及其他害虫进入棚内。

（三）培养室和出菇棚要采取防输入性虫害的措施

要在门、窗和通风口上安装细眼纱网，防止菇蝇等昆虫飞入。

（四）操作人员进入培养室或出菇室时，要注意消毒

特别是从有病虫害发生的菇房进入另一菇房时，更换消过毒的衣、帽，防止将病虫孢子和虫卵带入菇房。

二、菇房、工具的消毒及处理

（一）旧菇房消毒

凡栽培过食用菌的菇房都是旧菇房。旧菇房再进行生产时要注意严格消毒。不少菇农因忽视对旧菇房的消毒，使病虫害严重发生，造成减产或绝收，经济上损失很大。因此，旧的菇房、包括旧出菇棚在栽培之前要进行熏蒸消毒，能将钻

进墙缝、架子缝的虫子及卵杀死。常用的熏蒸剂有甲醛、硫黄等。这些熏蒸剂既能杀死害虫，又能杀死杂菌，对旧菇房中的病虫害有很好的杀灭效果。最常用的熏蒸剂是甲醛，每立方米空间用 10 mL。操作时按旧菇房的空间体积，计算出所用的甲醛量，分别倒入玻璃、陶器或金属容器内，再称 1/2 甲醛重量的高锰酸钾倒入。两种物质发生剧烈反应，产生大量的热使甲醛蒸发而起到熏蒸杀毒的效果。熏蒸时旧菇房门窗要紧闭，经过 24~48 h 后，打开门窗通风，待药味散尽后使用。石灰也有消毒作用，可以用石灰水刷墙壁，在地面撒石灰粉等，以达到消毒效果。

（二）旧器皿及用具的消毒

重复使用的菌种瓶及菌种袋等，在再用之前要在 2% 的高锰酸钾等杀菌剂溶液中浸泡消毒 24 h，消灭这些用具上带有的杂菌和虫卵。

（三）采收结束后生产场地要彻底消毒

在清理废料之前在菇房内进行一次熏蒸，同时将室内气温提高到 65 ℃ 以上。大多数真菌的营养体和孢子在 65 ℃ 左右能被杀死，昆虫、线虫和螨类在 55 ℃ 左右被杀死。如菇房 70 ℃ 的温度保持 1 h，能达到杀死菇房内病虫害的效果。消毒过的废料运往离菇房较远的地方处理。菇房内的床架及有关设施器物要进行再消毒。

三、栽培原料处理

隔年的栽培料在栽培前要进行消毒处理，可在烈日下暴晒 1~2 d，有效杀死其中的杂菌孢子及害虫。还可进行堆制发酵，利用高温进一步杀死杂菌和害虫。

第二节　生态调控

一、环境条件控制

环境条件是指食用菌生长过程中所需要的温度、空气相对湿度、空气、光线、酸碱度等外部条件。通过人工控制，使这些外部条件适于食用菌的生长，而不适宜于各种杂菌的生长繁殖，从而达到促菇抑病的目的。

（一）温度

不同的食用菌品种，都有各自生长的适温范围。在适温范围内，食用菌菌丝生长快、出菇早、抗逆性强，而杂菌的生长受到抑制，受污染率会明显降低。食用菌菌丝生长适温大多在 20~25 ℃，霉菌生长温度在 30~35 ℃。在菌丝生长期控制料温在 25 ℃ 以下，会有效地控制喜热霉菌的感染。

（二）空气相对湿度

侵害食用菌的大部分霉菌，既喜欢高温，也喜欢高湿。在菌丝生长阶段，将室内的空气相对湿度控制在70%以下，能有效地控制喜湿霉菌的发生。

（三）加强通风和光线调控

大多数食用菌品种为好氧性真菌，而大多数为害食用菌的杂菌喜欢在闷热、不透气的条件下滋生。在食用菌生长过程中保持良好的通气状态，能有效地促进菇类的生长而抑制杂菌的发生。

在食用菌生长过程中，适宜的散射光照能促进菌丝体及菇体的健壮生长，使其抵抗杂菌的能力增强。

（四）控制培养料酸碱度

不同食用菌品种酸碱度要求不同，如草菇喜欢在偏碱的环境下生长，而大多数的食用菌喜欢在中性稍偏酸的环境下生长。在配制培养料时，合理控制培养料的酸碱度，有效地抑制病原菌的发生。

（五）物理调控

利用高温、高压、日光暴晒、黑光灯诱杀及过滤除菌等方法达到防病杀虫的目的。物理方法调控简单易行，不伤害人体，不污染生态环境。物理调控方法是应用十分广泛、成本最低而效果最为显著的方法。如贮存的陈旧原料，栽培前在强日光下暴晒1~2 d，能杀死杂菌营养体和虫卵。利用高压锅能在较短的时间内杀死料中的杂菌和虫卵。在栽培过程中，当虫害发生时，利用黑光灯诱杀双翅目的大多数昆虫，如眼菌蚊等害虫，这样既减少农药的使用、降低生产成本，又可防止农药的污染、保证产品的安全性。

二、生物防治

生物防治是利用生物或生物代谢物的制成品来防治食用菌病虫害的方法。生物防治在农业和林业上已得到广泛应用，在食用菌上的应用刚刚起步，但其应用前景是很广阔的。因为生物防治不污染生态环境、没有残留、对人畜无损害，长期使用不会发生拮抗作用。

（一）生物杀菌剂

目前食用菌生产上利用生物发酵提取代谢物作为杀菌剂，来防治病害得到广泛应用。如用200 mg/L的链霉素防治革兰阳性细菌引起的病害；用300 mg/L的玫瑰链霉素防治红银耳病；用200 mg/L的金霉素防治细菌性烂耳病等。

（二）生物杀虫剂

利用生物发酵制剂来防治食用菌虫害已有广泛的应用，如利用细菌发酵制剂——苏云金杆菌来防治螨类、菇蚊、菇蝇和线虫取得较好的效果；利用植物制剂——鱼藤精、菊酯类及烟草浸出液等来防治双翅目的昆虫具有良好的效果。

（三）生物天敌防治

在食用菌生产上以虫治虫应用尚属空白，这方面亟待积极进行探索。

第三节　化学药物调控

一般情况下，在食用菌生产上尽量不用或少用化学药物来防治。如在子实体生长期，从幼菇形成到采收期，其生长很快、时间短，此间使用农药，尤其是剧毒农药，毒素极易残留在菇体内，食用时会损害人体健康，甚至造成人体中毒；其次，为害食用菌的杂菌多为真菌性病原菌，目前选择性较强的农药还少，大部分杀菌剂也能抑制和杀死食用菌菌丝，造成食用菌减产，降低生产效益。

一、杀菌剂

食用菌生产中，选择化学药剂防治时，应选用一些高效低毒、无残留的杀菌剂，如石灰、甲醛、漂白粉、高锰酸钾、多菌灵等。

二、杀虫剂

食用菌生产中对杀虫剂的选择要严格，因为绝大部分杀虫剂对人畜有不同程度的损害。在虫害发生时，应选用一些高效低毒、残效期短的植物性杀虫剂。常用的植物性杀虫剂是杀虫菊酯。较为安全的杀虫药剂有石灰、硫黄、鱼藤精、溴氰菊酯等。

近年来，食用菌方面登记的农药产品数量和类别有所增加，建议在选择农药时要对药剂的防治对象、使用时期及用法用量进行详细的了解，结合病虫害发生程度选择合适的用药时期和用药量，以取得较好的防控效果。

第六编
食用菌产品保鲜与加工

第一章　食用菌产品保鲜

第一节　食用菌的保鲜原理

　　采收后的鲜菇，虽然离开培养料，但菇体内的细胞仍具有生命力，在销售或加工之前，会受到外界环境的影响，使其鲜度下降、品质变劣，主要表现为：鲜菇继续呼吸，致使菌盖平展甚至开伞，抗性降低，菇体衰老；酶促褐变，菇体细胞中的多种酶，经氧化后变成褐色物质，降低鲜菇的商品外观；蒸腾作用使鲜菇脱水，鲜度明显下降。以上变化是使鲜菇品质变劣的主要原因。为克服以上不利因素对鲜菇的影响，应在鲜菇采收之后，通过人工控制、改变保鲜环境条件，降低呼吸作用和蒸腾作用，使鲜菇生命活动处于最低状态，减缓菇体内的生理生化作用，但又不使其完全停止生理活动，有效地保持其原有的特征，延长其货架寿命，这就是食用菌贮藏保鲜原理。

第二节　食用菌的保鲜方法

食用菌保鲜方法有冷藏保鲜、气调保鲜、辐射保鲜、化学保鲜、速冻保鲜和负离子保鲜等，最常用的是冷藏保鲜。

一、冷藏保鲜方法

将鲜菇置于较冷凉的环境中进行保鲜。根据试验，用聚乙烯塑料薄膜包装后的多种鲜菇放在 0 ℃的环境中，能保鲜 14~20 d；在 6 ℃左右的环境中能保鲜 10 d；在 20 ℃下只能保鲜 2~3 d。较适宜保鲜的温度在 0~5 ℃。

利用机械制冷（冷冻机）控制温度在 1~5 ℃（草菇为15~18 ℃），空气相对湿度在 85%~90%。把鲜菇分级包装置入冷库、冷藏车或大冷柜中，库内保鲜或长途运送保鲜，多数菇类能保持 10~15 d 不失鲜。

二、香菇冷藏保鲜实例

（一）初级产品的处理保鲜

初级产品是指刚采收的香菇鲜品，由于它新鲜、含水量较大，应该轻采轻放入筐、篮内，严禁重抛受震破碎。要一层一层装满，不要挤压，装后上部盖干净湿布或塑料薄膜，再从采集处带回指定地点。去掉菌柄基部碎屑等杂物，分拣出有病虫的菇体以及畸形菇，按大小分类，剪去过长的菌柄，将丛生菇分解为单生菇等。按照市场销售的要求，进行保鲜，尽快上市或放置于较低温度又避光通风的地方做短暂贮藏。

（二）常温鲜贮

是将采收后的鲜菇经过整理分类，立即放入筐、篮中，其上层覆盖塑料薄膜，置于冷凉处保鲜。

（三）低温冷藏法

低温冷藏设备有冰箱、冷库、冷藏车等。冰箱常用于少量鲜菇贮存；香菇冷藏保鲜和贮运常用冷库和冷藏车。冷库贮藏法分以下步骤：

1. 鲜菇预冷。鲜菇入库前应先预冷。常采用差压式通风冷却法。在 1 ℃预冷 12~24 h，再低温贮藏。比未经处理的保鲜时间长 2 倍。

2. 鲜香菇包装。如果是加工前的短期存放可以不包装。如贮存时间较长，要用 30~80 μm 厚的聚乙烯薄膜袋密封保鲜。装袋时菌褶朝上放置。

3. 贮藏管理。要单独存放，保持温度 1~2 ℃、空气相对湿度 85%~90%，适量通风。

4. 升温出库。短距离销售的鲜菇出库时先升温，缩小库内与外界温差，防止结露，延长货架寿命。远距离销售的冷藏菇必须用冷藏车低温贮运。

（四）薄膜包装贮藏

包装常用低密度聚乙烯（PE）薄膜袋，薄膜厚度在 0.004 ~ 0.007 cm，以 0.007 cm 保鲜效果好。

第二章　食用菌的干制加工

食用菌的干制加工品是我国传统的食品和出口商品。经干制的食用菌重量变轻、体积变小、不易变质，便于包装和运输。有些食用菌经烘干脱水后还能增加芳香味，如烘焙的香菇香味浓郁，备受消费者欢迎。

第一节　干制原理

鲜菇干制原理，就是将鲜菇置于较高的温度下，借助热力使组织内的水分蒸发到要求的范围内。脱水过程中，菇体固形物浓度增加，渗透压提高，酶活性受到破坏，可提高食用菌的耐贮耐运性。鲜菇的脱水也使菇体表面附着的有害微生物失去生存条件，延长了货架时间，使得食用菌干品得以长期保存而不易变质。

第二节　干制方法

一、晒干

晒干是利用日光照射、风吹等自然条件蒸发掉菇体内水分的方法。晒干方法简单，不需设备，干制成本低。但晒干会受到自然条件制约，如遇到阴雨天，会造成菇霉烂。同时，晒干的菇体内含水量偏高，只能蒸发掉游离水，不易蒸发掉结合水，晒干的菇体含水量为15%左右。晒干过程如下：

1. 整理分级　鲜菇采收后，去掉菇柄基部杂质，剪去过长的菌柄，再按菌盖直径大小分级晾晒，菌盖直径大的要适当延长日晒时间。

2. 上帘排放　将分级后的鲜菇及时摊在竹帘或尼龙网上。竹帘横放在架子上，腾空有利于通风，增加水分蒸发量。鲜菇要摊开平铺，不得堆叠，将菌盖朝下、菌褶向上，依次摊好。

3. 定时翻菇　在强日光下晒半天后要翻1次菇，将菌盖朝下、菌褶朝上继续日晒。白天日晒，晚上连同竹帘一起搬进房内，或用编织袋盖好露天过夜。在强日光下连续晒 2~3 d 后，将晒的菇集中起来堆放在一起，让其回潮 1 d，再在强日光下复晒 1 d，这样可使含水量达到 15% 以下。然后及时将晒干的菇装入塑料袋中密封，再装入专用纸箱内，运往市场或放入库中贮藏。

二、烘干

烘干是在烘干房中，借助较高的热力在较短的时间内使鲜菇强制脱水的方法。这种干制方法不受外界气候影响，时间短、效率高，干制的菇色泽好、菇香浓、菇形美、品质佳，含水量在 10%~13%。同时在干制过程中，有害微生物被杀死，延长了干菇的贮藏时间。但烘干脱水应具备烘房及配套的设备。烘干的方法较多，常见的烘干方法是烘干机烘干法。

烘干机所用能源选择性较大，可用电、天然气、木材等，烘干成本为 0.5~0.6 元/kg。烘干机根据需要能随时移动，能放置在菇场，也能放置在庭院里。

烘干机适宜于烘干多种食用菌，如香菇、平菇、双孢蘑菇、金针菇、猴头、木耳、银耳等。

第三节　干制加工实例

一、香菇干制

干制香菇是我国香菇加工的主要形式，目前仍为国内香菇流通的主要形式。"香从烘焙来"，香菇经过烘干后，可以产生特别的菇香。不烘不香、烘不好也不香是香菇的特性。香菇干制方法有自然脱水和人工脱水两种。自然脱水主要是风吹与日晒；人工脱水有烘干机烘等。利用烘干机脱水的香菇质量好，正逐渐被多数生产者所采用。

（一）分级挑选上筛

将鲜菇按大、小、厚、薄分别排放在烘筛上。大、厚的应置于温度较高的下方。小、薄的放在大、厚的上方，最上方放畸形及破碎菇（畸形及破碎菇可制成菇片、菇丝、菇粒、菇丁等）。鲜菇含水量大的可在太阳下晒 2~3 h 后进烘干房（箱），然后再烘，有利于维生素 D 的转化，烘出浓郁香味。

（二）烘干的温度调控

烘干首先从菇盖边缘开始，慢慢转移到肉质厚的中心部位。由于菇盖和菇柄肉质完全不同，即使同一菇盖，中心部肉质厚而边缘薄。因此内部水分的流动和表面蒸发速度都有不同。脱水烘干工艺，就是根据菇体内水分扩散流动速度和表面蒸发速度基本达到平衡的原理制定的。这个平衡要由热风参数中的温度和风量来控制，不同的烘干期热风的温度和风量也是不同的。在脱水初期，如果温度高于45 ℃以上且风量不足时鲜菇表层细胞组织被破坏，阻塞了与菇体内联系的毛细管，则会产生煮菇现象，即菇盖表面呈黑色，菌褶倒伏并呈土黄色，烘出的产品质量非常差。但也不能加大通风量，否则菇形不佳。

　　鲜菇进烤房开始烘烤时温度过低将加速鲜菇的后熟作用，促使开伞。通常起始温度应掌握在35 ℃，因为鲜菇在35 ℃时生长停止。在烘干过程中温度不能剧升（1 h升5 ℃以上）。因为急剧升温，会使菇体内的游离水快速外移，导致鲜菇表皮及菌褶排放不及而使菌褶倒伏。温度剧降时，菇盖边缘向内倒卷，菇体收缩变小而降级。根据鲜菇在脱水烘干过程中体内含水量的变化通常把香菇的脱水烘干过程分为四个阶段：

　　1. 预备烘干期（脱水初期）。此期温度保持在35～40 ℃，含水量降至70%～75%。除以上所述鲜菇按大、小、厚、薄分级上筛外，还要根据鲜菇含水量不同在加温烘烤前进行不同的处理。一般鲜菇含水量为90%左右，以花菇为模式栽培的含水量不会超过70%，因此烘干率不相同。进烘干房（箱）后点火起烘，在温度为35 ℃的热风中脱水4 h或更长时间使其含水量降至70%～75%。花菇模式栽培采下的鲜菇直接进烘干箱烘干，温度可控制在38～40 ℃。此阶段，烘干机一直进冷风，排湿窗打开，回温阀门全闭合。

　　2. 恒速烘干期（脱水后期）。经过初期脱水后温度可调控在40～50 ℃（每小时升2 ℃左右），游离水基本排除，开始定型。花菇的鲜菇脱水后期约为4 h，一般菇为8～10 h。此期体内游离水基本排除，菇盖开始定型，菌褶呈鲜黄色。

　　3. 烘干期。结合水排尽，温度55～60 ℃，完全定型。菇体内游离水基本排尽之后，可以把每一菇筛内的菇用手全部翻动一次，同一规格的菇可以将两层菇筛的菇合并在一起，并向烤房温度高的部位搁置，注意该道工序动作要迅速，合并后的菇立即放进烤房，防止过分冷却引起菇体收缩变小而降级。该期的温度调到55～60 ℃，并把冷气进风口关闭1/2，其目的是减少通风量。打开1/2回温阀门。经2～3 h烘烤使菇体内的部分结合水被逐渐排除。该期菇体已完全定型，菇褶呈淡黄或米黄色，并开始产生香味。

　　4. 完全烘干期。残留结合水排尽。该期温度应调高到60～65 ℃，经1～2 h，完全烘干菇中心肉厚部位的残留结合水。全关闭进风口及排湿窗，全打开回温阀门，使热风进行内循环，使菇体的香味更浓郁。此期结束后干菇内含水量即可达到11%。切忌温度高于70 ℃，以免烤焦菇体。

　　烘干过程条件控制见表6.1。

表6.1　香菇不同烘干时间的温度和通风量

	烘烤时间/h	温度/℃	通风孔控制
晴天采收的	0~2	35	开
	3~4	38~40	开
	5~7	40~50	1/3 闭
	8 h 以后	55~60	1/2 闭
	烤干前 1 h	60~65	闭
雨天采收的	0~2	30	开
	3~6	35	开
	7~8	38~40	1/3 闭
	9~11	40~50	1/3 闭
	12 h 以后	55~60	1/2 闭
	烤干前 1 h	60~65	闭

（三）干香菇的贮藏

干香菇的含水量不大于 13%，在 1~5 ℃低温下极耐贮藏。干香菇的贮藏应注意下面几个问题：

1. 包装材料　为使香菇不受环境中湿度和氧气的影响，应选用防湿性、气密性、坚固性良好且无毒、厚 0.006~0.008 cm 的聚乙烯或聚丙烯塑料袋作内包装材料，以厚纸箱作外包装材料。不要用聚氯乙烯袋装香菇，以防氯离子逸出而混入食品。

2. 放干燥剂　在贮存的香菇袋内放入无水氯化钙或硅胶等干燥剂小袋除湿，可防止干菇吸潮生霉。

3. 仓库要求　贮藏香菇的仓库要求干燥、通风、避光，同时，不能与其他有毒、有异味、易返潮的物品放在一起。库房应设在通风干燥处，有条件的放在 15 ℃下避光贮藏。在 1~5 ℃下贮藏效果更好。

库房使用前，应用溴氰菊酯进行密封熏蒸消毒，待无刺激性气味时再使用。

4. 经常检查　贮存期间要加强管理，定期抽样检查，尤其在潮湿季节要加强对含水量及虫害的检查。若含水量高于 13%，应及时复烘。如果发现虫害，可将干菇重新放在 50~55 ℃下烘 1~2 h，以杀死害虫。

二、黑木耳干制

黑木耳为胶质薄片状子实体，含水量高，采收后不及时干制极易引起腐烂，其干制有晒干和烘干两种方法。

（一）晒干

晒干时先搭制木架，一般高 1 m 左右、宽 1.3~1.5 m，长度不限，木架上铺尼龙纱网，整体木架与地面稍微向南倾斜，以增加阳光照射面。晴天晾晒 1~2 d 即可干燥。也可将木耳均匀地摆放在架起的竹帘上，放在日光下晒。在木耳未干之前，不宜多次翻动，以免耳片破碎和卷曲，影响质量。10 kg 左右鲜木耳能干制 1 kg 干木耳。

（二）烘干

烘干时，鲜木耳先摆放在烘盘上，然后放在架上，起始温度定在 30 ℃左右，每 2~3 h 升高 3~5 ℃，烘至大半干时，经翻动后将两盘合成一盘。烘干前 1 h，将温度提高至 50 ℃，最后使木耳的含水量达到 13% 以下。此时手抓木耳有刺手感，拨动干木耳时有脆声、耳片不破碎为好。烘干后的木耳要及时装塑料袋密封，防止回潮。

三、银耳干制

银耳表面有一层黏滑物，烘干时要用清水洗去，否则会影响水分的蒸发。银耳烘干的起始温度要控制在 30~45 ℃。鲜银耳的含水量很高，烘烤过程中要定时翻动，并将烘盘的位置上下调换；经过 6~8 h 后，其含水量降至 25% 左右时，将烘烤温度调高到 50~60 ℃；再经 6~8 h，耳片已干，但基部尚未干透。此时不能停止烘烤，可将温度降至 40 ℃左右继续烘，直至烘到含水量为 12% 左右为止。干银耳易吸湿返潮，所以烘干后应及时装塑料袋密封贮运。

第三章　食用菌的盐渍加工

第一节　盐渍原理

食用菌在高浓度的盐水溶液中，其酶活性和细胞活力受到破坏，菇体上的有害微生物生长受到抑制，从而达到防止腐烂变质的目的。

食盐是一种最常用的防腐剂，6%的盐水能抑制腐败菌（肉毒梭菌）的滋生；9%的盐水中只有乳酸杆菌能存在；12%的盐水中连乳酸杆菌也难以生存；15%的盐水中大部分真菌停止繁殖；25%的盐水中只有酵母个别存在。浓盐水能产生很高的渗透压。当微生物在这种渗透压很高的水中时，细胞中的水分会外渗而脱水，造成细胞的生理性干燥，使微生物处在休眠状态，甚至死亡。在高渗透压的盐水中，一般的微生物是难以存活的。

第二节　盐渍方法

一、选料

选用适时采收、未开伞的七八成熟的菇，要求菇体完整，无损伤，去菇根，无病菇、虫菇、畸形菇等。

二、清洗

先用清水洗去菇体表面泥土等杂质。清洗后的菇体立即捞出再放入0.1%的柠檬酸溶液中。

三、护色

将鲜菇放在水中清洗，同时加入护色剂护色，护色的目的是为了防止鲜菇氧化褐变。

四、预煮（杀青）

用铝锅或不锈钢锅将含6%的食盐或0.05%~0.1%柠檬酸的水溶液煮沸。为了降低成本，也可用清水。煮制过程中用不锈钢勺上下搅动，使菇体受热均匀。同时要去除锅中产生的泡沫。煮制时间还可根据菇的大小灵活掌握。煮至熟而不烂为宜，一般在8~10 min。菇体预煮是否熟透可通过以下方法鉴别：

（1）煮透的菇会沉在锅底，而不会在水面上浮起。

（2）煮后的菇放入冷水后，煮熟的菇应沉下去，而浮上来的则还未煮熟。

（3）从口感上判断，煮熟的菇脆嫩、不粘牙，而生的则会粘牙。

五、冷却

预煮后的菇立即放入流动的冷水中冷却至室温。冷却的目的是终止热处理，防止菇体腌制时色泽、风味、组织结构等受到破坏。

六、分级

冷却后，根据不同菇类要求分级。

七、盐渍

盐渍时先在容器底部放一层盐，接着放一层菇，菇层厚约5 cm。依次一层盐、一层菇，直至装满。装满后注入饱和盐水，使咸度在22~24波美度，要使菇体全部浸入盐水中。经常测定盐水波美度，当低于22波美度时，要及时加盐。一般盐渍20 d后即可装桶。整个过程应注意菇体要完全浸于盐水中，以免腐烂。如要检验菇体细胞与盐液咸度是否达到平衡，可捞少量菇放入配好的22波美度的盐液中，菇体如下沉证明已达标准，若上浮则还需继续盐渍。

通过盐渍，利用高浓度食盐液产生的高渗透压，使菇体中的水分及可溶性物质进一步渗透出来，而盐水则慢慢进入菇内，从而使菇体逐步饱满，可以确保装桶后不失重。

八、装桶调酸

在装桶时为防止损伤菇体，可在桶内先装入少量盐水，然后装入一定量盐渍好的菇，装好后表面再放一层盐封顶，压下内盖，使菇体完全淹没于盐水中，以免有未浸泡于盐水的菇体腐烂变质。调酸是通过0.2%柠檬酸浸液或调整液将盐水的pH值调至3~3.5。调整液用42%偏磷酸、50%柠檬酸和8%明矾配制而成。

测菇重可用塑料筐盛装，以滴卤断线3 min的净重计算。最后旋紧外盖，贴上标签入库贮存。应定期检查产品质量及盐度，如不达标准应及时调整。

第三节　食用菌盐渍实例

以双孢蘑菇盐渍为例。

一、双孢蘑菇清洗

采收的鲜菇切除菌柄基部的杂质，按大小分级后进行清洗。清水中加入0.1%的柠檬酸护色。

二、杀青

可用0.1%的盐水做预煮液。将水烧开后倒入清洗过的双孢蘑菇。预煮时火力要旺，使锅中盐水保持开锅状态，加入双孢蘑菇的量不要过多，加入的量是杀青液的1/2，保证双孢蘑菇能全部浸入盐水中。预煮时要不断翻动，使菇体预煮均匀，菇心煮透，使菇体的氧化酶完全破坏。如果煮不透，氧化酶会使菇色变褐。在盐水开锅状态下，双孢蘑菇煮5~8 min便可捞出，达到熟而不烂的程度，煮好的菇色有些微黄、有光泽感、手捏有弹性。

三、冷却

预煮的双孢蘑菇捞出后立即放入流动水中冷却，要不停地翻动，使温度快速降下来。

四、分级

双孢蘑菇在盐渍时进行分级，然后分别入缸盐渍。直径在1.5 cm以下的为一级；1.5~2.5 cm为二级；2.5~3.5 cm为三级；3.5 cm以上为四级。

五、盐渍

将分级后的双孢蘑菇按每100 kg加25~30 kg盐的比例逐层放入容器中。容器底撒一层盐，然后放一层菇，这样一层盐一层菇直至装到容器上部，表面再撒一层盐。要使菇能全部浸入盐水中。经过25~30 d便可。此时盐渍的菇色为淡黄色。

六、装桶调酸

盐渍后的双孢蘑菇要装入塑料盐水菇专用桶。桶内衬有双层塑料袋，每桶装50 kg，然后灌入饱和盐水。并用0.2%的柠檬酸调pH值为3.5左右。桶内盐水要灌足，能浸没双孢蘑菇，防止变褐。袋口要扎紧，不让盐水溢出，检查合格后，在桶盖上注明品名、等级、重量、批号及产地后运往市场或外销。

　　目前短期运输的也有用厚塑料袋装盐水菇的，将盐水菇装入塑料袋中，然后灌入盐水，一般不调酸度，外边再套一层尼龙袋。特点是成本低，装卸方便。

第四章　食用菌的罐藏加工

第一节　罐藏原理

食用菌罐藏是在无菌和密封的条件下，将食用菌装入玻璃罐、马口铁罐或复合塑料薄膜袋内进行较长时间保质贮藏的方法。其基本原理是无菌条件下的保藏，即在高温下使菇体的酶活性受到破坏，菇表面的微生物被杀死，再装入罐中进行高压灭菌，达到较长时间保质的目的。

第二节　罐藏加工工艺

一、选料

选择大小均匀、质地致密、菇形圆整、八成熟的鲜菇，严格淘汰病虫为害菇、破损菇及畸形菇，削去基部杂质。

二、漂洗

挑选后的鲜菇要及时放入流水中漂洗，流水要足，迅速洗去泥沙及杂质。

三、预煮

漂洗后的鲜菇倒入沸水中预煮，预煮液为 0.1% 的柠檬酸液。煮锅应为不锈钢夹层锅，防止菇变褐。每次预煮加入菇的量是煮液重的 1/2，预煮时间根据菇类而定，要求菇心煮透、达到熟而不烂的程度。

四、冷却

杀青过的菇立即捞出，放入流动的冷水中快速冷却。冷却至手触没有热感时，捞出并沥干水分。冷却时间过长，菇汁浸出，风味下降，影响产品质量。

五、整修分级

冷却后的菇在装罐之前进行整修分级。按照工艺标准进行整修，主要是对有泥根、病虫害、斑点等的菇进行修削。修整后菇面应平整、光滑，并按级别、大小分别盛放，便于装罐。分级时要挑出碎菇、畸形菇。

六、空罐消毒

空罐采用高压清水冲洗（洗罐机水温 72 ℃ 左右），然后用热蒸汽冲淋消毒 3 min。消毒后的空罐放到专用周转箱内，罐口朝下，进入装罐工序备用。清洗用水的温度应严格控制，消毒用空罐应与生产进度相适应，严防积压，以免空罐过剩锈蚀。

七、装罐

菇形要求圆整、无裂口、无开伞。装入的量要严格按照各罐型的规格装足。装罐后使表面和罐顶留有适量的空隙，在灭菌加热时有一定的膨胀空间，防止罐身因膨胀而变形或破裂。马口铁罐顶隙应留 6 mm，玻璃罐顶留有 13 mm 的空隙。

八、注汁

食用菌罐头多为淡盐水罐头。现在市场上也常见到各种风味食用菌罐头，是在盐水中加入适量的蔗糖、氨基酸、味精、酱油、柠檬酸及料酒等调味品，制成各式风味的汤汁，灌入罐中而成。

淡盐水食用菌罐头汤汁为 2%～3% 的食盐和 0.1% 的柠檬酸溶于水中过滤而成，注汁之前应将汤汁加热到 80 ℃ 左右。采用注液机灌汤，既能保证注汁的重量，又能提高工作效率。

九、排气封罐

罐头封盖之前必须把罐中的空气排出。排气时将盖放在罐口，能让气体自由逸出。现在主要采用真空排气法。真空排气是在真空封口机中完成的，即排气和封口同步进行。封罐机的真空度要维持在 $6.67×10^4$ Pa。

十、灭菌

封盖后的罐头立即送入灭菌锅中进行灭菌。食用菌罐头灭菌式要以罐型为依据，常见罐型的灭菌式见表 6.2。

表 6.2　常见罐型灭菌式

罐型	灭菌式
761	$10^{'}$—$23^{'}$—$5^{'}$/121 ℃
6010	$10^{'}$—$23^{'}$—$5^{'}$/121 ℃
7114	$10^{'}$—$23^{'}$—$5^{'}$/121 ℃
9124	$10^{'}$—$27^{'}$—$5^{'}$/121 ℃
15173	$15^{'}$—$35^{'}$—$10^{'}$/121 ℃

以 761 型罐为例，其灭菌式的程序为：灭菌柜内的温度升到 121 ℃ 的时间是 10 min；在 121 ℃ 的灭菌温度下维持恒温的时间是 23 min；灭菌完成后由 121 ℃ 降至 50 ℃ 以下的时间为 5 min。保温结束后进行反压降温，压力 0.01 ~ 0.02 MPa。反压冷却能缩短冷却时间，有利于保持食用菌的色、香、味。

十一、冷却

杀菌结束后，马口铁罐头冷却时可先在灭菌柜中将压力降至零，然后放入冷却池中冷却至 40 ℃。玻璃罐冷却时不可过快，防止破裂，可先在空气中冷却到 60 ℃，然后放入冷水中将温度降至 40 ℃ 以下。

十二、恒温质检

冷却后的罐头要及时挑出破裂罐、盖子松动的罐，然后随机抽样检验。样品放在 37 ℃ 恒温下 5~7 d，如没有异样发生，表明灭菌彻底。

十三、包装、入库贮存

恒温结束后的罐头要进行包装，包装前应有专业人员进行打检，剔除低真空罐、废次品罐，擦净罐面，贴标装箱。罐头打字，要求字迹清楚、标准。商品标签要符合《食品标签通用标准》（GB 7718—94），商标要贴正、无掉标、脏标现象，并轻拿轻放，防止罐头碰伤瘪罐。

装箱排列整齐，不多装或少装，箱体表面清洁卫生，封箱胶带平整无皱褶。包装箱质量要符合《金属罐食品罐头包装纸箱技术条件》（GB 12308—90）的要求。纸箱储运图标要符合《标装储运图示标志》（GB/T 191—2008）规定的标准。

包装后的罐头要抽检是否合格。成品包装后要按品种批次分别码垛。垛下的地面要放上木板以防潮，码垛应离墙 30 cm，中间留 30 cm 通风。应做到数量、批次准确无误。

第三节 食用菌罐藏加工实例

以双孢蘑菇罐头加工为例。

一、选料

要求无褐斑、无霉变、无虫蛀，菌盖直径 4 cm 以下，菌柄 1 cm 左右，菇体表面不能有泥土等杂物。

二、漂洗护色

经过挑选的双孢蘑菇应及时漂洗除去杂质。漂洗过程中应注意保持双孢蘑菇的白色，一般用 0.1% 柠檬酸液漂洗 5~10 min 或在 0.6% 食盐水中漂洗 2~3 min，以起到初步护色的作用。漂洗后捞出用流水洗净。

三、预煮

将经过漂洗护色的双孢蘑菇放入 0.1% 柠檬酸水中于 100 ℃下煮制，菇与水的重量比为 2∶3。煮制过程中应不断搅动。煮沸至煮熟为止，一般需 8~15 min。

四、冷却

双孢蘑菇煮熟后应立即捞出于流动水中冷却，应尽快使菇体温度下降，以免营养物质流失。时间为 30~40 min，以冷透为准。待菇温降至室温时，捞出沥干水分。

五、分级

双孢蘑菇子实体经煮制冷却后将比鲜菇失重 25%~40%，菇盖也会皱缩 20% 左右。应根据加工罐头的规格要求分级挑选，如做整菇罐头的，应将菌盖裂开、畸形、开伞或色泽不良的挑出。

六、装罐（瓶）

将分级后的双孢蘑菇装入相应的罐或瓶中，不同规格的罐头瓶中加入的量应按产品规定称足装好。

七、加汤汁

双孢蘑菇罐头有清水罐头、盐水罐头、调味汁液罐头等。应按要求加入汁液，加入量以淹没菇体为宜。加入的汤汁温度应在 80 ℃左右。

八、排气封口

采用真空封口机封口，排气和封口同步进行。封罐机的真空度要维持在 $6.67×10^4$ Pa。

九、灭菌和冷却

根据不同罐型采用不同杀菌式。按照杀菌式要求的温度进行升温、保温和反压降温。灭菌后再放入流水中冷却到 40 ℃以下。

十、检验装箱

随机抽样在 37 ℃下保存 5~7 d。没有异样便可装箱贴标签入库。

第四节　食用菌软罐头加工工艺

一、原料选择

要求新鲜、菇形整齐、菇色正常、菌盖完整、无机械损伤和病虫害。菌柄切面平整。

二、清洗

将采收后的原料菇及时用水洗净，去除泥沙污物。清洗要求迅速，水量充足。

三、预煮

漂洗后的鲜菇倒入沸水中预煮，预煮液为 0.1%的柠檬酸液。煮锅应为不锈钢夹层锅。每次预煮加入菇的量是煮液重的 1/2。预煮时间根据菇类而定，要求菇心煮透、达到熟而不烂的程度。

四、冷却

将预煮好的菇捞出放入流动的冷水中快速冷却。冷却至手触没有热感时，捞出并沥干水分。

五、整修分级

冷却后的菇在装罐之前进行整修分级。需要对有泥根、病虫害、斑点等的菇进行修削。修整后菇面应平整、光滑。然后按级别、大小进行分级。分级时要挑出碎菇、畸形菇。

六、洗袋

挑选合格的软罐头包装袋，严禁使用不合格的包装袋。用净水将包装袋进行清洗。

七、装袋

按照不同规格、等级分别称重和装袋，同一袋内要大小均匀，摆放整齐，且菌盖要朝同一方向，使产品外观整齐一致。按各种软罐头的规定重量称重装足。

八、注液

装袋后，要向菇袋内加注汤液，以提高产品风味，填充固形物之间的空隙，排出空气，并有助于增强杀菌、冷却期间热的传递。汤液一般为 0.6%～2% 的食盐水和 0.1% 的柠檬酸。所用的水中铁含量应低于 100 mg/kg，氯含量应低于 0.2 mg/kg，以防止产品变黑。配制汤汁时，先将精制食盐溶解在水中煮沸过滤后再使用。将汤汁加热到 96 ℃ 以上备用。

九、封口

软包装罐头封口前，先将封口机二道口的温度升至预定温度（170 ℃左右），开启空压机使空气压力大于 0.8 MPa，将热汤汁加入袋中，排除袋中空气，然后进行密封剪切。

十、灭菌

食用菌软包装罐头必须使用高压灭菌。按照灭菌式灭菌。根据菇类不同，选择不同的灭菌式，如白灵菇、杏鲍菇灭菌式为 15'—25'—20'/121 ℃，巨大口蘑、真姬菇等灭菌式为 15'—20'—18'/121 ℃。

十一、冷却

杀菌后要及时进行冷却，将软包装罐头放入冷水中冷却至 40 ℃ 以下。

十二、检验

食用菌软包装罐头必须在 37 ℃恒温库中放置 7 d 左右，进行质量检验。如发现胀袋、变色、有沉淀等，都要挑出。

十三、检验包装

检验合格后，擦干袋表水分和杂物，包装入箱。

参 考 文 献

［1］陈士瑜．食用菌生产大全［M］．北京：中国农业出版社，1997.

［2］黄年来，张寿橙，蔡衍山，等．中国香菇栽培学［M］．上海：上海科学技术文献出版社，1994.

［3］贾身茂．中国平菇生产［M］．北京：中国农业出版社，2002.

［4］杨新美，刘日新，朱兰宝，等．中国食用菌栽培学［M］．北京：中国农业出版社，1995.

［5］牛西午，王云，韩绍英，等．北方食用菌栽培［M］．北京：中国科学技术出版社，1994.

［6］罗信昌，王家清，王汝才，等．食用菌病虫杂菌及防治［M］．北京：中国农业出版社，1995.

［7］郑其春，陈容庄，陆志平，等．食用菌主要病虫害及其防治［M］．北京：中国农业出版社，1995.

［8］贾身茂，王华，康先坡．泌阳花菇［M］．郑州：河南科学技术出版社，2001.

［9］黄年来．中国食用菌百科［M］．北京：中国农业出版社，1993.

［10］吕作舟，蔡衍山．食用菌生产技术手册［M］．北京：中国农业出版社，1992.

［11］黄毅．食用菌栽培［M］．北京：高等教育出版社，2005.

［12］张金霞，黄晨阳．无公害食用菌安全生产手册［M］．北京：中国农业出版社，2009.

［13］王贺祥．食用菌栽培学［M］．北京：中国农业出版社，2008.

［14］谢宝贵，吕作舟，江玉姬．食用菌贮藏与加工实用技术［M］．北京：中国农业出版社，1994.

［15］郭恒，吴浩浩，和士盈．鸡腿菇高效栽培技术［M］．郑州：河南科学技术出版社，2001.

［16］刘炳仁．天麻栽培技术问答［M］．北京：科学技术文献出版社，2000.

［17］崔波，申进文．河南大型真菌［M］．西安：西安地图出版社，2003.

[18] 马向东，陈红歌，吴云汉，等．食用菌栽培新技术［M］．开封：河南大学出版社，2002．

[19] 何培新，王振河，周雅冰，等．木耳生产全书［M］．北京：中国农业出版社，2008．

[20] 兰进，徐锦堂，贺秀霞．药用真菌栽培实用技术［M］．北京：中国农业出版社，2001．

[21] 邵明，曾宪顺，王明祖．食用菌病虫害防治手册［M］．武汉：湖北科学技术出版社，2000．

[22] 王波．看图诊治食用菌病虫害［M］．成都：四川科学技术出版社，2003．

[23] 吴天立，张云英，申进文．黄背木耳高效栽培技术［M］．郑州：河南科学技术出版社，2000．

[24] 申进文，沈天峰，程雁，等．双孢蘑菇高效栽培技术［M］．郑州：河南科学技术出版社，2000．

[25] 张金霞，蔡为明，黄晨阳，等．中国食用菌栽培学［M］．北京：中国农业出版社，2020．

[26] 边银丙，王贺祥，申进文，等．食用菌栽培学［M］．北京：高等教育出版社，2017．